中国水利教育协会　组织

全国水利行业"十三五"规划教材（职工培训）

农村节水灌溉技术

主编　李雪转
主审　于纪玉

中国水利水电出版社
www.waterpub.com.cn
·北京·

内 容 提 要

本书为全国水利行业"十三五"规划教材（职工培训）。本书系统介绍了农村节水灌溉工程设计、施工、运行管理等技术，主要内容包括节水灌溉基础知识、渠道防渗技术、低压管道输水灌溉技术、田间灌水技术（节水型畦灌、沟灌、喷灌、微灌、膜下滴灌、波涌灌等）、节水灌溉设备安装、节水灌溉设备运行管理、雨水集蓄利用技术、灌区信息化管理技术等。

本书适用于基层水利单位从事节水灌溉工程设计、施工及设备安装等技术人员的业务培训和继续教育，也可供新型农民节水灌溉技术的培训和中等职业教育农村与农业用水专业的学生使用。

图书在版编目（ＣＩＰ）数据

农村节水灌溉技术 / 李雪转主编. -- 北京 : 中国
水利水电出版社，2017.6
全国水利行业"十三五"规划教材. 职工培训
ISBN 978-7-5170-5496-2

Ⅰ. ①农… Ⅱ. ①李… Ⅲ. ①农田灌溉－节约用水－
职工培训－教材 Ⅳ. ①S275

中国版本图书馆CIP数据核字(2017)第135405号

书　　名	全国水利行业"十三五"规划教材（职工培训） **农村节水灌溉技术** NONGCUN JIESHUI GUANGAI JISHU
作　　者	主编 李雪转　主审 于纪玉
出版发行	中国水利水电出版社 （北京市海淀区玉渊潭南路 1 号 D 座　100038） 网址：www. waterpub. com. cn E - mail：sales@waterpub. com. cn 电话：(010) 68367658（营销中心）
经　　售	北京科水图书销售中心（零售） 电话：(010) 88383994、63202643、68545874 全国各地新华书店和相关出版物销售网点
排　　版	中国水利水电出版社微机排版中心
印　　刷	北京市密东印刷有限公司
规　　格	184mm×260mm　16 开本　15.5 印张　368 千字
版　　次	2017 年 6 月第 1 版　2017 年 6 月第 1 次印刷
印　　数	0001—2000 册
定　　价	**39.00 元**

凡购买我社图书，如有缺页、倒页、脱页的，本社营销中心负责调换

前　言

　　本书是针对水利基层职工、乡镇水利员继续教育、新型农民培训而编写的，充分体现以学员为主体的教育理念，以提高学员从业综合素养为目标，内容叙述力求简洁、概念清晰、通俗易懂，并注重将新理论、新规范、新方法、新技术、新设备引入教材；内容安排上力求结合实际工程，紧密结合工作岗位和工作实际，突出实用性和操作性，使学员通过学习不断提高自身思考问题、解决问题的能力。为了便于学员学习和教师的使用，各章开篇增加了本章学习目标、学习任务，各章后设有习题与训练，书后附有各章习题与训练的参考答案，使学员明确学习目的，能自主进行能力训练，同时方便教师教学。

　　本书内容共分为 8 章，包括节水灌溉基础知识、渠道防渗技术、低压管道输水灌溉技术、田间灌水技术、节水灌溉设备安装、节水灌溉设备运行管理、雨水集蓄利用技术、灌区信息化管理技术等内容。

　　本书编写人员及编写分工如下：山西水利职业技术学院李雪转编写第一章和第六章，山西水利职业技术学院李建文编写第三章，山西水利职业技术学院雷成霞编写第四章和第七章，山西水利职业技术学院赵德杰编写第五章，山西水利职业技术学院魏闯编写第八章，山西省运城市水利工程建设局吴争兵编写第二章。本书由李雪转担任主编并负责全书统稿，雷成霞、魏闯担任副主编，山东水利职业技术学院于纪玉担任主审。

　　在本书编写过程中，参考了较多的文献资料，谨向这些文献的作者致以诚挚的谢意，本书的编写也得到各位编审人员及所在单位的支持，在此表示衷心的感谢！

　　由于编者水平有限，书中难免存在缺点和疏漏，恳请广大读者批评指正。

编者

2017 年 4 月

目 录

第一章　节水灌溉基础知识

学习目标：

通过学习我国的水资源特点、发展节水灌溉的意义、节水灌溉技术体系的组成、作物需水量计算、灌溉制度确定方法等内容，能够进行作物需水量的计算和作物灌溉制度的确定。

学习任务：

(1) 了解我国水资源的特点，理解发展节水灌溉的意义。

(2) 了解节水灌溉概念，明确节水灌溉技术体系的组成。

(3) 了解作物需水量概念和需水规律，能估算作物需水量。

(4) 了解灌溉制度的概念和确定方法，能确定灌溉制度。

第一节　农业发展节水灌溉的意义

一、我国水资源状况

水利工程是国民经济社会发展的重要基础设施，不仅直接关系防洪安全、供水安全、粮食安全，而且关系到经济安全、生态安全、国家安全。水是人类生存的生命线，是经济发展和社会进步的生命线，是实现可持续发展的重要物质基础，水资源的可持续利用是国民经济社会可持续发展极为重要的保障。

1. 水资源总量多，但人均少

我国的水资源总量为 2.8 万亿 m^3，占全球水资源的 6%，仅次于巴西、俄罗斯和加拿大，排名第 4 位。但是，我国的人均水资源量只有 2100m^3 左右，仅为世界平均水平的 1/4。根据国际划分标准：人均水资源占有量大于 3000m^3 是丰水地区，人均水资源占有量在 2000～3000m^3 之间是轻度缺水地区；人均水资源占有量在 1000～2000m^3 之间是中度缺水地区；人均水资源占有量在 500～1000m^3 之间是重度缺水地区；人均水资源占有量在小于 500m^3 是极度缺水地区；因此，中国是一个轻度缺水地区。

2. 降水量时空分布不均

我国疆域辽阔，各地自然特点不同，发展农业的水利条件也有差异。秦岭和淮河以南，通称南方，年降水量为 800～2000mm，故又称水分充足地区，无霜期一般为 220～300 天。秦岭和淮河以北，通称北方，年降水量一般少于 800mm，属于干旱或半干旱地区。南北降水量差异很大，趋势是由东南向西北递减，降水年际变化很大，年内分配悬殊。南方最大年降水量是最少年的 2～4 倍，北方最大年降水量是最少年的 3～6 倍。南方雨季在 3—6 或 4—7 月，降水量占年降水量的 50％～60％；北方雨季在 6—9 月，降水量占年降水量的 70％～80％。

3. 人口、耕地、水资源极不匹配

中国人口 13 亿，占全球总人口的 23％；耕地面积约为 19 亿亩（1.27 亿 hm²），占全球总耕地面积的 17％；而水资源量却只占全球水资源总量的 6％。在我国，人口、耕地、水资源分布也不均衡。长江流域及其以南地区人口占我国总人口的 54％，但是水资源却占了 81％；北方人口占 46％，水资源只有 19％。南部水资源有余，北部水资源不足的局面，严重影响和制约着农业的布局和发展。

4. 水资源可利用量有限、北方地区潜力不大

受自然和经济社会因素制约，全国多年平均水资源可利用总量为 8548 亿 m³，北方地区水资源可利用总量为 2748 亿 m³，人均 472m³；南方地区水资源可利用总量为 5800 亿 m³，人均 863m³。全国人均水资源可利用量仅 677m³，黄淮海仅为 244m³，而目前可利用率已达 99％，潜力不大，南方虽有一定潜力，但开发难度较大。目前年缺水总量为 400 亿 m³。

总体来讲，我国水资源特点有利有弊。中国水资源总量丰富，雨热同季，为中华民族的生存与发展创造了有利条件；由于受季风气候的影响，降水时空分布不均，加上与人口、耕地、矿产分布不相匹配，使得中国特别是北方地区水旱灾害频繁、水土流失严重、水资源短缺、生态环境脆弱。

二、发展节水灌溉的意义

1. 是解决我国水资源短缺、水资源与耕地分布不相适应、北方干旱缺水问题的需要

由于我国水资源量相对偏少，加之时空分布及水土资源组合不匹配，以致缺水矛盾突出。这种水资源紧缺和水土资源的极不匹配，导致了我国旱灾频频发生，从东南到西北都需要不同程度的灌溉。目前灌溉面积仅占全国耕地面积的 40％，干旱缺水限制了灌溉，也限制了农业和农村经济发展。随着我国经济建设的快速发展，社会对水的需求量不断增加，水资源供需矛盾日益加剧，缺水由局部向全国蔓延，成为制约国民经济可持续发展的重要因素。

2. 是我国国情和保障粮食安全的需要

据有关部门估计，到 21 世纪 30 年代，我国人口将达到 14.5 亿，人口的增加和生活质量的改善，对粮食及其他农产品的供给提出了更高要求。农产品总需求与总供给面临巨大压力和挑战，要满足如此巨大的需求，必须增加农业生产，由于我国耕地资源有限，因此，只能主要依靠提高单产来保证粮食安全。要满足粮食需求，按现有灌溉水有效利用率估算，需要增加灌溉用水量 600 亿 m³，如果考虑改善现有灌溉面积提高灌溉保证的用水，则 2030 年需增加灌溉用水量 800 亿 m³。农业灌溉用水的增量主要靠全面提高灌溉水的利用率和利用效率来解决。

3. 是农业由粗放灌溉向精准灌溉发展的需要

目前，我国每年总用水量为 6213.4 亿 m³，农业用水量约 4168 亿 m³，占全国总用水量的 69％以上；灌区大部分采用传统的地面灌水技术，水资源浪费现象相当普遍。在某

些水资源相对比较丰富的自流灌区，亩次净灌水量往往在 100m³ 以上，大水漫灌现象仍不少见。全国灌溉水利用系数不超过 0.5，这就意味着灌区水量有一半以上是在输水、配水、田间灌水过程中被损失掉了；而以色列、美国、日本和加拿大等国家的灌溉水利用率可达 0.7～0.8。我国单方水生产粮食仅 1kg 左右，而以色列已达 2.32kg，一些发达国家大体都在 2kg 以上。如果普遍实行节水灌溉技术，节水增产潜力十分可观。渠道防渗和管道输水都能提高渠系水利用系数，喷灌、滴灌既可提高渠系水利用系数，又可提高田间水利用系数。

4. 是农业现代化和农业可持续发展的需要

2016 年中央一号文件提出，要大力推进农业现代化，确保亿万农民与全国人民一道迈入全面小康社会。节水灌溉就是科学灌溉，节水灌溉过程可以全部实现自动化控制，水肥一体化，减轻农民施肥、打药、浇地等劳作，因此，农村发展节水灌溉是实现农业现代化的重要手段。

农业可持续发展是我国社会可持续发展的基本保证，水资源短缺已经成为制约我国农业发展的瓶颈，因此需大力发展农业节水灌溉，合理开发利用水资源，制定合理的农业用水规划来保障农业的可持续发展和水资源的可持续发展。

第二节 节水灌溉技术体系

一、节水灌溉的概念

节水灌溉是指以最低限度的用水量获得最大的产量或收益，也就是最大限度地提高单位灌溉水量的农作物产量和产值的灌溉措施。其核心是在有限的水资源条件下，通过采用先进的水利工程技术、适宜的农作物技术和用水管理等综合技术措施，充分提高灌溉水的利用率和水分生产率。

节水灌溉是根据作物需水规律及当地供水条件，为了有效地利用降水和灌溉水获取农业的最佳经济效益、社会效益和生态环境效益而采取的多种灌溉措施，如喷灌、滴灌、膜上灌等。节水灌溉是一个相对的概念，不同的农业发展阶段，不同的技术水平，不同的农业生产水平，其含义是随之而变的（如喷灌耗能、不节水问题），不同国家、不同地区有不同的节水标准。节水灌溉应从整个灌溉过程着手，凡是能减少灌溉水损失、提高灌溉水使用效率的措施、技术和方法均属于节水灌溉的范畴。节水灌溉的根本目的是提高灌溉水的利用率和水分生产率，实现农业节水、高产、优质、高效。

二、节水灌溉技术体系

国内外现阶段采用的主要节水灌溉技术可分为工程类节水技术、农业类节水技术、管理类节水技术和政策类节水等。

（一）工程类节水

1. 水资源合理开发利用技术

水资源合理开发利用技术包括水资源优化分配技术；地下水、地表水、土壤水联合调度运用技术；雨水汇集利用技术；地下水利用技术（开采、补给、打井、旧井改造、提高泵装置效率）；劣质水资源化（生活污水、工业废水、微咸水、灌溉回归水、海水淡化）。

2. 输配水过程节水

输配水过程节水指以提高输水效率为目的而采取的各种减少输水损失的工程技术，主要有渠道防渗技术、管道输水技术等。

（1）渠道防渗技术。渠道防渗技术是杜绝或减少由渠道渗入渠床而使水量流失的工程技术和方法，是提高渠系水利用率的主要措施。与土渠相比，采用混凝土护面、塑料薄膜防渗等方法可减少渗漏损失 80%～90%。

（2）管道输水技术。用塑料或混凝土等管道代替土渠输水，可以减少输水过程中的渗漏、蒸发损失，水的有效利用率可达 95%，同时还可减少渠道占地，提高输水速度，加快浇地进度。

3. 田间灌溉过程节水

田间灌溉节水技术即采用先进的灌水方式以减少水分在田间的渗漏、蒸发，提高田间水利用系数，改善作物生长环境。在我国应用较多的有喷灌、微喷灌、滴灌、涌泉灌、渗灌、节水型地面灌溉等技术。

（二）农业类节水

农业节水技术主要包括耕作保墒技术、覆盖保墒技术、施用化学制剂节水技术以及选择抗旱品种、调整作物种植结构等技术。

（三）管理类节水

节水灌溉管理技术是指根据农作物的需水、耗水规律，通过对灌水技术及灌溉工程合理使用，达到科学地控制、调配水源，以最大限度地满足作物对水分的需求，并减少水量损失，实现区域效益最佳的农田水分调控管理。它包括土壤墒情监测与预报技术，灌区输配水系统的量测与自动监控技术，节水高效灌溉制度的制定，以区域总效益最大为目的的灌溉预报技术。如"农民用水户协会"管理机构，其管理节水效果就非常明显。

（四）政策类节水

政策类节水措施主要有建立节水灌溉技术服务体系；改进水资源管理体制、水价与水费计算标准及办法；制定可持续发展的节水奖惩政策；健全地下水超采限制制度；完善防治水污染对策。

第三节 作物需水量与灌溉制度

一、作物需水量

（一）农田水分消耗的途径

农田水分消耗的途径主要有植株蒸腾、棵间蒸发和深层渗漏。

植株蒸腾是指作物根系从土壤中吸入体内的水分，通过叶片的气孔扩散到大气中的现象。棵间蒸发是指植株间土壤或水面的水分蒸发。深层渗漏是指旱田中由于降雨量或灌溉水量太多，使土壤水分超过了田间持水率，向根系活动层以下的土层产生渗漏的现象。对于旱作物来说，深层渗漏是无益的，且会造成水分和养分的流失。由于水稻田经常保持一定的水层，所以深层渗漏是不可避免的，适当的渗漏，可以促进土壤通气，改善还原条件，消除有毒物质，有利于作物生长。但是渗漏量过大，会造成水量和肥料的流失。

在上述几项水量消耗中，植株蒸腾是作物生长所必需的，一般称为生理需水；棵间蒸发伴随作物生长全过程，它本身对作物生长没有直接影响，但在一定程度上可改善农田小气候，一般称为生态需水；棵间蒸发和植株蒸腾都受气象因素的影响，二者是互为消长的，通常把二者合称为腾发量。作物需水量是指作物全生育期或某一生育阶段正常生长所需要的水量。它包括植株蒸腾、棵间蒸发和构成作物组织的水量，由于构成作物组织的水量较少，实际上常忽略不计，因此作物需水量就是作物的腾发量。旱作物在正常灌溉情况下，不允许发生深层渗漏，因此，旱作物需水量即为腾发量。对稻田来说适宜的渗漏是有益的，通常把水稻腾发量与稻田渗漏量之和称为水稻的田间耗水量。

（二）作物需水规律

作物需水规律是指作物生长过程中，日需水量及阶段需水量的变化规律。研究作物需水规律和各阶段的农田水分状况，是进行灌溉排水的重要依据。作物需水量的变化规律是：苗期需水量小，然后逐渐增多，到生育盛期达到高峰，后期又有所减少，其变化过程如图1-1所示。

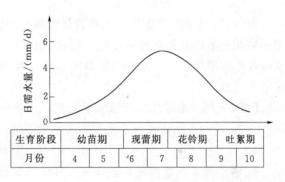

图1-1　棉花各生育期日需水量变化规律示意图

其中日需水量最多、对缺水最敏感、影响产量最大的时期，称为需水临界期。不同作物需水临界期不同，如水稻是孕穗至开花期，冬小麦为拔节至灌浆期，玉米为抽穗至灌浆期，棉花为开花至结铃期。在缺水地区，把有限的水量用在需水临界期，能充分发挥水的增产作用，做到经济用水。相反，如在需水临界期不能满足作物对水分的需求，将会减产。

（三）作物需水量计算

影响作物需水量的因素有气象条件（温度、日照、湿度、风速）、土壤水分状况、作物种类及其生长发育阶段、土壤肥力、农业技术措施、灌溉排水措施等。这些因素对需水量的影响是相互联系的，也是错综复杂的，目前尚不能从理论上精确确定各因素对需水量的影响程度。在生产实践中，一方面是通过田间试验的方法直接测定作物需水量；另一方面常采用某些计算方法确定作物需水量。

计算作物需水量的方法，大致可归纳为两类，一类是直接计算作物需水量，另一类间接法，是通过计算参照作物需水量来计算实际作物需水量。这里仅介绍直接法，间接法的计算过程可参阅相关书籍。

直接法是从影响作物需水量的诸因素中，选择几个主要因素（例如水面蒸发、气温、日照、辐射等），再根据试验观测资料分析这些主要因素与作物需水量之间存在的数量关系，最后归纳成某种形式的经验公式。目前常见的经验公式大致有以下几种。

1. 以水面蒸发为参数的需水系数法（简称"α 值法"或称蒸发皿法）

大量的灌溉试验资料表明，气象因素是影响作物需水量的主要因素，而当地的水面蒸发又是各种气象因素综合影响的结果。因腾发量与水面蒸发都是水汽扩散，因此可以用水面蒸发这一参数估算作物需水量，其计算公式为

$$ET=\alpha E_0 \tag{1-1}$$

或

$$ET=\alpha E_0+b \tag{1-2}$$

上二式中　ET——某时段内的作物需水量，以水层深度计，mm；

$\quad\quad\quad E_0$——与 ET 同时段的水面蒸发量，以水层深度计，mm；E_0 一般采用 80cm 口径蒸发皿的蒸发值，若用 20cm 口径蒸发皿，则 $E_{80}=0.8E_{20}$；

$\quad\quad\quad \alpha$——各时段的需水系数，即同时期需水量与水面蒸发量之比值，一般由试验确定，水稻 $\alpha=0.9\sim1.3$，旱作物 $\alpha=0.3\sim0.7$；

$\quad\quad\quad b$——经验常数。

由于"α 值法"只需要水面蒸发量资料，所以该法在我国水稻地区曾被广泛采用。对于水稻及土壤水分充足的旱作物，用此式计算，其误差一般小于 $20\%\sim30\%$；对土壤含水率较低的旱作物和实施湿润灌溉的水稻，因其腾发量还与土壤水分有密切关系，所以此法不太适宜。

【例 1-1】 某灌区拟种植双季晚稻，设计年全生育期需水系数 a 为 1.4，水面蒸发量 $E_{80}=368.0$mm，试计算双季晚稻的需水量。

解： $$ET=\alpha E_0=1.4\times368=515.2\text{(mm)}$$

2. 以产量为参数的需水系数法（简称"K 值法"）

作物产量是太阳能的累积与水、土、肥、热、气诸因素的协调及农业技术措施综合作

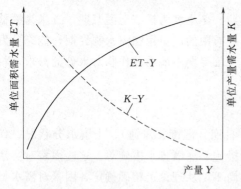

图 1-2　作物需水量与产量关系示意图

用的结果。因此，在一定的气象条件和农业技术措施条件下，作物田间需水量将随产量的提高而增加，如图 1-2 所示，但是需水量的增加并不与产量成比例。单位产量的需水量随产量的增加而逐渐减小，说明当作物产量达到一定水平后，要进一步提高产量就不能仅靠增加水量，而必须同时改善作物生长所必需的其他条件。如农业技术措施、增加土壤肥力等。作物总需水量与产量之间的关系可用下式表示，即

$$ET=KY$$

或

$$ET=KY^n+c \tag{1-3}$$

式中　ET——作物全生育期内总需水量，m^3/hm^2；

$\quad\quad\quad Y$——作物单位面积产量，kg/hm^2；

K——以产量为指标的需水系数，即单位产量的需水量，$\mathrm{m^3/kg}$；

n，c——经验指数和常数。

式（1-3）中的K、n、c值可通过试验确定。此法简便，只要确定计划产量后，便可算出需水量；同时，此法把需水量与产量相联系，便于进行灌溉经济分析。对于旱作物，在土壤水分不足而影响高产的情况下，需水量随产量的提高而增大，用此法推算较可靠，误差多在30%以下，宜采用。但对于土壤水分充足的旱田以及水稻田，需水量主要受气象条件控制，产量与需水量关系不明确，用此法推算的误差较大。

3. 各生育阶段的需水量计算

上述公式可估算全生育期作物需水量。在生产实践中，常习惯采用需水模系数估算作物各生育阶段的需水量，即根据已确定的全生育期作物需水量，然后按照各生育阶段需水规律，以一定比例进行分配，即

$$ET_i=\frac{1}{100}K_iET \qquad (1-4)$$

式中　ET_i——某一生育阶段作物需水量；

K_i——需水模系数，即某一生育阶段作物需水量占全生育期作物需水量的百分数，可以从试验资料中取得或运用类似地区资料分析确定。

按式（1-4）求得的各阶段作物需水量很大程度上取决于需水模系数的准确程度。但由于影响需水模系数的因素较多，如作物品种、气象条件以及土、水、肥条件和生育阶段划分的不严格等，使同一生育阶段在不同年份内同品种作物的需水模系数并不稳定，而不同品种的作物需水模系数则变幅更大。因而，据大量分析计算结果表明，用此方法求各阶段需水量的误差常在±(100%～200%)，但是用该类方法计算全生育期总需水量仍有参考作用。

二、作物灌溉制度

（一）灌溉制度的内涵与确定方法

1. 灌溉制度的内涵

农作物的灌溉制度是指作物播种前（或作物移栽前）及其全生育期内的灌水次数、每次的灌水时间、灌水定额以及灌溉定额。它是根据作物需水特性和当地气候、土壤、农业技术及灌水技术等条件，为作物高产及节约用水而制定的适时适量的灌水方案。灌水定额是指一次灌水单位灌溉面积上的灌水量；灌溉定额是指播种前和全生育期内单位面积上的总灌水量，即各次灌水定额之和。灌水定额和灌溉定额常以 $\mathrm{m^3/}$亩、$\mathrm{m^3/hm^2}$ 或 mm 表示，它是灌区规划及管理的重要依据。

2. 灌溉制度的确定方法

通常采用以下 3 种方法来确定灌溉制度：

（1）总结群众丰产灌水经验。群众在长期的生产实践中，积累了丰富的灌溉用水经验。能够根据作物生育特点，适时适量地进行灌水，夺取高产。这些实践经验是制定灌溉制度的重要依据。灌溉制度调查应根据设计要求的干旱年份，调查这些年份当地的灌溉经验，灌区范围内不同作物的灌水时间、灌水次数、灌水定额及灌溉定额。根据调查资料，

分析确定这些年份的灌溉制度。

（2）根据灌溉试验资料制定灌溉制度。为了实施科学灌溉，我国许多灌区设置了灌溉试验站，试验项目一般包括作物需水量、灌溉制度、灌水技术和灌溉效益等。试验站积累的试验资料，是制定灌溉制度的主要依据。但是，在选用试验资料时，必须注意原试验的条件（如气象条件、水文年度、产量水平、农业技术措施、土壤条件等）与需要确定灌溉制度地区条件的相似性，在认真分析研究对比的基础上，确定灌溉制度，不能生搬硬套。

（3）按水量平衡原理分析制定作物灌溉制度。这种方法有一定的理论依据，比较完善，但必须根据当地具体条件，参考群众丰产灌水经验和田间试验资料，才能使制定的灌溉制度更加切合实际。

（二）旱作物灌溉制度确定

旱作物依靠其主要根系从土壤中吸取水分，以满足其正常生长的需要。因此，旱作物的水量平衡是分析其主要根系吸水层储水量的变化情况，旱作物的灌溉制度是以作物主要根系吸水层作为灌水时的土壤计划湿润层，并要求该土层内的储水量能保持在作物所要求的范围内，使土壤的水、气、热状态适合作物生长。因此，用水量平衡原理制定旱作物的灌溉制度就是通过对土壤计划湿润层内的储水量变化过程进行分析计算，从而得出灌水定额、灌水时间、灌水次数、灌溉定额。

1. 水量平衡方程

旱作物生育期内任一时段计划湿润层中含水量的变化，取决于需水量和来水量的多少，其关系可用下列水量平衡方程式表示：

$$W_t - W_0 = W_T + P_0 + K + M - ET \tag{1-5}$$

式中　W_0，W_t——时段初和时段末土壤计划湿润层内的储水量，m^3/hm^2；

W_T——由于计划湿润层增加而增加的水量，m^3/hm^2，如计划湿润层在时段内无变化则无此项；

P_0——时段 t 保存在土壤计划湿润层内的有效雨量，m^3/hm^2；

K——时段 t（单位时间为日，以 d 表示，下同）内的地下水补给量，m^3/hm^2；即 $K = kt$，k 为 t 时段内平均每昼夜地下水补给量 $[m^3/(hm^2 \cdot d)]$；

M——时段 t 内的灌溉水量，m^3/hm^2；

ET——时段 t 内的作物田间需水量，m^3/hm^2，即 $ET = et$，e 为 t 时段内平均每昼夜的作物田间需水量 $[m^3/(hm^2 \cdot d)]$。

为了满足农作物正常生长的需要，任一时段内土壤计划湿润层内的储水量必须经常保持在一定的适宜范围以内，即通常要求不小于作物允许的最小储水量（W_{min}）和不大于作物允许的最大储水量（W_{max}）。在天然情况下，由于各时段内需水量是一种经常的消耗，而降雨则是间断的补给，因此，当某些时段内降雨很小或没有降雨量时，往往使土壤计划湿润层内的储水量很快降低到或接近于作物允许的最小储水量，此时即需进行灌溉，以补充土层中消耗掉的水量。

例如，某时段内没有降雨，显然这一时段的水量平衡方程可写为

$$W_{min} = W_0 - ET + K = W_0 - t(e - k) \tag{1-6}$$

式中 $W_{\min}$——土壤计划湿润层内允许最小储水量；

其余符号意义同前。

由式（1-6）可推算出开始进行灌水时的时间：

$$t = \frac{W_0 - W_{\min}}{e - k} \qquad (1-7)$$

而这一时段末的灌水定额 m 为

$$m = W_{\max} - W_{\min} = 10^4 H (\beta_{\max} - \beta_{\min}) \frac{\rho_{干土}}{\rho_{水}} \qquad (1-8)$$

式中 m——灌水定额，m^3/hm^2；

H——该时段内土壤计划湿润层的深度，m；

$\beta_{\max}, \beta_{\min}$——该时段内允许的土最大含水率和最小含水率（以占干土重的百分数计）；

$\rho_{干土}, \rho_{水}$——计划湿润层内土壤的干密度和水的密度，kg/m^3。

同理，可以求出其他时段在不同情况下的灌水时间与灌水定额，从而确定出作物全生育期内的灌溉制度。

2. 拟定旱作物灌溉制度所需的基本资料

拟定的灌溉制度是否合理，关键在于方程中各项数据选取得是否合理，如土壤计划湿润层深度、作物允许的土壤含水量变化范围以及有效降雨量等。

（1）土壤计划湿润层深度。土壤计划湿润层深度是指在对旱作物进行灌溉时，计划调节控制土壤水分状况的土层深度。在作物生长初期，根系虽然很浅，但为了维持土壤微生物活动，并为以后根系生长创造条件，需要在一定土层深度内保持适当的含水率，一般采用 30～40cm；随着作物的生长和根系的发育，需水量增多，计划湿润层也应逐渐增加，至生长末期，由于作物根系停止发育，需水量减少，计划湿润层深度不宜继续加大，一般不超过 80～100cm。在地下水位较高的盐碱化地区，计划湿润层深度不宜大于 60cm。根据试验资料，列出几种作物不同生育阶段的计划湿润层深度，见表 1-1。

（2）适宜含水率及允许的最大、最小含水率。土壤适宜含水率（$\beta_{适}$）是指最适宜作物生长发育的土壤含水率。它随作物种类、生育阶段的需水特点、施肥情况和土壤性质等因素而异，一般应通过试验或调查总结群众经验而定，表 1-1 中所列数字可供参考。

表 1-1		冬小麦等土壤计划湿润层深度和适宜含水率	
作物	生育阶段	土壤计划湿润层深度 /cm	土壤适宜含水率 （以田间持水率的百分数计）/%
冬小麦	出苗	30～40	45～60
	三叶	30～40	45～60
	分蘖	40～50	45～60
	拔节	50～60	45～60
	抽穗	50～80	60～75
	开花	60～100	60～75
	成熟	60～100	60～75

作物	生育阶段	土壤计划湿润层深度 /cm	土壤适宜含水率 (以田间持水率的百分数计)/%
棉花	幼苗	30~40	55~70
	现蕾	40~60	60~70
	开花	60~80	70~80
	吐絮	60~80	50~70
玉米	幼苗期	30~40	60~70
	拔节期	40~50	70~80
	抽穗期	50~60	70~80
	灌浆期	60~80	80~90
	成熟期	60~80	70~90

为了保证作物正常生长，土壤含水率应控制在允许最大和允许最小含水率之间。允许最大含水率（β_{max}）一般以不致造成深层渗漏为原则，所以采用 $\beta_{max}=\beta_田$，$\beta_田$ 为土壤田间持水率，见表1-2。作物允许最小含水率（β_{min}）应大于凋萎系数，一般取田间持水率的 60%~70%，即 $\beta_{min}=(0.6~0.7)\beta_田$。

表1-2 各种土壤的田间持水率

土壤类别	孔隙率 (占土壤体积百分数)/%	田间持水率	
		占土壤体积的百分数/%	占孔隙体积的百分数/%
砂土	30~40	11~20	35~50
砂壤土	40~45	16~30	40~65
壤土	45~50	23~35	50~70
黏土	50~55	33~44	65~80
重黏土	55~65	42~55	75~85

在土壤盐碱化较严重的地区，往往由于土壤溶液浓度过高，而妨碍作物吸取正常生长所需的水分，因此还要依作物不同生育阶段允许的土壤溶液浓度作为控制条件来确定允许最小含水率（β_{min}）。

（3）有效降雨量（P_0）。有效降雨量系指天然降雨量扣除地面径流和深层渗漏量后，蓄存在土壤计划湿润层内可供作物利用的雨量。

一般用降雨入渗系数来表示：

$$P_0=\alpha P \qquad (1-9)$$

式中 α——降水入渗系数，其值与一次降雨量、降雨强度、降雨延续时间、土壤性质等因素有关，一般认为一次降雨量小于 5mm 时，$\alpha=0$；当降雨量在 5~50mm 时，$\alpha=0.8~1.0$；当降雨量大于 50mm 时，$\alpha=0.7~0.8$。

（4）地下水补给量（K）。地下水补给量系指地下水借土壤毛细管作用上升至作物根系吸水层而被作物利用的水量，其大小与地下水埋藏深度、土壤性质、作物种类、作物需水强度、计划湿润层含水量等有关。当地下水埋深超过 2.5m 时，补给量很小，可以忽略不计；当地下水埋深小于 2.5m 时，其补给量约为作物需水量的 5%～25%。因此，在制定灌溉制度时，不能忽视这部分的补给量，必须根据当地或类似地区的试验、调查资料估算。

（5）由于计划湿润层增加而增加的水量（W_T）。在作物生育期内计划湿润层是变化的，由于计划湿润层增加，作物就可利用一部分深层土壤的原有储水量，W_T（m^3/hm^2）可按式（1-10）计算：

$$W_T = 10^4 (H_2 - H_1) \beta \frac{\rho_{干土}}{\rho_水} \tag{1-10}$$

式中　H_1——时段初计划湿润层深度，m；

　　　H_2——时段末计划湿润层深度，m；

　　　β——（$H_2 - H_1$）深度的土层中的平均含水率（以占干土质量的百分数计），一般 $\beta < \beta_{田}$；

　　　$\rho_{干土}$，$\rho_水$——土壤的干密度和水的密度，kg/m^3。

当确定了以上各项设计依据后，即可分别计算旱作物的播前灌水定额和生育期的灌溉制度。

3. 旱作物播前的灌水定额的确定

播前灌水是为了使土壤有足够的底墒，以保证种子发芽和出苗或储水于土壤中，供作物生育期使用。播前灌水往往只进行一次，灌溉定额 M_1'（m^3/hm^2）一般可按式（1-11）计算：

$$M_1' = 10^4 H (\beta_{max} - \beta_0) \frac{\rho_{干土}}{\rho_水} \tag{1-11}$$

式中　H——土壤计划湿润层深度，m，应根据播前灌水要求决定；

　　　$\rho_{干土}$，$\rho_水$——土壤干密度和水的密度，kg/m^3；

　　　β_{max}——一般为田间持水率（占干土重的百分数计）；

　　　β_0——播前 H 土层内的平均含水率（占干土重的百分数计）。

4. 生育期灌溉制度的拟定

根据水量平衡原理，可用图解法或列表法制定生育期的灌溉制度。具体制定过程可参阅相关书籍。

习 题 与 训 练

一、填空题

1. 节水灌溉技术体系主要由（　　）、（　　）、（　　）、（　　）组成。

2. 农田水分消耗途径主要有（　　）、（　　）、（　　）。

3. 影响作物需水量的因素有（　　）、（　　）、（　　）、（　　）、（　　）、（　　）等。

4. 直接估算作物需水量的方法有（　　）、（　　）。

5. 旱作物田间耗水量是（　　）。

6. 水稻田间耗水量是（　　）和（　　）之和。

二、选择题

1. （　　）是指某一阶段的作物需水量与作物总需水量的比值。

A. 作物系数　　　B. 作物生产系数　　C. 作物耗水量　　　D. 作物需水模系数

2. 棵间蒸发和植株蒸腾二者互为（　　）。

A. 制约　　　　　B. 消长　　　　　　C. 抵消　　　　　　D. 制衡

3. 渠系水利用系数越（　　），表明灌溉水从水源输送至田间过程中的水量损失越大。

A. 高　　　　　　B. 多　　　　　　　C. 低　　　　　　　D. 少

4. 直接计算需水量的方法有（　　）。

A. α 值法　　　B. β 值法　　　C. λ 值法　　　D. K 值法

三、判断题

1. 同一种作物，同样的土壤水分条件下，叶面积指数越大，作物蒸腾量也越大。（　　）

2. 当土壤含水率低于田间持水率时，作物将会因土壤水分供给不足而产生缺水。（　　）

3. 作物需水量也就是农田作物的耗水量。（　　）

4. 传统认为土壤水的有效水分下限是田间持水率。（　　）

5. 在制定旱作物灌溉制度时，必须考虑地下水补给量和因作物根系层增加而增加的水量。（　　）

6. 以水面蒸发量为参数的需水系数法一般适用于小麦作物需水量的估算。（　　）

7. 田间水利用系数越大，则田间灌溉水损失越大。（　　）

8. 单位产量的需水量随产量的增加而逐渐减少。（　　）

9. 在任意土壤水分条件下的作物需水量也称作物耗水量。（　　）

10. 灌水定额是指一次灌水单位灌溉面积上的灌水量，灌溉定额是指播种前和全生育期内单位面积上的总灌水量，即各次灌水定额之和。（　　）

11. 土壤计划湿润层深度系指在对旱作物进行灌溉时，计划调节控制土壤水分状况的土层深度。（　　）

12. 为了满足作物正常生长的要求，任一时段内土壤计划湿润层的土壤含水率（或储水量）必须经常保持在一定的适宜范围内，即通常要求不少于作物允许的最小允许含水率 θ_{min}（或最小允许储水量 W_{min}）和不大于作物允许含水量 θ_{max}（或最大储水量 W_{max}）。（　　）

四、名词解释

1. 节水灌溉

2. 作物需水临界期

3. 灌溉制度

五、简答题

1. 简述节水灌溉的内涵。

2. 简述我国水资源特点。

3. 简述发展节水灌溉的必要性？

4. 简述目前采用的节水灌溉有哪些类型。

5. 农田水分消耗的途径有哪些？哪些对作物来说是必需的？

6. 什么是作物需水量？

7. 什么是作物的灌溉制度？

8. 确定作物灌溉制度常用的方法有哪些？

第二章 渠道防渗技术

学习目标：

通过学习各类渠道防渗特点、适用条件、防渗结构及要求等内容，能够进行各类防渗渠道施工。

学习任务：

(1) 了解各种防渗材料的特点，能根据工程的具体情况合理选择渠道的防渗材料。

(2) 掌握各类防渗渠道结构设计及施工要点，能够正确进行各类防渗渠道的施工。

(3) 了解渠道冻害发生的原因，能根据具体情况确定衬砌渠道的防冻胀措施。

第一节 渠道防渗类型与断面型式

一、渠道防渗意义及作用

(一) 渠道防渗的意义

目前，我国已建渠道防渗工程约 55 万 km，仅占渠道总长的 18%，80%以上的渠道没有防渗，渠系水的利用系数很低，平均不到 0.50，低于其他国家。也就是说，从水源到田间，有 50%以上的灌溉水因渠道渗漏而损失掉了。由于渠道渗漏浪费的水量很大，我国粮食作物的水分生产效率仅为 1kg 左右，而以色列高达 2.32kg。如果我国灌溉渠系水的有效利用系数提高 0.10，则每年可节约水量 350 亿 m^3 左右，等于南水北调中线工程年引水量的 2.7 倍左右，这对缓解我国水资源供需矛盾将起到很大作用。因此，必须首先做好渠道防渗工程，提高渠系水的利用率。

渠道的渗漏水量不仅降低了渠系水的利用系数，减少了灌溉面积，浪费了水资源，而且会引起地下水位上升，招致农田渍害，在有盐碱化威胁的地区，还会引起土壤的次生盐碱化，同时还会增加灌溉难度和农民的水费负担，甚至会危及工程的安全运行。为了减少渠道输水损失，提高渠系水利用系数，一方面要加强渠系工程配套和维修养护，有计划地引水和配水，不断提高灌区管理工作水平；另一方面要采取渠道防渗工程措施，减少渗漏损失水量。

(二) 渠道防渗作用

渠道防渗工程除了减少渠道渗漏损失、节省灌溉用水量、更有效地利用水资源外，还有以下作用：

(1) 提高渠床的抗冲能力，防止渠坡坍塌，增强渠床的稳定性。

(2) 减小渠床糙率系数，加大渠道内水流流速，提高渠道输水能力。

（3）减少渠道渗漏对地下水的补给，有利于控制地下水位和防治土壤盐碱化及沼泽化。

（4）防止渠道长草，减少泥沙淤积，节省工程维修费用。

（5）降低灌溉成本，提高灌溉效益。

二、渠道防渗材料及断面型式

（一）渠道防渗工程应符合的要求

（1）防渗渠道断面应通过水力计算确定，地下水位较高和有防冻要求时，可采用宽浅式断面。

（2）地下水位高于渠底时，应设置排水设施。

（3）防渗材料及配合比应通过试验选定。

（4）采用刚性材料防渗时，应设置伸缩缝。

（5）冻深大于10cm的地区，应考虑采用防治冻胀的技术措施。

（6）渠道防渗率，大型灌区不应低于40%；中型灌区不应低于50%；小型灌区不应低于70%；井灌区如采用固定渠道输水，应全部防渗。

（7）大、中型灌区宜优先对骨干渠道进行防渗。

（二）渠道防渗材料简介

渠道防渗按材料分为土料、水泥土、石料、膜料、混凝土、沥青混凝土等；按防渗特点分为设置防渗层、改变渠床土壤渗漏性质等。其中前者多采用各种黏土类、灰土类、砌石、混凝土、沥青混凝土、塑膜防渗层等，后者多采用夯实土壤和利用含有黏粒土壤淤填渠床土壤孔隙，减少渠道渗漏损失等。各种防渗使用的主要材料、适用条件、防渗效果见表2-1。

表2-1　　　　　　　　不同类型防渗结构的允许最大渗漏量及适用条件

防渗衬砌结构类别		主要原材料	允许最大渗漏量 /[m³/(m²·d)]	使用年限 /a	适用条件
土料	黏性土、黏砂混合土	黏质土、砂、石、石灰等	0.07~0.17	5~15	就地取材，施工简便，造价低，但抗冻性、耐久性较差，工程量大，质量不易保证。可用于气候温和地区的中、小型渠道防渗衬砌
	灰土、三合土、四合土			10~25	
水泥土	干硬性水泥土、塑性水泥土	壤土、砂壤土、水泥等	0.06~0.17	8~30	就地取材，施工较简便，造价较低，但抗冻性较差。可用于气候温和地区附近有壤土或砂壤土的渠道衬砌
石料	干砌卵石（挂淤）	卵石、块石、料石、石板、水泥、砂等	0.20~0.40	25~40	抗冻、抗冲、抗磨和耐久性好，施工简便，但防渗效果一般不易保证。可用于石料来源丰富、有抗冻、抗冲、耐磨要求的渠道衬砌
	浆砌块石、浆砌卵石、浆砌料石、浆砌石板		0.09~0.25		

续表

防渗衬砌结构类别		主要原材料	允许最大渗漏量 /[m³/(m²·d)]	使用年限 /a	适 用 条 件
埋铺式膜料	土料保护层、刚性保护层	膜料、土料、砂、石、水泥等	0.04~0.08	20~30	防渗效果好，重量轻，运输量小，当采用土料保护层时，造价较低，但占地多，允许流速小。可用于中、小型渠道衬砌；采用刚性保护层时，造价较高，可用于各级渠道衬砌
沥青混凝土	现场浇筑、预制铺砌	沥青、砂、石、矿粉等	0.04~0.14	20~30	防渗效果好，适应地基变形能力较强，造价与混凝土防渗衬砌结构相近。可用于有冻害地区且沥青料来源有保证的各级渠道衬砌
混凝土	现场浇筑	砂、石、水泥、速凝剂等	0.04~0.14	30~50	防渗效果、抗冲性和耐久性好。可用于各类地区和各种运用条件下的各级渠道衬砌；喷射法施工宜用于岩基、风化岩基以及深挖方或高填方渠道衬砌
	预制铺砌		0.06~0.17	20~30	
	喷射法施工		0.05~0.16	25~35	

目前，我国防渗渠道中存在的主要问题是衬砌技术成本较高，影响大面积推广。而对于西北地区特殊的湿陷性黄土、盐胀土和膨胀土层，渠道衬砌需解决大变形等技术问题。

（三）渠道防渗断面型式

防渗明渠的断面型式有梯形、弧形底梯形、弧形坡脚梯形、复合形、U 形、矩形，无压防渗暗渠的断面形式有城门洞形、箱形、正反拱形和圆形，详见图 2-1。

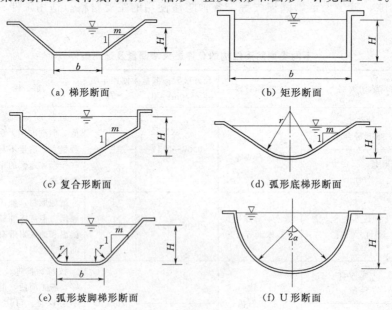

（a）梯形断面　　　　　　　　　　　（b）矩形断面

（c）复合形断面　　　　　　　　　　（d）弧形底梯形断面

（e）弧形坡脚梯形断面　　　　　　　（f）U 形断面

图 2-1（一）　防渗渠道断面型式

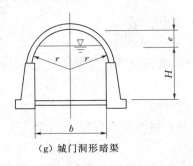
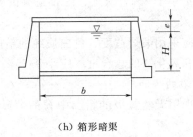

（g）城门洞形暗渠　　　　　（h）箱形暗渠

图 2-1（二）　防渗渠道断面型式

梯形断面由于施工简单、边坡稳定，因此被普遍采用。弧形底梯形、弧形坡脚梯形、U 形渠道等，由于适应冻胀变形的能力强，能在一定程度上减轻冻胀变形的不均匀性，也得到了广泛应用。无压防渗暗渠具有占地少、水流不易污染、避免冻胀破坏等优点，故在土地资源紧缺地区应用较多。

第二节　土　料　防　渗　技　术

一、土料防渗特点

土料防渗一般指以黏性土、黏砂混合土、灰土、三合土、四合土等为材料的防渗措施。

1. 土料防渗的优点

（1）具有较好的防渗效果，一般可减渗 60%～90%，每天渗漏量为 0.07～0.17m³。

（2）能就地取材。

（3）技术简单，易于群众掌握。

（4）造价低，投资少。

（5）可充分利用现有的工具和碾压机械设备施工。

2. 土料防渗的缺点

（1）允许流速较低。黏砂混合土、灰土、三合土和四合土的允许流速为 0.7～1.0m/s，壤土允许流速为 0.7m/s。

（2）抗冻性能差。

二、土料防渗工程设计

土料防渗工程设计内容包括防渗材料的选用、混合土料配合比设计和防渗层厚度的确定。

（一）土料防渗原材料的选用

1. 土料

一般为高、中、低液限的黏质土和黄土，无论选用何种土料，都必须清除含有机质多的表层土和草皮、树根等杂物。

选用时要进行颗粒分析、塑性指数、最大干容重、最优含水量、渗透系数、有机质和硫酸测定等。要求土粒中黏粒（粒径 $d < 0.005$mm）含量大于 20%，塑性指数大于 10，

有机质含量小于 3％，灰土、三合土有机质含量应小于 1％。

2. 石灰

石灰应采用煅烧适度、色白质纯的新鲜石灰。其质量符合二级生石灰的标准，即石灰中氧化钙和氧化镁的总含量不应小于 75％。

3. 砂石的掺和料

砂宜选用天然粒级的粗、中粒的河砂或山砂，但河砂含泥量不大于 3％，山砂不大于 15％。

三合土、四合土中掺入的卵石或碎石的粒径不宜过大，一般以 10～20mm 为宜。碎石起骨架作用，并减少土的干缩性，增加其抗拉防冻性能。其粒径应不大于 30mm。

（二）混合土料配合比设计

确定步骤：①根据选定的素土、砂石料、石灰的颗粒级配，按不同的配合比进行配合，制成试块，并测出各种配合比条件下的最大干容重的最优含水量；②对其试块进行强度、渗透、注水等试验；③选用密实、强度高、而渗透系数最小的配合比作为设计配合比。

1. 最优含水量的确定

土料防渗中的水分含量，在夯实体中起黏合润滑作用，它是控制防渗层密实度的主要指标。若含水量太小，土粒间的内聚力和摩阻力大，很难压实；含水量过大，夯实时易形成橡皮土，也很难达到理想的密实度。所谓最优含水量是指土料在较小的压实功能下获得较大的密实度。

灰土的最优含水量为 20％～30％，三合土、四合土的最优含水量为 15％～20％，素土、黏砂混合土的最优含水量为塑限 ±4％。

2. 配合比的确定

（1）黏砂混合土的配合比，黏土∶砂土＝1∶1。

（2）灰土的配合比，灰∶土＝1∶3～1∶9。

（3）三合土配合比，灰∶砂土＝1∶4～1∶9，土重占砂土总重的 30％～60％。

（4）四合土配合比，在三合土的配合比基础上，再掺入 25％～35％的卵石或碎石。

（三）防渗层厚度的确定

土料防渗层厚度对防渗效果影响很大，应根据防渗要求，通过试验确定。影响防渗层厚度的因素有流量的大小、边坡的陡缓等。确定时应考虑施工条件、气候条件、耐久性要求，综合考虑投资、效益、施工、管理等方面来确定一个合理的防渗层厚度。

防渗层糙率：素土、黏砂混合土，$n＝0.025$；三合土、四合土，$n＝0.015～0.017$。

三、土料防渗层工程施工

（一）施工前准备工作

（1）做好取土场、堆料场、拌和场和劳力的组织安排，准备施工模具、模板和施工工具。

（2）做好材料进场和储备，并及时进行抽样检测，原土料须粉碎过筛，素土的粒径不大于 2cm，石灰粒径不大于 0.5cm。

（3）渠道基础的开挖，断面修整，达到设计要求。

（二）土料防渗层的施工

1. 配料

要严格按设计配合比配料，同时测定土料含水量和填筑时干密度。称重误差为：土料不大于5％，砂石、石灰的误差不大于3％，拌和水不大于2％，应扣除土料原含水量。

2. 拌和

（1）黏砂混合土。先将砂石洒水湿润，再与粉碎土拌和后，加水拌至均匀。

（2）灰土。先将石灰水化过筛，加水变成石灰浆，然后洒在粉碎过筛土上，拌和均匀，闷料1～3天。

（3）三合土、四合土。先拌石灰和土，然后加入砂、石料干拌，最后洒水拌至均匀，闷料1～3天。

（4）贝灰混合土。先干拌，过10～20mm的筛，然后洒水拌和均匀，闷料24h。

不论人工拌和还是机械拌和，都应充分拌和，闷料熟化。拌和后的混合料应"手捏成团，落地即散"。

3. 铺筑

（1）铺筑前，要求处理渠道基面，清除淤泥，削坡平整。

（2）铺筑时，灰土、三合土、四合土先渠坡后渠底；而素土、黏砂先渠底后渠坡。防渗层都应从上游向下游铺筑。

（3）防渗层厚度大于15cm时应分层铺筑。人工夯实厚度不大于20cm，机械夯实不大于30cm。层与层间应刨毛洒水。

（4）夯压时，应边铺料边夯实，不得漏夯。夯压后密实度应达到设计要求。一般素土、黏砂土应达到1.45～1.55g/cm³，三合土、四合土应达到1.55～1.70g/cm³。夯实厚度应略大于设计厚度，以便于修正。

（5）夯实时要反复拍打，直到不出现裂纹、出浆为止，为增强土料防渗的防冲、抗冻能力，可在防渗层表面抹一层1：4～1：5水泥砂浆或1：3：8水泥石灰砂浆，厚度为0.5～1.0cm。

4. 养护

防渗层铺筑完后，应加强养护工作。常用草席或稻草等物覆盖养护，并防风、防晒、防冻，以免裂缝或脱壳。阴干后，在表面涂上一层1：10～1：15的硫酸亚铁溶液，以提高防水性和耐久性。一般养护21～28天即可通水。

第三节 石料防渗技术

一、石料防渗渠道特点与类型

（一）石料防渗的优点

1. 就地取材

山区渠道和石料丰富的地区，可就地取材，采用砌石防渗，节省造价。

2．抗冲流速大，耐磨能力强

浆砌石抗冲流速一般在 $3.0\sim6.0\text{m}^3/\text{s}$，大于混凝土防渗的抗冲流速，而且随着渠道行水后泥沙的淤填，密实性提高，抗冲流速还会增大。因此，对于水中推移质比重大、抗冲要求高的渠道，多采用砌石防渗，或渠底采用砌石防渗、渠坡采用混凝土防渗。

3．防渗效果较好

当砌筑质量有保证时，浆砌石防渗可减少渗漏损失 80％；干砌石防渗可减少渗漏量 50％左右。

4．具有较强的固渠、护面作用

浆砌石属于刚性材料，本身具有固渠和稳定渠道的作用。如在做山区石基渠道防渗工程时，可将渠道外堤做成挡土墙式的砌石体，有明显的稳定和固定渠道的作用。

5．抗冻和防冻害能力强

天然石料密度较大，抗温度变形能力强，强度、抗冻性、抗拉性能优于混凝土。

（二）石料防渗的缺点

1．不易机械化施工

从石料开采、加工到砌筑，多以人工操作为主，不好使用机械。故用工多，速度慢，且施工质量较难控制。

2．砌石用量大，造价高

砌石防渗一般厚度大、工程量大，造价往往高于混凝土等材料的防渗。因此，在石料丰富地区采用此防渗方式，须通过技术经济比较后确定。

3．防渗效果比混凝土、膜料防渗效果差

由于砌筑时质量不易控制，易出现空洞、漏水等问题。如果不抹面处理，防渗效果远不如混凝土、灰土的防渗效果。

（三）石料防渗的类型

石料防渗按结构型式分护面式和挡土墙式两种，如图 2-2 所示；按材料及砌筑方法分干砌卵石、干砌块石、浆砌块石、浆砌石板等多种。

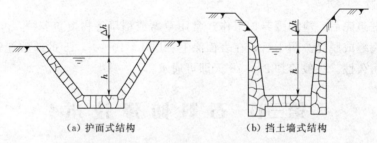

（a）护面式结构　　　　　　　　（b）挡土墙式结构

图 2-2　浆砌石渠道护面结构

二、石料防渗结构设计

（一）对原材料的要求

石料：质地均匀、无裂纹、洁净坚硬。抗压强度不小于 40MPa，抗冻等级不小于 F50。

块石：上下面大致平整，块重不小于 20kg，厚度不小于 20cm。

料石：外形方整、六面平整，表面凹凸不大于 1cm，厚度不小于 20cm。

卵石：矩形最好，扁平的卵石最好，要有大小头。要求长径不小于 20cm。

石板：矩形最好，表面平整，且厚度不小于 30cm。

（二）砌石防渗结构设计的规定

（1）浆砌料石、浆砌块石挡土墙式防渗结构的厚度，根据使用要求确定。护面式防渗结构的厚度，浆砌料石宜采用 15～25cm；浆砌块石宜采用 20～30cm；浆砌石板的厚度不宜小于 3cm（寒冷地区浆砌石板厚度不小于 4cm）。

（2）浆砌卵石、干砌卵石挂淤护面式防渗结构的厚度，根据使用要求和当地料源情况确定，可采用 15～30cm。

防止渠基淘刷，提高防渗效果，宜采用下列措施：

1）干砌卵石挂淤渠道，在砌体下面设置砂砾石垫层，或铺设复合土工膜料层。

2）浆砌石板防渗层下，铺设厚度为 2～3cm 的砂料，或用低强度等级水泥砂浆做垫层。

3）对防渗要求高的大型、中型渠道，在砌石层下加铺黏土、三合土、塑性水泥土或塑膜层。

（三）砌石防渗结构

护面式浆砌石防渗结构，可不设伸缩缝；软基上挡土墙式浆砌石防渗结构，宜设沉陷缝，缝距可采用 10～15m。砌石防渗层与建筑物连接处，应按伸缩缝结构要求处理。

三、石料防渗渠道施工技术

（一）石料防渗工程的施工

石料防渗工程的施工分为浆砌、干砌两大类。浆砌又分为灌浆和座浆两种，干砌又分为干砌卵石和干砌块石。

1. 浆砌石料防渗层的施工

（1）砌筑顺序。梯形明渠，宜先砌渠底，后砌渠坡。砌渠坡时，应从坡脚开始，由下而上分层砌筑；U 形和弧形明渠、拱形暗渠，应从渠底中线开始，向两边对称砌筑。矩形明渠，可先砌两边侧墙，后砌渠底；拱形和箱形暗渠，可先砌侧墙和渠底，后砌顶拱或加盖板。各种明渠，渠底和渠坡砌完后，应及时砌好封顶石。

（2）石料安放。浆砌块石应花砌、大面朝外、错缝交接，并选择较大、较规整的块石砌在渠底和渠坡下部。浆砌料石和石板，在渠坡应纵砌（料石或石板长边平行水流方向），在渠底应横砌（料石或石板长边垂直水流方向）。料石错缝距离宜为料石长的 1/2。浆砌卵石，相邻两排应错开茬口，并选择较大的卵石砌于渠底和渠坡下部，大头朝下，挤紧靠实。浆砌块石挡土墙式防渗结构，应先砌面石，后砌腹石，面石与腹石应交错连接；浆砌料石挡土墙式防渗结构，面石中应有足量的丁石与腹石相连。

（3）石料砌筑。砌筑前应洒水润湿，石料应冲洗干净。浆砌料石和块石，应干摆试放分层砌筑，座浆饱满。每层铺水泥砂浆厚度，料石宜为 2～3cm；块石宜为 3～5cm。随铺浆随砌石。

块石缝宽超过 5cm 时，应填塞小片石。卵石可采用挤浆砌筑，也可干砌后用水泥砂浆或细砾混凝土灌缝。浆砌石板应保持砌缝密实平整，石板接缝间的不平整度不应超过 1cm。

（4）勾缝。浆砌料石、块石、卵石和石板，宜在砌筑砂浆初凝前勾缝。勾缝前先清理剔缝，剔缝深度不得小于 3cm 并刷洗干净，保持湿润的情况下用设计规定的砂浆封填。应自上而下用砂浆充填、压实和抹光，先勾平缝，后勾竖缝，平、竖缝深浅要一致。浆砌料石、块石和石板宜勾平缝；浆砌卵石宜勾凹缝，缝面宜低于砌石面 1～2cm。

2. 干砌石料防渗层的施工

（1）砌筑顺序。干砌卵石砌筑顺序应先砌渠底，后砌渠坡，因梯形渠道坡脚处容易被冲刷，有些地区在坡脚处修成宽 50cm、深 15～30cm 的干砌石基础。砌渠底时，如为平底渠，则由渠坡角的一边开始砌向另一边；若为弧形底面，应先砌渠底中轴一排，再同时向两边逐排砌筑。渠底常采用横砌，砌筑时同一排卵石的大小要一致。渠坡应从下而上逐排砌筑。

干砌块石砌渠底时应采用横砌法，即块石长边垂直水流方向安砌。当块石平行水流方向铺砌时，为了增强抗冲能力，必须在平砌 4～5m 后，将块石扁立起来竖砌 1～2 排，并且要求错缝填塞密实。在渠坡砌石的顶部，需砌一层封顶石。

（2）石料安放。卵石必须立砌，即使卵石的长边垂直于渠底或渠坡，卵石较宽的侧面应垂直于水流方向。卵石大头朝下、小头朝上有利于稳定和抗冲，每排卵石应力求长短薄厚相近，相邻两排卵石应错开茬口挤紧，甘肃、新疆等地将砌筑质量要求总结为"横成排、三角缝、六面靠、踢不动、拔不掉"。

（3）灌缝与卡缝。卵石砌筑完毕后经检查合格后，需用小石灌缝。根据孔隙的大小，选用粒径 1～5cm 的小砾石，以灌入到砌体内为度，并采用直径为 10cm 左右的钢钎，将小砾石灌实。灌缝灌到缝深的一半即可。灌缝之后接着需要卡缝，即选用长条形或薄片形的卵石，用木锤轻轻敲入砌缝，并要求卡缝石下部一定要与灌缝石接触，三面紧靠卵石，较砌体卵石面低约 1～2cm，然后用较大的卵石砌筑封顶石。

（二）施工技术要求

（1）石料在使用前，先用水冲洗干净，便于与砂浆结合。

（2）石料先打去削薄的棱角，以便安装与衔接。

（3）土质渠道砌筑前，应在衬砌面上铺一层 3.5cm 的稠砂浆作为垫层。

（4）铺筑时，应将块石的大面朝下，便于平稳。

（5）砌缝应交错紧密，忌通缝。不规则石料缝宽不大于 3cm，规则石料缝宽不大于 1.5cm。

（6）灌缝砂浆稀稠应适当，使砂浆充满石块底部和间隙。

（7）不规则石块，在灌浆后选用适合的小石块挤进砂浆中。

（8）石块砌好后，不要再引起震动，以防松动。

（9）加强块石砌体的整体性，需勾缝；勾缝在砂浆初凝前进行，将缝抠深 3～5cm，然后用水清洗，用稠砂浆自下而上地勾缝。

（10）正常洒水养护不应少于 7 天。

第四节　膜料防渗技术

膜料防渗就是用不透水的土工膜来减少或防止渠道渗漏损失的技术措施。土工膜是一种薄型、连续、柔软的防渗材料。

一、膜料防渗的特点

（一）膜料防渗的优点

1. 防渗性能好

只要设计正确，施工精心，膜料防渗就能达到最佳防渗效果。实践证明，膜料防渗渠道一般可减少渗漏损失 90%～95%。特别是在地面纵坡缓，土壤含盐量大，冻胀严重而又缺乏砂石料源的地区，尤其应当推广。

2. 适应变形能力强

土工膜具有良好的柔性、延伸性和较强的抗拉能力。所以，不仅适用于各种不同形状的断面渠道，而且适用于可能发生沉陷和位移的渠道。

3. 质轻、用量少、材料运输量小

土工膜具有薄、轻、单位重量轻等特点，衬砌面积大，用量少，运输量小，对于交通不便，当地缺乏其他建筑材料地区具有明显经济意义。

4. 施工工艺简便，工期短

膜料防渗施工主要是挖填土方，铺膜和膜料接缝处理等，不需复杂技术，方法简便易行，大大缩短工期。

5. 耐腐蚀性强

土工膜具有较好的抵抗细菌侵害和化学作用的性能，不受酸碱和土壤微生物的侵蚀，耐腐蚀性强。特别适用于有侵蚀性水文地质条件及盐碱化地区的渠道或排污渠道的防渗工程。

6. 造价低

由于膜料防渗有上述优点，所以造价低。据经济分析，每平方米塑膜防渗的造价为混凝土防渗造价的 1/10～1/5，为浆砌卵石防渗造价的 1/10～1/4，一层塑膜的造价仅相当于 1cm 厚混凝土板造价。

（二）膜料防渗的缺点

膜料防渗的缺点是抗穿刺能力差、与土的摩擦系数小，易老化等。随着现代塑料工业的发展，将会越来越显示出膜料防渗的优越性和经济性，膜料防渗将是今后渠道防渗工程发展的方向，其推广和使用范围将会越来越广。

二、膜料防渗结构

（一）防渗膜料的选用

防渗膜料的基本材料是聚合物和沥青，按材料的性质可分为塑料类、橡胶类、沥青和环氧树脂类，目前我国渠道防渗工程普遍采用聚乙烯和聚氯乙烯薄膜，其次是沥青玻璃纤维布油毡和复合土工膜。

塑膜的变形性能好、质轻、运输量小，一般宜优先选用。聚氯乙烯膜的抗拉强度较聚乙烯膜高，抗植物穿透能力较强，在芦苇等植物丛生地区，宜优先选用聚氯乙烯膜；聚乙烯膜耐低温、抗老化性能较聚氯乙烯膜好，严寒地区可选用聚乙烯膜。

沥青玻璃纤维布油毡，抗拉强度较塑膜大，施工中不易受损，中、小型渠道防渗可选用。复合土工膜具有防渗和平面导水的综合功能，抗拉强度较高，抗穿透和抗老化等性能好，可不设过渡层，但价格较高，适用于地质条件差、基土冻胀性较大或标准较高的渠道防渗工程。

(二) 膜料防渗结构设计

为保证膜料发挥防渗效果，延长使用寿命，膜料应采用埋铺式结构。按铺膜范围可分为全铺、半铺和底铺三种。全铺为渠坡、渠底全铺，渠坡铺膜高度与渠道正常水位齐平；半铺为渠底全铺，渠坡铺膜高度为渠道正常水位的 1/2~2/3；底铺为仅铺渠底，多采用全铺。

埋铺式膜料防渗结构一般包括膜料防渗层、过渡层和保护层，如图 2-3 所示。

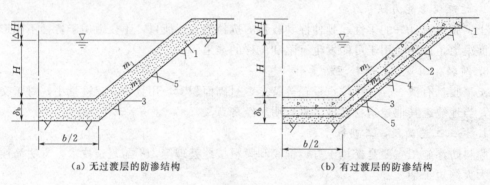

(a) 无过渡层的防渗结构　　　　　(b) 有过渡层的防渗结构

图 2-3　埋铺式膜料防渗结构
1—黏性土、水泥土、灰土或混凝土、石料、砂砾石保护层；2—膜上过渡层；
3—膜料防渗层；4—膜下过渡层；5—土渠基或岩石

1. 过渡层

过渡层作用是保护膜料不被损伤，分膜下过渡层和膜上过渡层。土渠基一般可不设膜下过渡层，岩石和砂砾石渠基应设膜下过渡层；采用黏性土、灰土、水泥土做保护层时一般不设膜上过渡层，采用砂砾石、石料、现浇碎石混凝土或预制混凝土板做保护层时应设膜上过渡层；采用复合土工膜作防渗层时，土工织物侧一般不设过渡层。

用作过渡层的材料很多，如水泥土、灰土和水泥砂浆。在温暖地区膜上过渡层可选用灰土或水泥土，在寒冷和严寒地区膜上过渡层可选用砂浆；采用土及砂料做膜上过渡层，在砌缝较多时会被水流冲走或淘空，应采取防止淘刷的措施。膜下过渡层一般宜采用粉砂、细砂等透水材料，以排除透过土工膜的水和地基内部的渗流水。过渡层的厚度可按表2-2选用。

表 2-2　　　　　　　　　　　　过 渡 层 的 厚 度　　　　　　　　　　单位：cm

过渡层材料	厚度	过渡层材料	厚度
灰土、塑性水泥土、砂浆	2~3	土、砂	3~5

2. 保护层

土、水泥土、沙砾、石料和混凝土等都可做膜料防渗的保护层。土保护层厚度应根据渠道流量大小、保护层土质情况，按表2-3选用。

表 2-3 土保护层的厚度 单位：cm

保护层的土质	渠道设计流量/(m³/s)			
	<2	2～5	5～20	>20
砂壤土、轻壤土	45～50	50～60	60～70	70～75
中壤土	40～45	45～55	55～60	60～65
重壤土、黏土	35～40	40～50	50～55	55～60

土保护层的设计干密度，应通过试验确定。无试验条件时，压实法施工，砂壤土和壤土的干密度不小于 $1.5g/cm^3$；采用浸水湿法施工时，其干密度宜为 $1.40～1.45g/cm^3$。

此外，水泥土、石料、混凝土保护层属于刚性材料保护层，其主要作用是保护防渗膜料，可不考虑其本身的防渗作用，故较相同材料防渗层的厚度小，不同刚性材料保护层的厚度可按表2-4选用。

表 2-4 不同材料保护层的厚度 单位：cm

保护层材料	水泥土	块石、卵石	砂砾石	石板	混凝土	
					现浇	预制
保护层厚度	4～6	20～30	25～40	≥3	4～10	4～8

3. 防渗结构与建筑物的连接

防渗结构与渠系建筑物的连接是否正确，将直接影响渠道防渗效果和工程使用寿命，连接不佳，会导致渠水渗漏，冲走过渡层材料，引起保护层塌陷，表面凹凸不平，甚至整体下滑。

膜料防渗结构应按图2-4用黏结剂将膜料与建筑物黏结牢固。

土保护层与跌水、闸、桥连接时，应在建筑物上、下游改用石料、水泥土、混凝土保护层，以防流速、流态变化及波浪淘刷等影响，引起边坡滑塌等事故。

水泥土、石料和混凝土保护层与建筑物连接处应设置伸缩缝。

膜料顶部按图2-5铺设。

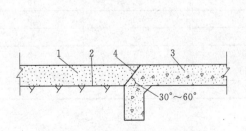

图 2-4 膜料防渗与建筑物的连接
1—保护层；2—膜料防渗层；3—建筑物；
4—膜料与建筑物黏结面

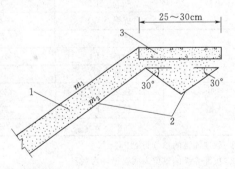

图 2-5 膜料顶部铺设形式
1—保护层；2—膜料防渗层；
3—封顶层

第五节 混凝土防渗技术

混凝土防渗是指采用预制或现浇混凝土衬砌渠道，减少或防止渗漏损失的渠道防渗技术措施。

一、混凝土防渗特点

（一）优点

（1）防渗效果好。减少渗漏损失 90％～95％。

（2）强度高，抗压、抗冻、抗冲磨等性能好，能防止动、植物穿透或其他外力的破坏，运行 50 年以上。

（3）糙率小，水头损失小。$n＝0.012～0.018$，流速为 $3～5m^3/s$。

（4）适应性广泛。混凝土具有良好的模塑性，可制成各种形状和大小的构筑物。

（二）缺点

属刚性材料，适应变形能力差，造价较高。

二、混凝土性能及配合比设计

应符合下列规定：

（1）大型、中型渠道防渗工程混凝土的配合比，按 DL/T 5150—2001《水工混凝土试验规程（附条文说明）》进行试验确定，其选用配合比满足强度、抗渗、抗冻和和易性的设计要求。小型渠道混凝土的配合比，可参照当地类似工程的经验采用。

（2）混凝土的性能指标不低于表 2－5 中的数值。严寒和寒冷地区的冬季过水渠道，抗冻等级比表内数值提高一级。

（3）渠道流速大于 3m/s，或水流中挟带推移质泥沙时，混凝土的抗压强度不低于 15MPa。

表 2－5　　　　　　　　　混凝土性能的允许最小值

工程规模	混凝土性能	严寒地区	寒冷地区	温和地区
小型	强度（C）	10	10	10
	抗冻（F）	50	50	—
	抗渗（W）	4	4	4
中型	强度（C）	15	15	10
	抗冻（F）	100	50	50
	抗渗（W）	6	6	6
大型	强度（C）	20	15	10
	抗冻（F）	200	150	50
	抗渗（W）	6	6	6

注　1. 强度等级的单位为 MPa。
　　2. 抗冻等级的单位为冻融循环次数。
　　3. 抗渗等级的单位为 0.1MPa。
　　4. 严寒地区为最冷月平均气温低于 －10℃；寒冷地区为最冷月平均气温不低于 －10℃但不高于 －3℃；温和地区为最冷月平均气温高于 －3℃。

（4）混凝土的水灰比。为砂石料在饱和面干状态下的单位用水量与胶凝材料的比值，其允许最大值可参照表 2-6 选用。

表 2-6　　　　　　　　　混凝土水灰比的允许最大值

运用情况	严寒地区	寒冷地区	温和地区
一般情况	0.50	0.55	0.60
受水流冲刷部位	0.45	0.50	0.50

（5）混凝土的坍落度可参照表 2-7 选定。

表 2-7　　　　　　　不同浇筑部位混凝土的坍落度　　　　　　　　单位：cm

混凝土类别	部　位		机构捣固	人工捣固
素混凝土	渠底		1~3	3~5
	渠坡	有外模板	1~3	3~5
		无外模板	1~2	—
钢筋混凝土	渠底		2~4	3~5
	渠坡	有外模板	2~4	5~7
		无外模板	1~3	—

注　1. 低温季节施工时，坍落度宜适当减小；高温季节施工时，坍落度宜适当增大。
　　2. 采用衬砌机施工时，坍落度不大于 2cm。

（6）大型、中型渠道所用的混凝土，其胶凝材料的最小用量宜不少于 225kg/m³；严寒地区宜不少于 275kg/m³。用人工捣固时，胶凝材料用量可增加 25kg/m³；当掺用外加剂时，可减少 25kg/m³。

（7）混凝土的用水量及砂率可分别按表 2-8 及表 2-9 选用。

表 2-8　　　　　　　　　　混凝土用水量　　　　　　　　　　单位：kg/m³

坍落度 /cm	石料最大粒径/mm		
	20	40	80
1~3	155~165	135~145	110~120
3~5	160~170	140~150	115~125
5~7	165~175	145~155	120~130

注　1. 表中值适用于卵石、中砂和普通硅酸盐水泥拌制的混凝土。
　　2. 用火山灰水泥时，用水量宜增加 15~20kg/m³。
　　3. 用细砂时，用水量宜增加 5~10kg/m³。
　　4. 用碎石时，用水量宜增加 10~20kg/m³。
　　5. 用减水剂时，用水量宜减少 10~20kg/m³。

表 2-9　　　　　　　　　　　混凝土的砂率

石料最大粒径 /mm	水灰比	砂　率/%	
		碎石	卵石
40	0.4	26~32	24~30
40	0.5	30~35	28~33
40	0.6	33~38	31~36

注　石料常用两级配，即粒径 5~20mm 的占 40%~45%；粒径 20~40mm 的占 55%~60%。

（8）渠道防渗工程所用水泥品种以 1～2 种为宜，并固定厂家。当混凝土有抗冻要求时，优先选择普通硅酸盐水泥；当环境水对混凝土有硫酸盐侵蚀时，优先选择抗硫酸盐水泥。

（9）粉煤灰等掺和料的掺量，大型、中型渠道按 DL/T 5055—1996《水工混凝土掺用粉煤灰技术规范》通过试验确定；小型渠道混凝土的粉煤掺量可按表 2-10 选定。

表 2-10　　　　　　　　　　　　　粉 煤 灰 掺 量

水泥等级	混凝土性能指标		粉煤灰掺量/%
	强度等级	抗冻等级	
32.5	C10	F50	20～40
32.5	C15	F50	30
32.5	C20	F50	25

（10）混凝土根据需要掺入适量外加剂。其掺量通过试验确定。

三、混凝土防渗层结构设计

（1）混凝土防渗结构型式见图 2-6。混凝土防渗结构一般宜采用等厚板，当渠基有较大膨胀、沉陷等变形时，除采取必要的地基处理措施外，对大型渠道宜采用楔形板、肋梁板、中部加厚板或 Ⅱ 形板。小型渠道采用整体式 U 形或矩形渠槽，槽长宜不小于 1.0m。

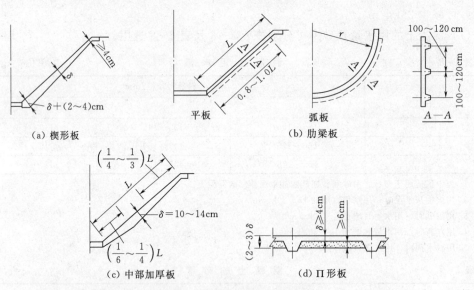

图 2-6　混凝土防渗结构型式

（2）流速小于 3m/s 时，梯形渠道混凝土等厚板的最小厚度，应符合表 2-11 的规定；流速为 3～4m/s 时，最小厚度宜为 10cm；流速为 4～5m/s 时，最小厚度宜为 12cm。渠道超高部分的厚度可适当减小，但不小于 4cm。

（3）肋梁板和 Ⅱ 形板的厚度，比等厚板可适当减小，但不小于 4cm。肋高宜为板厚的 2～3 倍。楔形板在坡脚处的厚度，比中部宜增加 2～4cm。中部加厚板部位的厚度，宜为 10～14cm。板膜复合式结构的混凝土板厚度可适当减小，但不小于 4cm。

（4）基土稳定且无外压力时，U 形渠和矩形渠防渗层的最小厚度按表 2-11 选用；渠基土不稳定或存在较大外压力时，U 形渠和矩形渠宜采用钢筋混凝土结构，并根据外荷载进行结构强度、稳定性及裂缝宽度验算。

表 2-11　　　　　　　　混凝土防渗层的最小厚度　　　　　　　　单位：cm

工程规模	温 和 地 区			寒 冷 地 区		
	钢筋混凝土	混凝土	喷射混凝土	钢筋混凝土	混凝土	喷射混凝土
小型		4	4		6	5
中型	7	6	5	8	8	7
大型	7	8	7	9	10	8

（5）预制混凝土板的尺寸，根据安装、搬运条件确定。

四、混凝土防渗渠道施工技术

（一）梯形渠道施工技术

1. 渠槽开挖

（1）施工测量放样。根据设计图纸建立施工使用的平面控制网和高程控制点。按三等导线网精度进行施工测量，用经纬仪、水准仪放线，标示开挖范围，打好高程、开挖边线控制桩，并测绘断面图，计算工程量。

（2）植被清理、表土清除。铲除工程区域内的全部树根、杂草、垃圾、废渣等其他障碍物，并将腐殖土植物根清理干净。渠道工程施工场地地表的植被清除延伸到离施工图所示最大开挖边线、填筑边线或建筑物基础边线外侧至少 5m。按指定的地点掩埋或焚烧清除物，但不得妨碍自然排水或污染渠河。开挖的有机土壤运到指定的地区堆放，防止水土流失。

（3）土方开挖。土方开挖采用 1m³ 反铲挖掘机自上而下的方式进行开挖。严禁自下而上或采取倒悬的开挖方式进行土方开挖。施工期间随时做成一定的坡势，以利排水，弃土可采用 5～8t 的自卸汽车运输，推土机推平，对于土方开挖中的可利用的土料，用于后期土方回填，按要求进行堆置，其他弃土则运输到弃土场按要求堆放。开挖时，必须做好排水工作，当开挖到设计基准面上 30cm 后，改用人工开挖直到符合设计要求。开挖土方的坡度应适当留有余量，再用人工修整，直至满足施工图要求的坡度和平整度。

（4）复测、放样。开挖完成后再用测量仪器复测放样检查，根据检查结果如需补充开挖，则需重新进行基础检查清理，直到合格为止。

（5）质量控制措施。

1）首先根据施工详图，制定详细的施工组织计划及相应措施和质量保证体系。

2）开挖前要复核开挖断面的放样成果。

3）开挖完成后进行人工修整。

4）遇到特殊地基时，应进行基础的特殊处理。

5）做好排水设施，雨天停止施工。

2. 土方回填施工

（1）施工程序：施工测量放样→现场碾压试验→填料摊铺→碾压→修整→检查验收。

（2）施工方法。

1）现场碾压试验。选取一段进行填料碾压现场生产性试验。通过试验确定土的摊铺方式、摊铺厚度、碾压次数、填料填筑含水量、压实土的干容重及渗透系数等较优的施工参数，用于指导后续回填土方施工。

对压实土层之间的结合状况以及土层本身的结合状况做必要的检查，以发现是否出现土层疏松、结合不良以及剪力破坏等不良现象，并分析原因，制定改善措施。

2）填料摊铺。填料摊铺一是要考虑铺料厚度均匀，二是要考虑对已压实合格土料不产生剪力破坏。因此人工铺料摊铺厚度及含水量由试验确定的参数控制。当采用分段填筑时，每层接缝处应做成斜坡状，倾斜度不大于 1∶1.5，上下两层错缝距离不小于 1m，总的填筑高度考虑预留一定的沉降量。在土方填筑时为保证各部位的密实度均匀、达到设计要求，填筑断面的宽度应比设计的宽度边侧多 20cm，多出部分在填筑完毕后进行修整。

3）碾压。碾压前，先测定土料含水量，填筑土料含水量与最优含水量的差值不高于3%。碾压机器的行进方向以及铺料方向应平行坝轴，而非两岸的接触带黏土则应顺岸边进行压实。

4）修整。在每段填筑完成后，从拉坡度线到设计断面，采用人工自上而下修整，使边坡坡度和表面平整度满足设计要求。

5）检查验收。每层碾压结束后，按工程师指示的检测方法进行压实度自检，审批后方可进行上一层的施工。

3. 混凝土衬砌施工

（1）施工流程如图 2-7 所示。

（2）施工准备阶段。

1）准备材料。混凝土用的粗细骨料要按粒径分别堆放，堆放前要清洗其中夹杂泥土。筛洗时要尽量减少砂石流失，已浑浊污水不要重复利用。筛分后的骨料要分级堆放，而且在筛洗过程中要经常检查筛孔尺寸和堆放时的自由落差（不大于 3m），以减少石子的超、逊径和骨料分离。淘洗后的砂石要经 24h 自然脱水后使用。碎石要冲洗干净不能含有风化石，含沙量应在 5% 之内。

2）定线放样。严格测定渠道中线和纵横断面各点的位置和高程。

3）清基整坡。无论是铺筑预制块还是现浇混凝土，都要进行清基整坡，并挖好上下齿墙。

（3）混凝土拌和。

1）配料。按照配料比控制下料，严格控制水灰比。拌和配料时即按盛装工具计量，袋装水泥以袋计量。拌和一次所需要的材料要全部用编号工具一次装好，由专人负责检

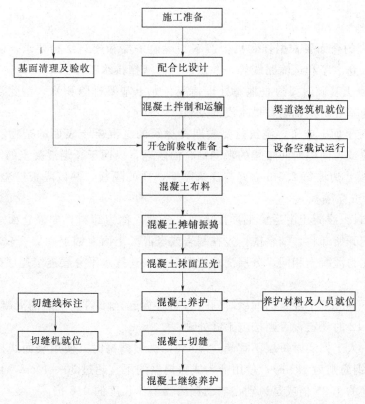

图 2-7 混凝土衬砌渠道施工流程

查，然后进料拌和。施工期内，需定期定量检查，确保用料准确，以保证能拌制成合格成品。

2）拌和。小型工程多采用人工拌和和机械拌和。常用的拌和机械大都是出料容量为 $0.25m^3$ 或 $0.4m^3$ 的自落鼓筒式拌和机。利用拌和筒旋转，使装入筒内的材料被叶片升到一定高度，靠自重跌落互相掺和。机械拌和混凝土应将所有用料投入滚筒，转动数次后再加水拌和，直到拌和均匀，石料无裸露现象为止。人工拌和混凝土则应在铁板上、清洁平整的水泥地面或砖铺地面进行，一般采用"三干三湿"法，即先按配合比进行备料，然后把砂子摊平，将水泥倒在砂子上，用锹干拌 2 遍，再加入石子翻拌 1 遍，此后，边缓慢加水，边反复搅拌（至少拌 3 次），直至石子全部被水泥砂浆包住，无离析现象为止，拌和应在 45min 内完成。

（4）混凝土运输。

混凝土运输多采用人工传送和手推车运送入仓。应注意以下事项：

1）防止运输工具途中漏浆或出现砂石分离现象。如发生石子与砂浆分离，入仓前应再拌和一次。

2）尽量缩短运输时间，以防止混凝土初凝。严禁在拌和好的混凝土中加水。

3）拌和、运输和运转工具（如溜槽、漏斗等）使用完毕后必须把残渣和砂浆冲洗干净，整齐存放，以备再用。

（5）混凝土浇筑。

1）准备工作。

a. 工作量大的仓面要根据拌和机生产率、运输条件和建筑结构要求，确定分层分缝的部位，以及入仓次序和运输路线等，并做好仓内清扫排水工作。

b. 浇筑混凝土基础时要检查地基处理情况。如土基要排除积水，清除浮土，然后整平夯实；黏土地基要防止扰动和被水浸泡发软。

c. 在老混凝土面上施工，浇筑前要先期将浇筑的老混凝土表面的杂物和水泥膜清除干净，重要部位或者间隔时间较长的新老结合面凿毛，以便于新老混凝土的结合。

d. 分块立模，边坡每 2.5m 立好与浇筑厚度一样的隔板，并以隔板检验整坡的尺度，渠底每隔 5～10m 立隔板。

2）入仓铺料。混凝土由运输工具直接倒入仓内，称为卸料，如果仓面水平，可以从进料相反的一端开始卸料。铺料前，先在基岩或老混凝土面上铺上一层 2～3cm 厚的水泥砂浆，其水灰比与混凝土相同。分层浇筑指混凝土入仓按水平分层连续逐层铺填，直至规定的浇筑高度。

铺料时上下层混凝土浇筑的间歇时间（自出料算起至覆盖完下层的混凝土为止），不允许超过表 2-12 的规定，否则按施工缝处理。

铺料厚度，人工捣实时每层不宜超过 20cm；机械振捣时，使用表面式振捣器不宜超过 25cm（双层钢筋则为 12cm），使用插入式振捣器的不宜超过 30～40cm，且不超过软轴振捣器插头长度的 1.25 倍或是风动、电动振捣器工作长度的 0.8 倍。

表 2-12　　　　　　　　　浇筑混凝土的允许间歇时间

浇筑混凝土时气温/℃	允许间歇时间/min	
	普通硅酸盐水泥	矿渣及火山灰硅酸盐水泥
20～30	90	120
10～20	135	180
5～10	195	—

3）浇筑振捣。先浇边坡后浇底，用料桶或是铁斗车运料。边坡上拌和料要用料桶从下而上倒料，不准以铁铲甩料，避免砂石分离，进料后要用刮板刮平，再用平板振动器振压密实。

4）平仓抹面。浇筑到面层经捣振后随即平仓，平仓时多使用人工，也有机械平仓的，要求混凝土表面略高于模板，待混凝土干缩后表面和模板齐平，平仓时不宜另加砂浆粉面，也禁止混凝土初凝后采用砂浆抹面，以免面层结合不好，降低强度。

5）养护。在混凝土终凝后（浇筑完毕后 12～18h 内）开始养护，天气炎热、气候干燥时应适当提前。养护方法根据具体情况进行选择，如平面混凝土可以用湿麻袋或草席覆盖，经常洒水保持潮湿；垂直面可以在模板上洒水养护；低于 5℃ 的要采取防冻措施。养护时间，普通水泥不少于 14 天；矿渣、火山灰质等水泥不少于 21 天。

4. 混凝土预制板的铺砌

(1) 混凝土预制块的预制。一般用机械拌料与平板振捣器振捣，预制场要整平或用低强度等级砂浆打好地板，保证预制块的均厚。

(2) 预制板的铺砌。铺砌时要求水平缝一条线，垂直缝上下错开，缝宽 2cm。铺平预制板后，清除缝中的混土杂草，洒水洗缝面，用规定强度的水泥砂浆填缝压实、抹平，初凝后定期洒水保养。

(二) 现浇 U 形混凝土渠道施工技术

U 形断面接近水力最优断面，具有较大的输水输沙能力，占地较少，省工省料，而且由于整体性好，抵抗基土冻胀破坏的能力较强。因此，U 形断面受到普遍欢迎，在我国已广泛使用，多用混凝土现场浇筑。

图 2-8 为 U 形断面示意图，下部为半圆形，上部为稍向外倾斜的直线段。直线段下切于半圆，外倾角 $\alpha = 5° \sim 20°$，随渠槽加深而增大。较大的 U 形渠道采用较宽浅的断面，深宽比 $H/B = 0.65 \sim 0.75$，较小的 U 形渠道则宜窄深一点，深宽比可增大至 $H/B = 1.0$。

U 形渠道的衬砌超高 a_1 和渠堤超高 a（堤顶或岸边到加大水位的垂直距离）可参考表 2-13 确定。

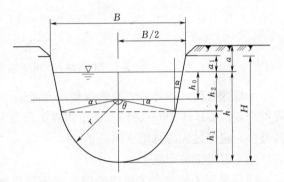

图 2-8 U 形断面示意图

表 2-13　　　　　　　　　U 形渠道衬砌超高 a_1 和渠堤超高 a 值

加大流量/(m^3/s)	<0.5	0.5~1.0	1.0~10	10~30
a_1/m	0.1~0.5	0.15~0.2	0.2~0.35	0.35~0.5
a/m	0.2~0.3	0.3~0.4	0.4~0.6	0.6~0.8

注 衬砌顶端以上土堤超高一般用 0.2~0.3m。

一般 U 形渠道混凝土浇筑量大，工期短，可采用人工开挖削模，衬砌机衬砌，人工收面压光的施工工艺施工。

1. 断面型式

U 形断面型号有 D_{40}、D_{60}、D_{80}、D_{100}、D_{120} 等。

2. 施工原则

以渠定线、以线定桩，以桩测高、以高找底、以底夯实、以实培模、以模衬砌，最后整理养护。

3. 施工技术

(1) 土方施工。

1) 填方施工。填方渠道和梯形渠道改建 U 形渠道时，均需要回填土方。U 形混凝土衬砌的基础回填要求密实、均匀，并与老土结合牢靠。填土分层夯实，每层洒水刨毛，以便于新老土层结合，所填土的干容重应不小于 1.55~1.60g/cm^3。

2）挖方施工。土槽的质量要求是断面标准、渠线端直，严格防止超挖或者欠挖。人工开挖步骤是：①定好渠线中心桩，测量好高程，按渠口尺寸洒好两侧灰线，并按图 2-9 所示步骤开挖；②先粗挖，取出槽内大土，将中心线移到渠底，重新测量高程；③修整土槽，每 10m 渠段按样板做一个标准断面，在两标准断面间接紧线绳，将线绳沿样板从上至下水平移动，边移动边削取余土，反复修整，直到完全符合要求。

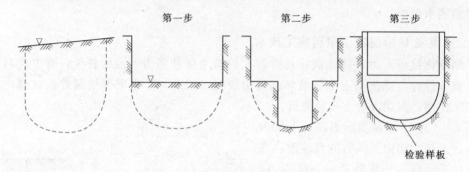

图 2-9　U 形渠道土方开挖步骤

土槽挖好后，须经检查验收合格后方能进行混凝土衬砌工序，渠槽断面的允许偏差值应符合规范 GB 50600—2010《渠道防渗工程技术规范》中的有关规定。检查不合格的及时补修，超挖过大的可用草泥补填。

（2）混凝土衬砌施工。

U 形混凝土防渗可采用现场浇筑或预制法施工。现场浇筑法又分人工浇筑及机械浇筑两种，预制装配法施工通常采用分块预制和整体预制两种。

1）现场浇筑法。

a. 人工现场浇筑法施工。

模板制作。U 形渠槽模板尺寸随渠道的大小不同而变化，可用木材或钢材制成，应包括边挡板架、内模架、活动模板和缝子板四部分，其结构如图 2-10、图 2-11 所示。浇筑混凝土时，将缝子板紧贴已浇筑好的混凝土的一边放好，待混凝土浇筑完成后再细心取出，形成伸缩缝。

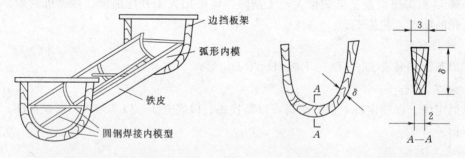

图 2-10　U 形渠槽钢模图　　　　图 2-11　缝子板图（单位：cm）

现场浇筑。U 形渠道混凝土浇筑的顺序是先立边挡板架，浇筑底部中间部分，再立内模架，安设弧面部分的模板，两边同时浇筑，最后再立直立段模板后浇筑，直到顶部。其振捣要求、拆模、养护等同混凝土防渗渠道，浇筑一般采用隔块的跳仓浇筑法。

b. 机械现场浇筑法施工。近年来应用比较广泛的是衬砌全断面连续浇筑机械，采用机械施工具有许多明显的优点，主要是混凝土密实、质量好、效率高，模板用材少，施工费用低等优点。目前常用的衬砌机有 D_{40}、D_{60}、D_{80}、D_{100}、D_{120} 衬砌机，可衬砌直径为 40、60、80、100、120cm 的 U 形渠道，每种机械可完成 5 种不同的衬砌高度。衬砌机主要组成部件有导向部分、振动部分和收面部分，主要技术参数见表 2-14。

表 2-14　　　　　　　　　　　U 形衬砌机主要技术参数

项　目		单位	U 形 衬 砌 机 型 号				
			D_{40}	D_{60}	D_{80}	D_{100}	D_{120}
牵引动力			J-2 型 3t 慢卷扬机，线速度 0.4～1.4m/min				
外形尺寸 （长×宽×高）	电动	mm× mm× mm	1890×590×940	2150×804×1100	2930×1190×1320	2500×1600 ×1300	2600×1700 ×1300
	柴动		2400×700×750	2400×868×860	1500×1164×1070		
总重量	电动	kg	217	464	836	850	980
	柴动		300	370	450		
振动力		kg	430～470	600	860～1000	1200	1200
配用功率	电动	kW	1.1	1.5	2×1.1	2×1.5	2×1.5
	柴动	马力	6				
成渠过水断面 （半径×渠深）		cm× cm	20×（30～50）	30×（45～65）	40×（55～75）	50×（65～85）	60×（75～95）
衬砌厚度		cm	4	5	6	6	7
工作速度		m/min	0.5～1.0				
班衬砌长度		m	400				
最大生产量 （混凝土）		m²/ 台班	23	35	50	57	76

2) 现场浇筑法混凝土养护。最常用的方法是在混凝土衬砌面上覆盖湿草帘、湿芦席。养护时间随水泥品种、气候条件的不同而不同。在正常气温下，混凝土浇筑后 12h 左右开始养护，普通硅酸盐水泥至少养护 10～14d，用火山灰水泥、矿渣水泥等则应养护 14～21d。养护过程中应勤洒水，经常保持混凝土的湿润状态，也可在混凝土面上覆盖塑料薄膜，要求四周压严密封，保湿膜内的凝结水不会蒸发。

(3) 预制装配法施工：

1) 分块预制法。由渠槽断面中心分为两块预制，每块长视断面大小而定，以两人能抬动为宜，一般为 0.5～1.0m。按预制块设计尺寸做成木质或钢质模框，在夯实和整平的弧形地基上铺设防渗膜后即可预制。

2) 整体预制法。适用于小型渠道，即按全断面预制，每节长一般是 1m；分为现场预制和人工预制。

3) 施工过程。施工过程为：渠道开挖修整→铺设防渗膜→砂砾石垫层 15cm 厚→安砌预制混凝土 U 形槽→压顶混凝土→勾缝清理。

第六节　渠道防渗工程的防冻胀措施

一、渠道防渗工程冻害的主要类型

我国绝大部分地区冬季气温都要降到0℃以下，负气温对渠道防渗衬砌工程有一定的破坏作用，这种破坏称为对渠道防渗的冻害。根据负气温造成各种破坏作用的性质，冻害可分为以下三种类型。

1. 防渗材料的冻融破坏

渠道防渗材料具有一定的吸水性，又经常处在有水的环境中，这些水分在负温下冻结成冰，体积发生膨胀，当膨胀作用引起的应力超过材料强度时，渠道产生裂缝并增大吸水性。在正温下融化，经过多次冻融循环和应力的作用，使材料破坏、剥蚀、冻酥，使结构完全受到破坏而失去防渗作用。

2. 渠道基土冻融对防渗结构的破坏

由于渠道渗漏、地下水和其他水源补给、渠道基土含水量较高，在冬季负温作用下，土壤中的水分发生冻结而造成土体膨胀，使混凝土衬砌开裂、隆起而折断。在春季消融时又造成渠床表土层过温、疏松而使基土失去强度和稳定性，导致衬砌体的滑塌，该种冻害是渠道防渗工程的主要冻害。

3. 渠道中水体结冰造成防渗工程破坏

当渠道在负温期间通水时，渠道内的水体将发生冻结。在冰层封闭且逐渐加厚时，对两岸衬砌体产生冻压力，造成衬砌体破坏，或在冰推力作用下，砌块被推上坡，产生破坏性变形。因此，渠道在严寒地区进行冬季输水，要采取防治措施，以保安全。

二、渠道防渗工程冻胀破坏形式

1. 混凝土防渗破坏形式

混凝土属于刚性材料，抗压强度高，但抗拉强度低，适应不均匀变形能力较差，在冻胀力或热应力作用下，容易破坏，主要有以下四种破坏形式：

（1）鼓胀及裂缝。在冬季，混凝土衬砌板和渠床基土冻结成一个整体，承受着冻胀力作用及混凝土板收缩产生的拉应力作用，当应力值大于极限应力时，板体就发生破坏。冻胀裂缝多出现在尺寸较大的混凝土板顺水流方向，当冬季渠道积水或行水时，冰面附近渠坡含水量较高，冻胀量较大，一般易出现裂缝。

（2）隆起架空。地下水位较高渠段，渠床冻胀量大，而渠顶冻胀量小，造成混凝土衬砌板大幅度隆起、架空。一般出现在坡脚或水面以上0.5～1.5m坡长处和渠底中部。

（3）滑塌。有两种形式，一种是由于冻胀隆起架空，使坡脚支撑受到破坏，衬砌板垫层失去稳定平衡，基土融化时，上部板块顺坡向下滑移错位（图2-12）；另一种是渠坡基土融化期的大面积滑坡，渠坡滑塌，导致坡脚混凝土板被推开，上部衬砌板塌落下滑（图2-13）。

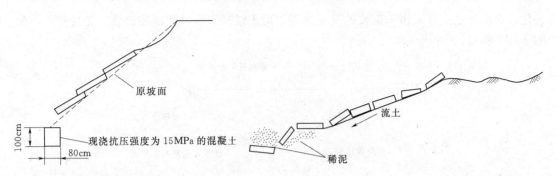

图 2-12　流土引起渠道冻融滑坡
破坏示意图

图 2-13　流土引起渠道冻融滑坡破坏示意图

（4）整体上抬。渠深 1.0m 左右的渠道，基土的冻胀不均匀性较小，尤其在弱冻胀地区和衬砌整体性较好时可能发生整体上抬，如小型 U 形渠道（图 2-14 和图 2-15）。

2. 砌石防渗破坏形式

砌石亦属于刚性衬砌材料，冻害破坏形式与混凝土类似，有裂缝、隆起架空、滑塌等形式，浆砌石防渗渠道，往往还由于勾缝砂浆受冻融作用而开裂。

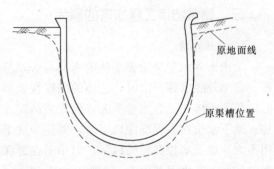

图 2-14　小型混凝土 U 形槽发生整体上抬

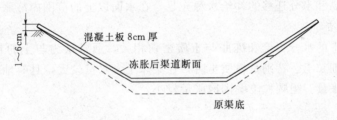

图 2-15　混凝土衬砌板顺坡向上推移

3. 沥青混凝土防渗破坏形式

沥青混凝土具有一定柔性，能适应一定的低温变形，但冻胀量大时，仍可能破坏。沥青混凝土温度收缩系数大，低温下易产生收缩裂缝，拌和不均匀或碾压不密实的地方，会出现冻融剥落等破坏现象。

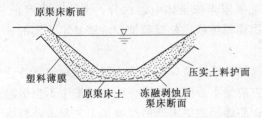

图 2-16　保护层剥蚀后膜料外漏

4. 膜料防渗破坏形式

膜料防渗破坏主要表现在膜料的保护层上，土料保护层常因冻融剥蚀变薄，甚至膜料外露而遭到破坏，如图 2-16 所示；混凝土等刚性保护层在冻胀地区可能会出现类似于上述刚性材料衬砌的破坏形式。

外露式膜料衬砌，易受机械作业破坏或

老化。在冻胀性土区，由于渠坡的反复冻融，融土蠕动下滑，使薄膜鼓胀，无法复位，如图 2-17 所示。

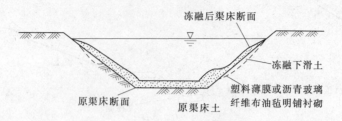

图 2-17　外露式膜料衬砌破坏

三、渠道防渗工程冻害的原因

1. 渠床水分

渠床土含水量决定着土体的冻胀与否，只有当土中水分超过一定界限值，才能产生冻胀。在无外界水源补给时，土体的冻胀性强弱主要取决于土中含水量；在有外界水源补给时，尽管土体初始含水量不大，但在冻结时外界水源的补给却可以使土体的冻胀性剧烈增加。地下水位在临界埋深以下时，渠底和坡下部发生轻微冻胀或无冻胀，对衬砌体破坏作用不大；地下水位在渠底以下，但小于临界深度，渠道内不行水、无积水，此时渠底有较大的冻胀，并沿渠坡向上，冻胀量由大到小；地下水位高于渠底，渠内有积水，或渠道行水时，由于渠内水的保温作用，渠底冻胀较小，甚至渠底不冻或无冻胀现象，两侧坡由于土的含水量较高和水分迁移的补给水源充足，在水面以上的范围内冻胀量最大。

2. 渠床土质

冻结过程中的水分积聚和冻胀与土质密切相关，通常认为与土的粉黏粒含量成正相关。当渠床为细粒土，特别是粉质土时，在渠床土含水量较大，且有地下水补给时，就会产生很大的冻胀量。粗颗粒土壤则冻胀量较小。

3. 温度

温度条件包括外界负气温、土温、土中的温度梯度和冻结速度等。土的冻胀过程的温度特征值有冻胀起始温度和冻胀停止温度，土的冻胀停止温度值表征当温度达到该值后，土中水的相变已基本停止，土层不再继续冻胀。在封闭系统中，黏土的冻胀停止温度是 $-8 \sim -10℃$，亚黏土是 $-5 \sim -7℃$，亚砂土是 $-3 \sim -5℃$，砂土是 $-2℃$。

4. 压力

增加土体外部荷载可抑制一部分水分迁移和冻胀。如果继续增加荷载，使其等于土粒中冰水界面产生的界面能量时，冻结锋面将不能吸附未冻土体中的水分，土体冻胀停止。为防止地基土的冻胀所需的外荷载是很大的，因而单纯依靠外荷载抑制冻胀是不现实的。

5. 人为因素

渠道防渗衬砌工程会由于施工和管理不善而加重冻害破坏，如抗冻胀换基材料不符合质量要求或铺设过程中掺混了冻胀性土料；填方质量不善引起沉陷裂缝，或施工不当引起收缩裂缝，加大了渗漏，从而加重了冻胀破坏；防渗层施工未严格按施工工艺要求，防渗效果差，使冻胀加剧；排水设施堵塞失效，造成土层中壅水或长期滞水等。另外，渠道停水过迟，土壤中水分不及时排除就开始冻结。开始放水的时间过早，甚至还在冻结状态下，极易引起水面线附近部位的强烈冻胀，或在冻结期放水后又停水，常引起滑塌破坏；对冻胀裂缝不及时修补，会使裂缝年复一年地扩大，变形积累，造成破坏。

四、防冻害措施

根据冻害成因分析，防渗工程是否产生冻胀破坏，其破坏程度如何，取决于土冻结时水分迁移和冻胀作用，而这些作用又和当时当地的土质，土的含水量、负温度及工程结构等因素有关，因此，防治衬砌工程的冻害，要针对产生冻胀的因素，根据工程具体条件，从渠系规划布置、渠床处理、排水、保温、衬砌结构型式、材料、施工质量、管理维修等方面着手，全面考虑。

1. 回避冻胀法

回避冻胀是在渠道衬砌工程的规划设计中，注意避开出现较大冻胀量的自然条件，或者在冻胀性土存在地区，注意避开冻胀对渠道衬砌工程的作用。

（1）避开较大冻胀的自然条件。尽可能避开黏土，粉质土壤、松软土层，淤泥土地带，有沼泽和高地下水位的地段，选择透水性较强不易产生冻胀的地段或地下水位埋藏较深的地段，将渠底冻结层控制在地下水毛管补给高度以上。尽可能采用填方渠道，使渠线布置在较高的地带，避免两侧水流入渠。

（2）埋入措施。将渠道作成管或涵埋入冻结深度以下，可以免受冻胀力、热作用力等影响，是一种可靠的防冻胀措施，它基本不占地，易于适应地形条件。

（3）置槽措施。置槽可避免侧壁与土接触以回避冻胀，常被用于中小型填方渠道上，是一种价廉的防治措施（图2-18）。

（4）架空渠槽。用桩、墩等构筑物支承渠槽，使其与基土脱离，避免冻胀性基土对渠槽的直接破坏作用，但必须保证桩、墩等不被冻拔，此法形似渡槽，占地少，易于适应各种地形条件，不受水头和流量大小限制，管理养护方便，但造价高（图2-19）。

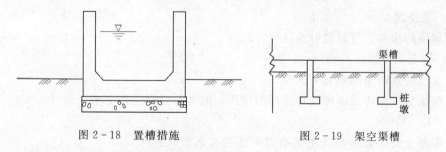

图2-18　置槽措施　　　　　　　　　　图2-19　架空渠槽

2. 削减冻胀法

当估算渠道冻胀变形值较大，且渠床在冻融的反复作用下，可能产生冻胀累积或后遗性变形情况时，可采用削减冻胀的措施，将渠床基土的最大冻胀量削减到衬砌结构允许变位范围内。

（1）置换。置换法是在冻结深度内将衬砌板下的冻胀性土换成非冻胀性材料的一种方法，通常采用铺设砂砾石垫层。砂砾石垫层不仅本身无冻胀，而且能排除渗水和阻止下卧层水向表层冻结区迁移，所以砂砾石垫层能有效地减少冻胀，防止冻害现象发生。

（2）隔垫保温。将隔热保温材料（如炉渣、石蜡渣、泡沫水泥、蛭石粉、玻璃纤维、聚苯乙烯泡沫板等）布设在衬砌体背后，以减轻或消除寒冷因素，并可减少置换深度，隔断下层土的水分补给，从而减轻或消除渠床的冻深和冻胀。

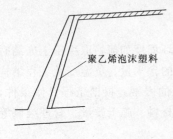

图 2-20 挡土墙隔热保温

目前采用较多的是聚乙烯泡沫塑料，如图 2-20 所示，具有自重轻、强度高、吸水性低、隔热性好、运输和施工方便等优点，主要适用于强冻胀大中型渠道，尤其适用于地下水位高于渠底冻深范围且排水困难的渠道。

（3）压实。压实法可使土的干密度增加，孔隙率降低，透水性减弱，密度较高的压实土冻结时，具有阻碍水分迁移、聚集，从而削减甚至消除冻胀的能力。压实措施尤其对地下水影响较大的渠道有效。

（4）防渗排水。当土中的含水量大于起始冻胀含水量时，才明显地出现冻胀现象，因此，防止渠水和渠堤上的地表径流入渗，隔断水分对冻层的补给，以及排除地下水，是防止地基土冻胀的根本措施。

3. 优化结构法

所谓优化结构法，就是在设计渠道断面衬砌结构时采用合理的形式和尺寸，使其具有消减、适应、回避冻胀的能力。

弧形渠底梯形断面和 U 形渠道已在许多工程中应用，证明对防止冻胀有效。弧形渠底梯形断面适用于大中型渠道，虽然冻胀量与梯形断面相差不大，但变形分布要均匀得多，消融后的残余变形小，稳定性强。U 形断面适用于小型支斗渠，冻胀变形为整体变位，且变位较均匀。

◆◇◆◇◆ 习 题 与 训 练 ◆◇◆◇◆

一、填空题

1. 渠道防渗类型按材料分为（ ）、（ ）、（ ）、（ ）、（ ）和（ ）；按防渗特点分为（ ）和（ ）。

2. 无压防渗暗渠的断面型式有（ ）、（ ）、（ ）和（ ）。

3. 根据负气温造成各种破坏作用的性质，冻害可分为三种类型，即（ ）、（ ）和（ ）。

4. 混凝土防渗破坏形式主要有以下四种破坏形式：（ ）、（ ）、（ ）和（ ）。

5. 冻害的原因有（ ）、（ ）、（ ）、（ ）和（ ）。

6. 防冻害措施主要有（ ）、（ ）和（ ）三种类型。

二、名词解释

1. 渠道防渗工程技术

2. 最优含水量

3. 三合土

4. 四合土

三、判断题

1. 渠道发生渗漏的主要原因是渠系水利用系数较低。（　　）

2. 土料防渗适用于气候寒冷地区的中小型渠道防渗衬砌。（　　）

3. U 形是防渗明渠的断面型式之一。（　　）

4. 渠道护面采用几种不同材料的综合糙率，当最大糙率与最小糙率的比值小于 1.5 时，可按面积加权平均计算。（　　）

5. 塑性材料渠道防渗结构应设置伸缩缝。（　　）

6. 四合土配合比是在三合土的配合比基础上，再掺入 25%～35% 的砂石。（　　）

7. 耐久性要求高的明渠水泥土防渗结构，宜用弹性水泥土铺筑。（　　）

四、简答题

1. 土料防渗材料配合比如何确定？

2. 针对渠道冻害如何采取防冻措施？各措施具体包括哪些？

第三章　低压管道输水灌溉技术

学习目标：

通过学习低压管道输水灌溉工程的特点、组成、常用管材与管件、管道输水灌溉工程的规划设计、管道灌溉工程施工及运行管理等内容，能够进行管道输水灌溉工程管材与管件的选择与安装，管道工程施工、管灌工程的运行管理等。

学习任务：

（1）了解低压管道输水灌溉工程的特点、组成，常用管材的特点，能根据工程具体情况合理选择管材与管件。

（2）掌握低压管道输水灌溉工程设计及施工要点，能够正确进行管道工程施工。

（3）掌握低压管道输水灌溉工程运行管理内容，能够正确进行管道工程的运行与维护。

管道输水灌溉是以管道代替明渠输水灌溉的一种工程形式，借助一定的压力，将灌溉水由管道或分水设施输送到田间沟、畦。管道输水灌溉的特点有出水口流量大，不会发生堵塞，输水损失小等。管道输水有多种使用范围，大中型灌区可以采用明渠水与管道有压输水相结合，井灌区大多采用管道输配水的形式，还有用于田间沟畦灌的低压管道输水。本章主要介绍工作压力低于 0.2MPa，自成独立灌溉系统的低压管道输水。

第一节　低压管道输水灌溉工程的特点与组成

低压管道输水灌溉技术是利用低能耗机泵或由地形落差所提供的自然压力水头将灌溉水加压，然后通过输配水管网，将灌溉水由出水口配送到田间进行灌溉，以满足作物的需水要求。因此，在输配水上，它是以管网代替沟渠输配水的一种农田水利工程；与喷灌、微灌系统比较，其末级管道的出水口处的工作压力常常较低，一般仅为 0.002～0.003MPa（相当于 20～30cm 水头）。由于管道系统的工作压力一般不超过 0.2MPa，故称为低压管道输水灌溉技术。

一、低压管道输水灌溉工程的特点

1. 节水节能

管道输水减少渗漏损失和蒸发损失，与土垄沟相比，管道输水损失可减少到 5%，水的利用率比土渠提高了 30%～40%，比混凝土衬砌等方式节水 5%～15%。而对于机井灌区，节水就意味着降低能耗。

2．省地省工

用土渠输水，田间渠道用地一般占灌溉面积的 $1\%\sim2\%$，有的多达 $3\%\sim5\%$，而管道输水，只占灌溉面积的 0.5%，提高了土地利用率。同时管道输水速度快，避免了跑水漏水现象，缩短了灌水周期，节省了巡渠和清淤维修用工。

3．安全、经济、适应性强

低压管道输水灌溉系统是将管道系统中的各种设施与其他水利设施连接起来，使其成为一个有机的整体，能满足管理安全、设施经济可行等条件。另外，压力管道输水，可以越沟、爬坡和跨路，不受地形限制，施工安装方便，便于群众掌握，便于推广。配上田间地面移动软管，可解决零散地块浇水问题，适合当前农业生产责任制形式。

4．增产

利用管道输配水灌溉，不仅减少了输水损失，而且扩大了灌溉面积和增加了灌溉次数，还因输水速度较快而有利于向作物适时适量的供水和灌水，从而有效地满足作物的需水要求，提高了作物的单位水量的产量。

低压管道输水灌溉系统与渠道灌溉系统相比，主要劣势在于建筑物类型比较多，需要的材料和设备多，因此其单位面积投资相对较高。

二、低压管道输水灌溉工程的组成

低压管道输水灌溉工程由水源及首部枢纽、输水配水管网系统和田间灌水系统三部分组成（图 3-1）。

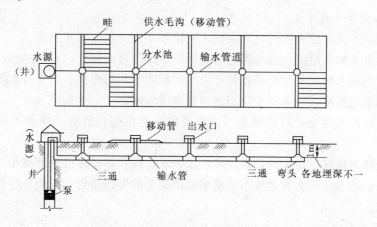

图 3-1　低压管道输水灌溉系统组成

1．水源及首部枢纽

低压管道输水灌溉工程的水源有井、泉、沟、渠道、塘坝、河湖和水库等。与渠道灌溉水系统比较，低压管道输水灌溉系统更应注意水质，水质应符合 GB 5084—2005《农田灌溉水质标准》，且不含有大量杂草、泥沙等杂物。

首部枢纽形式取决于水源类型，作用是从水源取水并进行处理，以符合管网和灌溉在水量、水质和水压三方面的要求。低压管道输水灌溉系统中的灌溉水需要有一定的压力，一般是通过机泵加压，也可利用自然落差进行加压。对于大中型提水灌区，首部枢纽需要设置拦污栅、进水闸、分水闸、沉沙池及泵房等配套建筑物，作用是保证有足够的水量供应，同时保证水质清洁，避免管网堵塞。对于井灌区，首部枢纽应根据用水量和扬程大小，选择适宜的水泵和配套动力机、压力表及水表，并建有管理房。在有自然地形落差可利用的地区，应尽可能的发展自压式管道输水灌溉系统，以节省投资。

2. 输水配水管网系统

输配水管网系统是指低压管道输水灌溉系统中的各级管道、管件、分水设施，保护装置及其他附属设施和附属建筑物。通常由干管、支管两级管道组成，干管起输水作用，支管起配水作用。若输配水管网控制面积较大时，管网可由干管、分干管、支管和分支管等多级管道组成。附属设备与建筑物包括给水栓、出水口、退水闸阀、倒虹吸管、有压涵管、放水井等。

3. 田间灌水系统

田间灌水系统指出水口以下的田间部分，仍属地面灌水，因而应采取地面节水灌溉技术，达到灌水均匀，减少灌水定额的目的。常用的方法有：①采用田间移动软管输水，采用退水管法（或脱袖法）灌水；②采用田间输水垄沟输水，在田间进行畦灌、沟灌等地面灌水。

三、低压管道输水灌溉系统的分类

低压管道输水灌溉系统按其压力获取方式、管网型式、管网可移动程度等可分为以下类型。

1. 按压力获取方式分类

按压力获取方式可分为机压（水泵提水）输水系统和自压输水系统。

（1）水泵提水输水系统。当水源的水位低于灌区的地面高程，或虽然略高一些但不足以提供灌区管网输水和灌水时所需要的压力时，则需要利用水泵机组进行加压。它又分为水泵直送式和蓄水池式。当水源水位不能满足自压输水要求，要利用水泵加压将水输送到所需要的高度或蓄水池中，通过分水口或管道输水至田间。目前，井灌区大部分采用直送式。

（2）自压输水系统。在水源位置较高，水源水位高程高于灌区地面高程，可利用地形自然落差所提供的水头作为管道输水和灌水时所需要的工作压力。丘陵地区的自流灌区多采用这种形式。

2. 按管网形式分类

按管网形式可分为树状管网和环状管网两种类型。

（1）树状管网。管网成树枝状，水流通过"树干"流向"树枝"，即从干管流向支管、分支管，只有分流而无汇流，见图 3-2（a）。

（2）环状管网。管网通过节点将各管道连接成闭合的环状，形成环状网，见图 3-2（b）。环状网供水的保证率较高，但管材用量大、投资高，只在一些试点采用，国内目前主要为树状网。

3. 按管网系统可移动程度分类

管网系统按可移动程度分为移动式、固定式和半固定式。

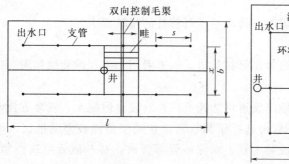

（a）树状管网

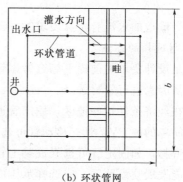

（b）环状管网

图 3-2　管网系统示意图

（1）移动式。除水源外，机泵和输配水管道都是可移动的，特别适合于小水源、小机组和小管径的塑料软管配套使用，工作压力为 0.02~0.04MPa，长度约为 200m。其优点是一次性投资低、适应性强，常作抗旱临时应用；缺点是软管使用寿命短，易被杂草、秸秆划破，在作物生长后期，尤其是高秆作物灌溉比较困难。

（2）固定式。机泵、输配水管道，给配水装置都是固定的，工作压力为 0.04~0.10MPa。灌溉水从管道系统的出水口直接分水进入田间畦、沟，因而管道密度大、投资高，在有条件地区可应用这种形式。

（3）半固定式。机泵固定，干（支）管和给水栓等埋于地下，移动软管输水进入田间沟、畦，固定管道的工作压力为 0.005~0.01MPa，能把上述两种形式优点结合在一起，较为常用。

四、低压管道输水灌溉系统的管材

管材是低压管道输水灌溉系统的重要组成部分，其投资比重一般约占工程总投资的60%，直接影响到低压管道灌溉系统的质量和造价。管材的选择将对工程质量和造价以及效益的发挥影响很大，规划设计时要慎重选用。一般情况下，管径在 300mm 以上者，宜采用预制水泥管类（如混凝土管、水泥土管）；管径在 300mm 以下者，可用塑料制品管材。

（一）管材选择要求

1. 管材应达到的技术要求

（1）能承受设计要求的工作压力。管材允许工作压力应为管道最大工作压力的 1.4倍，且大于管道可能产生水锤时的最大压力。

（2）管壁薄厚均匀，壁厚误差应不大于 5%。

（3）地埋管材在农机具和外荷载的作用下管材的径向变形率不得大于 5%。

（4）便于运输和施工，能承受一定的沉降应力。

（5）管材内壁光滑、糙率小，耐老化，使用寿命满足设计年限要求。

（6）管材与管材、管材与管件连接方便，连接处同样满足相应的工作压力，满足抗弯折、抗渗漏、强度、刚度及安全等方面的要求。

（7）移动管道要轻便，易快速拆卸、耐碰撞、耐摩擦，具有较好的抗穿透及抗老化能力等。

（8）当输送的水流有特殊要求时，还应考虑对管材的特殊要求。

2. 管材选择的方法

在满足设计要求的前提下综合考虑管材价格、施工费用、工程的使用年限、工程维修费用等经济因素进行管材选择。

通常在经济条件较好地区，固定管道可选择价格相对较高但施工、安装方便及运行可靠、管理简单的硬 PVC 管；移动管可选择塑料软管。在经济条件较差的地区，可选择价格低廉的管材，如固定管可选素混凝土管、水泥砂管等管材；移动软管可选择塑料软管。在将来可能发展喷灌地区，应选择承压能力较高的管材，以便今后发展喷灌时使用。

（二）管材分类

用于低压管道输水灌溉的管材较多，按管道材质可分为塑料管材、金属管材、水泥类管材和其他材料管四类。

1. 塑料管材

塑料管材具有重量轻、内壁光滑、输水阻力小、耐腐蚀、施工安装方便等特点，在地埋条件下，使用寿命在 20 年以上。塑料管有硬管和软管两类。

（1）硬管。如聚氯乙烯管（PVC）、高密度聚乙烯管（HDPE）、低密度聚乙烯管（LDPE）、改性聚丙烯管（PP）等，一般常作为固定管道使用，也可用于地面移动管道，其规格、公称压力和壁厚见表 3-1。薄壁聚氯乙烯管壁厚及公称压力见表 3-2，聚氯乙烯双壁波纹管参数见表 3-3。

表 3-1　　　　　　　塑料管材、公称压力与壁厚及公差　　　　　　单位：mm

外径/mm	公称压力 0.6MPa			公称压力 0.4MPa		
	PVC	PP	LDPE	PVC	PP	LDPE
90	3.0+0.6	4.7+0.7	8.2+1.1	—	3.2+0.6	5.3+0.8
110	3.7+0.7	5.7+0.8	10.0+1.2	3.2+0.5	3.9+0.6	6.5+0.9
125	4.0+0.8	6.5+0.8	11.4+1.4	—	4.4+0.7	7.4+1.0
160	5.0+1.0	8.3+1.1	14.0+1.7	4.0+0.8	5.7+0.8	9.5+1.2

表 3-2　　　　　　　　　薄壁聚氯乙烯管壁厚及公称压力

外径/mm	壁厚及公差/mm	公称压力/MPa	安全系数
110	1.7+0.5	0.25	3
160	2.0+0.5	0.20	3

表 3-3　　　　　　　　　双壁波纹管（国产）的基本尺寸

公称压力 /MPa	平均外径/mm	平均内径/mm	平均壁厚/mm			单根长度 L/mm
	$D_外$	$D_内$	$\delta_外$	$\delta_内$	$\delta_凹$	
0.6	110	100	0.85	0.57	1.17	5000~6000
	160	147	1.20	0.95	1.57	

（2）软管。软管分为塑料软管和涂塑布管。塑料软管主要有低密度聚乙烯软管（LDPE）、线性低密度聚乙烯软管（LLDPE）、锦纶塑料软管、维纶塑料软管等。锦纶、维纶塑料软管管壁较厚（2.0～2mm），管径较小（一般在90mm以下），爆破压力较高（均在0.5MPa以上），造价相对较高，低压管道中不多用，常用线性低密度聚乙烯软管，其规格见表3-4。

表3-4　　　　　　　　　　　　线性低密度聚乙烯软管规格表

折径 /mm	直径 /mm	壁厚/mm		单位质量/(kg/m)		单位长度/(m/kg)	
		轻型	重型	轻型	重型	轻型	重型
80	51	0.2	0.30	0.029	0.044	34.0	22.0
100	64	0.25	0.35	0.046	0.064	21.0	15.6
120	76	0.30	0.40	0.066	0.088	15.0	11.4
140	89	0.30	0.40	0.077	0.105	13.0	9.5
160	102	0.30	0.45	0.088	0.118	11.4	8.5
180	115	0.35	0.45	0.116	0.149	8.6	6.7
200	127	0.35	0.45	0.128	0.165	7.8	6.1
240	153	0.40	0.50	0.176	0.220	5.7	4.5

涂塑软管是以布管为基础，两面涂聚氯乙烯，并复合薄膜、粘接成管的。其特点是价格低，使用方便，易于修补，质软易弯曲，低温时不发硬，且耐磨损，工作压力为0.3～1MPa。常用规格有ϕ40、ϕ65、ϕ80、ϕ100等。

2. 金属管材

金属管材主要有各种钢管、铸铁管、铝合金管、薄壁钢管、钢塑复合管等，均为硬管材。钢管、铸铁管常用作固定管道，铝合金管，薄壁钢管用作移动管道。钢塑复合管是采用特殊方法由普通镀锌管和管件与PVC-U塑料管复合而成的，它吸取了传统镀锌钢管与塑料管的优点，避免了其各自存在的缺陷。钢塑复合管具有良好的耐酸、耐碱、耐盐特性，对冲击、扭弯、压力以及其他外来力具有极好的承受力，内壁光滑，其相对糙率为0.009，对水流动的阻力很少，可减少动力消耗，工作温度在-20～48℃范围内。

3. 水泥类管材

水泥制品管材可分为现浇和预制两类。现浇管具有整体性好，造价低廉的优点，但由于目前国内现浇管的施工工艺比较落后，施工质量、进度受现场条件、气温、降水等多种因素的制约，施工进度难以控制，工程质量难以保证。因此，现浇管的应用受到很大的限制。

水泥预制管材具有原材料充足、造价低廉、强度高、使用寿命长和便于工厂化生产等优点。但这类管材性脆易断裂，管壁厚，重量大，运输易损坏，接头连接现场进行，费时费工，质量难以保证，尤其是大口径管材的接头连接问题仍没有得到很好的解决。如钢筋混凝土管、素混凝土管、水泥土管以及石棉水泥管等，用作地埋暗管。

4. 其他材料管

如缸瓦管、陶瓷管、灰土管等，均属硬管，用作固定管道。

五、管件

管件用于将管道连接成完整的管路系统。管件的种类繁多，依其功能作用不同，可分为连接件和控制件两类。

（一）连接件

连接件主要有同径和异径三通/四通、弯头、堵头及异径渐变管和快速接头等多种。快速接头主要用于地面移动管道上，以迅速连接管道，节省操作时间和减轻劳动强度。

（二）控制件

控制件是用来控制管道系统中的流量和水压的各种装置或构件。在管道系统中最常用的控制件有阀门、进（排）气阀、给水栓、逆止阀、安全阀、调压装置、带阀门的配水井和放水井等。

1. 出水口/给水栓

出水口/给水栓是管道系统的重要部件，起着给水、配水的作用。可接软管，能调节出口流量的出水口称为给水栓。一个良好的出水口或给水栓应具有以下条件：①结构简单、灵活，安装、开启方便；②止水效果好，能调节出水流量及方向；③紧固耐用，防盗、防破坏性能好；④造价低廉。

目前在低压管道输水灌溉工程中使用的给水栓大都是由铸铁制成，按栓体结构分为移动式、半固定式、固定式三类。

（1）移动式给水栓。如 GY 系列给水栓，由上、下栓体两部分组成，其特点是：①止水密封部分在下栓体内，下栓体固定在地下管道的立管上，下栓体配有保护盖，露出地表面或埋在地下保护池内；②系统运行时不需停机就能启闭给水栓、更换灌水点；③上栓体移动式使用，同一管道系统只需配 2～3 个上栓体，投资较省；④上栓体的作用是控制给水、出水方向。

（2）半固定式给水栓。如螺杆活阀式给水栓、LG 型系列给水栓、球阀半固定式给水栓等，其特点是：①一般情况下，止水、密封、控制、给水于一体，有时密封面也设在立管上；②栓体与立管螺纹或法兰连接，非灌溉期可以卸下于室内保存；③同一灌溉系统计划同时工作的出水口必须在开机运行前安装好栓体，否则更换灌水点时需停机；④同一灌溉系统也可按轮灌组配备，通过停机而轮换使用，不需每个出水口配一套，与固定式给水装置相比投资较省。

（3）固定式给水栓。也称整体固定式给水栓，如丝盖式出水口、地上混凝土式给水栓、自动升降式给水栓等，其特点是：①止水密封、控制给水于一体；②栓体一般通过立管与地下管道系统牢牢地结合在一起，不能拆卸；③同一系统的每一个出水口必须安装一套给水装置，投资相对较大。

目前我国定型给水装置较多，表 3-5 中列出使用较广泛的几种（图 3-3～图 3-7），供参考。

表 3 - 5　　　　　　　　　　　常用给水装置的主要性能参数及特点

型　号　名　称	公称直径 /mm	公称压力 /MPa	局部阻力系数	主　要　特　点	参见图号
G1Y1 - H/L Ⅱ 型、G1Y3 - H/L Ⅲ 型平板阀移动式给水栓	75，90，110，125，160	0.25，0.40	1.52~2.2	移动式，旋紧锁口连接，平板阀内外力结合止水，地上保护，适用于多种管材	图 3 - 3 (a)、(b)
G1Y3 - H/L Ⅳ 型平板阀移动式给水栓	75	0.60，1.00	5.76	螺纹式外力结合止水，可调控流量，其特点同Ⅱ型、Ⅲ型	图 3 - 3 (c)
G1Y5 - S 型球阀移动式给水栓	110	0.20	A 型：1.23	移动式，快速接头式连接，浮阀内力止水，地上保护，适用于塑料管材	图 3 - 4
G2Y5 - H 型球阀移动式给水栓	110	0.20	1.53	移动式，快速接头式连接，浮阀内力止水，地上保护，适用于塑料管材	图 3 - 5
C2G1 - S 型平板阀固定式给水栓	75	0.05	1.938	固定式，平板阀外力止水，地下保护，适用于塑料管材	图 3 - 6
C2G7 - S 型丝盖固定式给水栓	90，110	0.05		固定式，丝盖外力止水，地下保护，适用于塑料管材、压力较小的管道系统	图 3 - 7

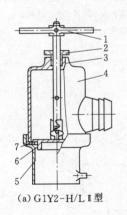
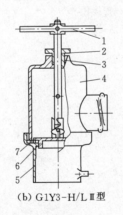
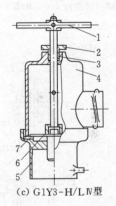

(a) G1Y2-H/L Ⅱ 型　　　　　(b) G1Y3-H/L Ⅲ 型　　　　　(c) G1Y3-H/L Ⅳ 型

图 3 - 3　G1Y1、G1Y3 - H/L 型平板阀移动式给水栓

1—阀杆；2—填料压盖；3—填料；4—上栓壳；5—下栓壳；6—阀瓣；7—密封胶垫

2. 安全保护装置

管道输水灌溉系统的安全保护装置主要有进（排）气阀、安全阀、调压阀、逆止阀、泄水阀等。主要作用分别是破坏管道真空，排除管内空气，减少输水阻力，超压保护，调节压力，防止管道内的水回流入水源而引起水泵高速反转。

（1）进（排）气阀。进（排）气阀按阀瓣结构分为球阀式、平板式进（排）气阀两大类。其工作原理是管道充水时，管内气体从进（排）气口排出，球（平板）阀靠水的浮力上升，在内水压力作用下封闭进（排）气口，使进（排）气阀密封而不渗漏，排气过程完毕。管道停止供水时，球（平板）阀因虹吸作用和自重而下落，离开球（平板）口，空气进入管道，破坏了管道真空或使管道水的回流中断，避免了管道真空破坏或因管内水的回

49

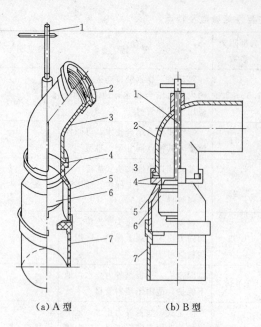

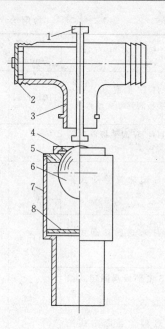

（a）A 型　　　　（b）B 型

图 3-4　G1Y5-S 型球阀移动式给水栓

1—操作杆；2—快速接头；3—上栓壳；4—密封胶圈（扩建）；5—下栓壳；6—浮子；7—连接管

图 3-5　G2Y5-H 型球阀移动式给水栓

1—推球杆；2—堵盖；3—取水三通；4—取水（进、排气）口；5—顶盖；6—球阀；7—栓壳；8—球栅

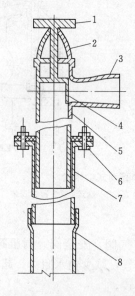

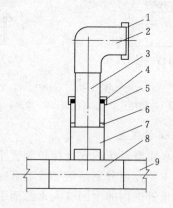

图 3-6　C2G1-S 型平板阀固定式给水栓

1—开关手轮；2—冲土帽；3—出水嘴；4—阀门；5—升降管；6—双层橡胶圈；7—外套管；8—立管

图 3-7　C2G7-S 型丝盖固定式给水栓

1—出水口盖；2—出水弯头；3—升降立管；4—密封胶垫；5—管箍；6—限制环；7—固定套管；8—连接三通；9—地下管道

流引起的机泵高速反转。

进（排）气阀一般安装在顺坡布置的管道系统首部、逆坡布置的管道系统尾部、管道系统的凸起处、管道朝水流方向下折及超过10°的变坡处。几种进（排）气阀见图3-8和图3-9。

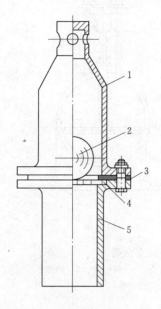

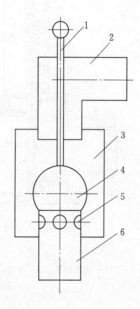

图3-8　JP1Q-H/G型球阀式进（排）气阀
1—阀室；2—球阀；3—密封胶垫；
4—球算；5—阀座管

图3-9　JP1Q-H型球阀式进（排）气阀
1—取水操作杆；2—进（排）气口、出水弯头；
3—阀壳；4—球阀；5—进（排）气孔；
6—连接管

（2）安全阀。安全阀是一种压力释放装置，安装在管路较低处，起超压保护作用。低压管道灌溉系统中常用的安全阀按其结构型式可分为弹簧式、杠杆重锤式，见图3-10。

安全阀的工作原理是将弹簧力或重锤的重量加载于阀瓣上来控制、调节开启压力（即整定压力）。在管道系统压力小于整定压力时，安全阀密封可靠，无渗漏现象；当管道系统压力升高并超过整定压力时，阀门则立即自动开始排水，使压力下降；当管道系统压力降低到整定压力以下时，阀门及时关闭并密封如初。

安全阀在选用时，应根据所保护管路的设计工作压力确定安全阀的公称压力。由计算出的定压值决定其调压范围，根据管道最大流量计算出安全阀的排水口直径，并在安装前校订好阀门的开启压力。弹簧式、杠杆重锤式安全阀均用于低压管道灌溉系统。安全阀一般铅垂安装在管道系统的首部，操作者容易观察到，并便于检查、维修，也可安装在管道系统中任何需要保护的位置。

（3）调压管。调压管又称调压塔、水泵塔、调压进（排）气井，其结构型式见图3-11。其作用是当管内压力超过管道的强度时，调压管自动放水，从而保护管道安全。可代替进（排）气阀、安全阀和止回阀。调压管（塔）有2个水平进、出口和1个溢流口，进口与水泵上水管出口相接，出口与地下管道系统的进水口相连，溢流口与大气相通。

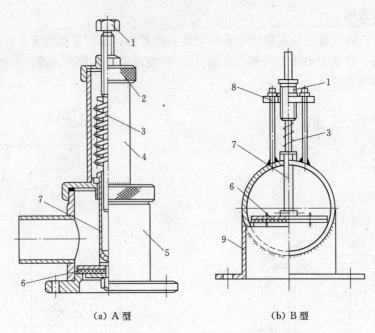

（a）A 型　　　　　　　　　（b）B 型

图 3-10　A3T-G 型弹簧式安全阀

1—调压螺栓；2—压盖；3—弹簧；4—弹簧室壳；5—阀室壳；6—阀瓣；
7—导向套；8—弹簧支架；9—法兰管

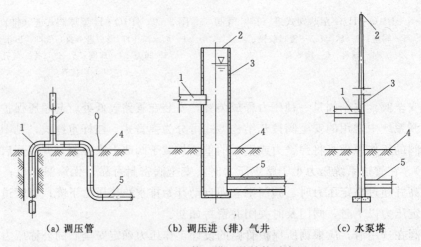

（a）调压管　　　　　（b）调压进（排）气井　　　　（c）水泵塔

图 3-11　调压管（塔）的结构示意图

1—水泵上管；2—溢流口；3—调压管；4—地面；5—地下管道

　　调压管（塔）设计时应注意以下几个问题：①调压管（塔）溢流水位应不大于系统管道的公称压力；②为使调压管（塔）起到进气、止回水作用，调压管（塔）的进水口应设在出水口之上。

　　3．分（取）水控制装置

　　管道灌溉系统中常用的分（取）水控制装置主要有闸阀、截止阀以及结合低压管道系统特点研制的一些专用控制装置等。闸阀和截止阀大部分是工业通用产品。管道输水灌溉系统常用的工业阀门主要是公称压力不大于 1.6MPa 的闸阀和截止阀，主要作用是接通或截断管道中的水流。

4. 放水井

放水井是低压管网的控制设施之一，管网的水由此井流到地面进行灌溉，见图3-12。

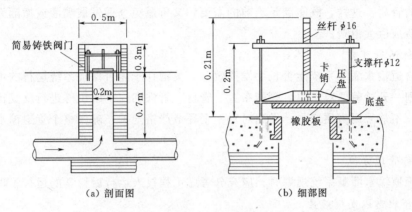

(a) 剖面图   (b) 细部图

图 3-12　放水井示意图

5. 计量设备

为实现计划用水，按时计征水费，促进节约用水，在管道输水系统中要求安装量水设备。

我国目前还没有专用的农用水表，在管道输水灌溉系统中通常采用工业与民用水表、流量计、流速仪、电磁流量计等进行量水。井灌区常用的量水设备为水表，水表可以累计用水量，量水精度可以满足计量要求，且牢固耐用，便于维修。

在选用水表时，应遵循以下原则：

(1) 根据管道的流量，参考厂家提供的水表流量—水头损失曲线进行选择，尽可能使水表经常使用流量接近公称流量。

(2) 用于管道灌溉系统的水表一般安装在野外田间，因此选用湿式水表较好。

(3) 水平安装时，选用旋翼式或水平螺翼式水表。

(4) 非水平安装时，宜选用水平螺翼式水表。

第二节　低压管道输水灌溉系统的规划设计

一、低压管道输水灌溉系统的规划设计原则与内容

(一) 规划设计原则

1. 统筹全面规划

低压管道输水灌溉系统规划属于农田基本建设规划范畴。规划时必须与当地农业区划、农业发展计划、水利规划及农田基本建设规划相结合。在原有农业区划和水利规划的基础上，综合考虑与规划内沟、渠、路、林、输电线路、引水水源等布置的关系，统筹安

排，全面规划，充分发挥已有水利工程的作用。

2．近期需要与远景发展规划相结合

根据当前的经济状况和今后农业现代化发展的需要，特别是节水灌溉技术的发展要求，如果管道系统有可能改建为喷灌或微灌系统，规划时，干支管应采用符合改建后系统压力要求的管材。这样，既能满足当前的需要，又可避免今后发展喷灌或微灌系统重新更换管材而造成巨大浪费。

3．系统运行可靠

低压管道输水灌溉系统能否长期发挥效益，关键在于能否保证系统运行的可靠性。因此，从规划一开始就要对水源、管网布置、管材、管件和施工组织等进行反复比较。不可匆匆施工，不能采用劣质产品。做到对每一个环节严格把关，确保整个管道输水灌溉系统的质量。

4．运行管理方便

低压管道输水灌溉系统规划时，应充分考虑工程投入运行后科学的运行管理。

5．综合比选以发挥效益

管道系统规划方案要进行反复比较和技术论证，综合考虑引水水源与管网线路、调蓄建筑物及分水设施之间的关系，力求取得最优规划方案，最终达到节省工程量、减少投资和最大限度地发挥管道系统效益的目的。

（二）规划内容

（1）确定适宜的引水水源和取水工程的位置、规模及型式。在井灌区应确定适宜的井位，在渠灌区则应选择适宜引水渠段。

（2）确定田间灌溉标准，沟畦的适宜长、宽，给水栓入畦方式及给水栓连接软管时软管的适宜长度。

（3）论证管网类型、确定管网中管道线路的走向与布置方案。确定线路中各控制阀门、保护装置、给水栓及附属建筑物的位置。

（4）拟定可供选择的管材、管件、给水栓、保护装置、控制阀门等设施的系列范围。

1．规划的主要技术参数

（1）灌溉设计保证率。根据当地自然条件和经济条件确定，但应不低于75％。

（2）管道灌溉系统水利用系数。管道系统水利用系数在井灌区不应低于0.95，在渠灌区应不低于0.90。

（3）田间水利用系数。应不低于0.85。

（4）灌溉水利用系数。井灌区不低于0.80，渠灌区不低于0.70。

（5）规划区灌水定额。根据当地试验资料确定，无资料地区可参考邻近地区试验资料确定。

2．规划步骤

（1）调查收集规划前所需要的基本资料。应了解掌握当地农业区划、水利规划和农田基本建设规划等基本情况，并应进行核实和分析。

（2）进行水量平衡分析，确定管道输水灌溉区规模。

（3）实地勘测并绘制规划区平面图，在图中标明沟、渠、路、林及水源的位置和高程。

（4）确定取水工程位置，确定管网类型和畦田规格、范围和型式。

（5）进行田间工程布置，确定给水位置和型式。

（6）根据管网类型、给水装置位置，选择适宜的管网线路，确定保护设施及其他附属建筑物位置。

（7）汇总管网类型、给水装置、保护设施、连接管件及其他附属建筑物的数量。

（8）选择适宜管材、给水分水装置及保护设施，对没有性能指标说明的材料和设备应通过试验确定基本性能。

3. 规划成果

规划阶段的成果包括以下内容的工程规划报告：

（1）序言。

（2）基本情况与资料。

（3）主要技术参数。

（4）水量供需平衡分析。

（5）规划方案比较。

（6）田间工程布置。

（7）机井装置。

（8）投资估算。

（9）经济效益分析。

（10）附图。至少应包括：①1：5000～1：10000 水利设施现状图；②1：5000～1：10000管道灌溉工程规划图；③1：1000～1：2000 典型管道系统布置图。

二、低压管道输水灌溉系统的布置

（一）水源及首部枢纽布置

首部枢纽是指从水源取水并进行处理，以符合管网和灌溉在水量、水质和水压三方面的要求而布置设施的总称。它担负着整个系统的驱动、检测和调控任务，保证有足够的水压、水量供应和水质清洁，避免管网堵塞。是全系统的控制调度中心。

低压管道输水灌溉系统的水源及首部枢纽的布置与渠道灌溉系统基本上相似。

渠灌区的低压管道输水灌溉系统大都是从支渠、斗渠或农渠上引水，其渠、管的连接方式和各种设备的布置取决于地形条件和水流特性及水质情况。通常渠道与管道连接时应设置进水闸，其后布置沉沙池，闸门进口前需安装拦污栅，并在适当位置处设置量水设备。

井灌区的低压管道输水灌溉系统的水源与首部枢纽组合在一起进行布置，通常由水泵及动力设备、控制阀门、测量和保护装置等组成。井灌区的首部枢纽应根据用水量和扬程大小，选择适宜的水泵和配套动力机、压力表及水表，并建有管理房。自流灌区或大中型提水灌区的首部枢纽还应有进水闸、拦污栅及泵房等配套建筑物。

首部枢纽布置时要考虑水源的位置和管网布置方便，水源远离灌区时，先用输水管道（渠道）将水引至灌区内或边缘，再设首部枢纽。一般首部枢纽不宜放在远离灌区的水源附近，否则会使管理不方便，而且经过处理的水质，经远距离输送后可能再次被污染。当采用井水灌溉时，井和首部枢纽尽量布置在灌区的中心位置，以减少水头损失，降低运行费用，也便于管理。

（二）低压管道输水灌溉系统的布置

管网规划与布置是管道系统规划中的关键部分。要求将水源与各给水栓（出水口）之间用管道连接起来形成管网，保证输送所需水量在输送过程中保持水质不发生变化，损耗的水量最少，使整个管网实现正常经济地运行。

1. 管网规划布置原则

（1）井灌的管网常以单井控制灌溉面积作为一个完整系统。渠灌区应根据作物布局、地形条件、地块形状等分区布置，尽量将压力接近的地块划分在同一分区。

（2）规划时首先确定给水栓的位置。给水栓的位置应当考虑到灌水均匀。若不采用连接软管灌溉，向一侧灌溉时，给水栓纵向间距可在 40～50m 之间，横向间距一般按 80～100m 布置。在山丘区梯田中，应考虑在每个台地中设置给水栓以便于灌溉管理。

（3）在已确定给水栓位置的前提下，力求管道总长度最短。

（4）管线尽量平顺，减少起伏和折点。

（5）最末一级固定管道的走向应与作物种植方向一致，移动软管或田间垄沟垂直于作物种植行。在山丘区，干管应尽量平行于等高线、支管垂直于等高线布置。

（6）管网布置尽量平行于沟、渠、路、林带，顺田间生活路和地边布置，以利于耕作和管理。

（7）充分利用已有的水利工程，如穿路倒虹吸和涵管等；充分考虑管路中量水、控制和保护等装置的适宜位置。

（8）各级管道尽可能采用双向供水，尽量利用地形落差实施重力输水；避免干扰输油、输气管道及电信线路等。

2. 管网布置类型

管网布置之前，首先根据适宜的畦田长度和给水栓供水方式确定给水栓间距，然后根据经济分析结果将给水栓连接而形成管网。

（1）井灌区典型管网布置型式。

当给水栓位置确定时，不同的管道连接型式将形成管道总长度不同的管网。因此，工程投资也不同。在我国井灌区管道输水灌溉的发展过程中，许多研究和施工人员根据水源位置、控制范围、地面坡降、地块形状和作物种植方向等条件，总结出如图 3－13～图 3－20 所示的几种常见布置型式。

如机井位于地块一侧，控制面积较大且地块近似成方形，可布置成图 3－13 和图 3－14 所示的型式。这些布置型式适合于井出水量 60～100m³/h、控制面积 150～300 亩（10～20hm²）、地块长宽比约等于 1 的情况。

如机井位于地块一侧，地块呈长条形，可布置成"一"字形、L 形、T 形，如图 3－15～图 3－17 所示。这些布置型式适合于井出水量 20～40m³/h、控制面积 50～100 亩、地块长宽比不大于 3 的情况。

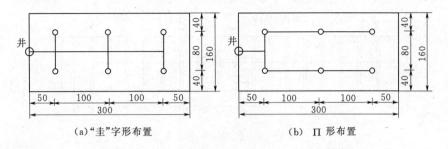

（a）"圭"字形布置　　　　　　　　（b）Ⅱ形布置

图 3-13　给水栓向两侧分水示意图（单位：m）

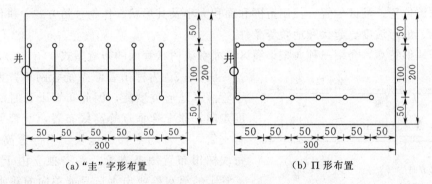

（a）"圭"字形布置　　　　　　　　（b）Ⅱ形布置

图 3-14　给水栓向一侧分水示意图（单位：m）

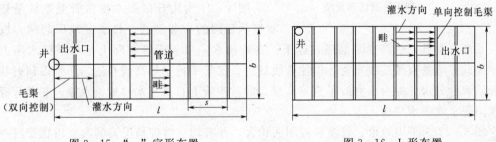

图 3-15　"一"字形布置　　　　　　　　图 3-16　L形布置

当机井位于地块中心时，常采用图 3-18 所示的 H 形布置型式。这种布置型式适合于井出水量 40～60m³/h、控制面积 100～150 亩、地块长宽比不大于 2 的情况。当地块长宽比大于 2 时，宜采用图 3-19 所示的长"一"字形布置型式。

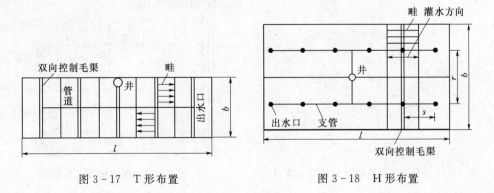

图 3-17　T形布置　　　　　　　　图 3-18　H形布置

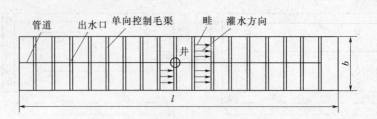

图 3-19　长"一"字形布置

（2）渠灌区管网典型布置型式。渠灌区管网布置主要采用树状网，影响其具体布置的因素有水源位置、灌区位置、控制范围和面积大小及其形状、作物种植方式、耕作方向和作物布局、地形坡度、起伏和地貌等条件。

根据地形特点，介绍三种典型渠灌区管灌系统树状管网的布置型式。

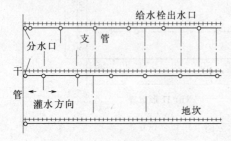

图 3-20　梯田管灌区布置图

图 3-20 为梯田管灌系统管网布置型式。由于管灌区地形坡度陡，因此布置干管时沿地形坡度走向，即干管垂直等高线布置，干管可双向布置支管，支管均沿梯田地块，平行等高线布置。每块梯田布置一条支管，各自独立由干管引水。支管上的给水栓或出水口只能单向向输水垄沟输水，对沟、畦可双向进行灌溉。

图 3-21 为山丘区提水灌区管灌系统呈辐射状树状管网的布置型式。该灌区地形起伏、坡度陡，水源位置低，故需水泵加压，经干、支管输水，由于干管实际上是水泵扬水压力管道，因此必须垂直等高线布置，以使管线最短。支管平行于等高线布置。斗管以辐射状由支管给水栓分水，并沿山脊线垂直等高线走向。斗管上布置出水口或给水栓，其平行等高线双向配水或灌水浇地。

图 3-22 为平坦地形、管灌区控制面积大，并有均一坡度情况下的典型树状管网布置型式，其管网由三级地埋暗管组成，即斗管、分管和引管。田间灌水可采用输水垄沟或地面移动软管，由引管引水。由于该类灌区既有纵向坡度，又有横向坡度，而且地形总趋势纵横均为单一比较均匀的向下的坡向。因此，管网只能单向输水和配水。

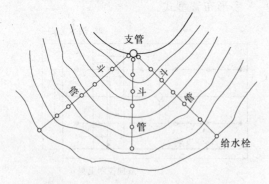

图 3-21　山丘区管灌辐射树状网布置图

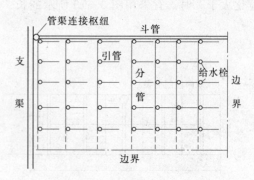

图 3-22　典型树状网布置图

三、管道水力计算

1. 灌溉制度

(1) 设计灌水定额:

$$m = 10\gamma_{d}H(\beta_{1} - \beta_{2}) \qquad (3-1)$$

式中 m——设计灌溉定额,mm;

γ_{d}——土壤干容重,g/cm³;

H——土壤湿润层深,cm;

β_{1},β_{2}——以干土重百分率表示的适宜土壤含水量的上限和下限,%。

(2) 设计灌水周期:

$$T = \frac{m}{E_{p}} \qquad (3-2)$$

式中 T——设计灌水周期,d;

E_{p}——作物耗水强度,mm。

2. 灌溉工作制度

灌溉工作制度是指管网输配水及田间灌水的运行方式和时间,是根据系统的引水流量、灌溉制度、畦田的形状及地块平整程度等因素制定的。有续灌和轮灌两种方式。

(1) 续灌方式。灌水期间,整个管网系统的出水口同时出流的灌水方式称为续灌。在地形平坦且引水流量和系统容量足够大时,可采用续灌方式。

(2) 轮灌方式。在灌水期间,灌溉系统内不是所有的管道同时通水,而是将输配水管分组,以轮灌组为单元轮流灌溉。系统轮灌组数目是根据管网系统灌溉设计引水流量、每个出水口的设计出水量以及整个系统的出水口个数按式(3-3)计算:

$$N = \text{INT}\left(\sum_{i=1}^{n} q_{i}/Q\right) \qquad (3-3)$$

式中 N——系统轮灌组数目;

q_{i}——第 i 个出水口设计流量,m³/h;

n——系统出水口总数;

Q——灌溉设计流量,m³/h。

3. 管道设计流量

管道设计流量是确定管道过水断面和各种管件规格尺寸的依据。在比较小的灌区,通常根据主要作物需水高峰期的最大一次灌水量,按下式进行计算灌溉设计流量:

$$Q = \frac{mA}{Tt\eta} \qquad (3-4)$$

式中 Q——灌溉设计流量,m³/h;

m——设计的一次灌水定额,m³/亩;

A——灌溉设计面积,亩;

T——一次灌水的连续时间，d；

t——每天灌水时间，h；

η——灌溉水利用系数。

对于树状管网来说，当水泵流量 Q_0 大于灌溉设计流量 Q 时，应取 Q 为管道设计流量；当水泵流量 Q_0 小于灌溉设计流量 Q 时，应取 Q_0 为管道设计流量。

对于环状管网来说，管道设计流量取入管网总流量的一半，可最大限度地满足供水可靠性和流量均匀分配的要求。

4. 管径计算

合理确定管径既可降低工程造价，也可减少施工的难度，是管网设计中的一项重要内容。管灌系统的各级管径一般可根据田间灌水入沟/畦流量和管道适宜流速等因素来确定，计算公式为

$$d = \sqrt{\frac{4Q}{\pi v}} = 1.13\sqrt{\frac{Q}{v}} \qquad (3-5)$$

式中　d——管道直径，m；

Q——管道内通过的设计入沟/畦流量，m^3/s；

v——管道内水的适宜流速（参见表3-6），m/s。

表 3-6　　　　　　　　　　　不同管材的适宜流速

管材	硬塑料管	石棉水泥管	混凝土管	水泥砂浆管	地面移动软管	钢筋混凝土管
适宜流速/(m/s)	0.6~1.5	0.7~1.3	0.5~1.0	0.4~0.8	0.4~0.8	0.8~1.5

为了防止管道中产生水锤破坏管网，在技术上限制管道内最大流速在 2.5~3.0m/s；为了避免在管道内沉积杂物，最小流速不得低于 0.5m/s。

5. 管道水头损失计算

确定管网中的水头损失也是设计管网的主要任务。知道了管道的设计流量和经济管径，便可以计算水头损失。管道水头损失包括沿程水头损失和局部水头损失两部分。常用的计算公式如下：

（1）刚性管道沿程水头损失计算。这类管材主要指混凝土管、水泥砂浆管、水泥石屑管、水泥炉渣管、水泥砂土管和水泥土管等。刚性管道内表面比较粗糙，水流多呈紊流状态，沿程水头损失可用式（3-6）计算：

$$h_f = fL\frac{Q^m}{d^b} \qquad (3-6)$$

式中　h_f——沿程水头损失，m；

Q——管道设计流量，m^3/h；

L——管道长度，m；

d——管道直径，m；

f、m、b——系数和指数（参见表3-7）。

表 3-7 不同管材 f、m、b 值

管 道 种 类		m	b	f	
				$Q/(\mathrm{m^3 \cdot s^{-1} d/mm})$	$Q/(\mathrm{m^3 \cdot h^{-1} d/mm})$
PVC 管		1.77	4.77	0.000915	0.948×10^5
铝管		1.74	4.74	0.0008	0.861×10^5
钢（铸铁）管		1.9	5.10	0.00179	6.25×10^5
钢筋混凝土管	糙率				
	$n=0.013$	2	5.33	0.00174	1.312×10^6
	$n=0.014$	2	5.33	0.00201	1.516×10^6
	$n=0.016$	2	5.33	0.00232	1.749×10^6
	$n=0.017$	2	5.33	0.00297	2.240×10^6

注 地埋塑料管的 f 值，宜取表列中塑料管 f 值的 1.05 倍。

(2) 硬质塑料管水头损失计算。这种管道内壁光滑，粗糙度小，管内流速不宜大于 2m/s，多呈紊流状态。沿程水头损失系数与管内壁粗糙度无关，可用舍维列夫公式 [式 (3-7)] 计算：

$$h_\mathrm{f} = 0.000915 \frac{Q^{1.774} L}{d^{4.774}} \qquad (3-7)$$

(3) 移动软管沿程水头损失计算。地面移动软管多用高密（低密）度聚乙烯、维纶塑料、尼龙和胶布等材料，在输水过程中由于内水压力不断变化，使得过水断面也在变化，再加上软管出现起伏、折曲，这些都增大了管道内壁的粗糙度。软管沿程水头损失计算介绍如下 3 个公式：

地面软管沿程水头损失计算可参考式 (3-8)：

$$h_\mathrm{f} = 0.442 \times 10^{-3} \frac{Q^{1.093} L}{d^{5.246}} \qquad (3-8)$$

地埋软管外包混凝土或灰土等材料时，可参考使用式 (3-9)：

$$h_\mathrm{f} = 2.28 \times 10^{-3} \frac{Q^{1.805} L}{d^{4.453}} \qquad (3-9)$$

对塑料软管，也可以考虑使用哈-威公式（美国在管道输水灌溉工程中使用较多）：

$$h_\mathrm{f} = 1.13 \times 10^9 \frac{L}{d^{4.4874}} \left(\frac{Q}{C} \right)^{1.852} \qquad (3-10)$$

式中 C——沿程摩擦阻力系数，对于 PVC、PP、PE 塑料管 C 取 150。

根据实测值分析，哈-威公式计算值偏小 3%～10%，对地面软管则偏小 20%。所以应用式 (3-10) 时，应将计算值适当加大 3%～20%。

(4) 局部水头损失计算。在工程实践中，经常根据水流沿程水头损失和局部水头损失在总水头损失中的分配情形，将有压管道分为长管与短管两种。前者沿程水头损失起主要作用，局部水头损失和流速水头可以忽略不计；后者局部水头损失和流速水头与沿程水头损失相比不能忽略。习惯上将局部水头损失和流速水头占沿程水头损失的 5% 以下的管道称为长管。反之，局部损失和流速水头损失占沿程水头损失的 5% 以上

的管道称为短管。

一般的低压管道工程常取局部水头损失为沿程水头损失的 5%～10%。预制混凝土管接头较多，可取较大值；塑料硬管可取较小值。

6. 水泵扬程计算与水泵选择

(1) 确定管网水力计算控制点。管网水力计算的控制点是指管网运行时所需最大扬程的出流点，即最不利灌水点。一般应选取离管网首端较远而地面高程较高的地点。在管网中这两个条件不可能同时具备时，应在符合以上条件的地点综合考虑，选出一个最不利灌水点为设计控制点。在轮灌方式中，不同轮灌组应选择各轮灌组的设计控制点。

(2) 确定管网水力计算的线路。管网水力计算线路是自设计控制点到管网首端的一条管线。对于不同轮灌组，水力计算的线路长度和走向不同，应确定各轮灌组的水力计算线路，对于续灌方式则只需选择一条计算线路。

(3) 各管段水头损失计算。

1) 给水栓工作水头。在采用移动软管的系统中，一般采用管径为 50～110mm 的软管，长度一般不超过 100m。

给水栓工作水头计算公式如下：

$$H_g = h_{yf} + h_g + \Delta h_{gy} + (0.2 - 0.3) \tag{3-11}$$

式中　H_g——给水栓工作水头，m；

h_{yf}——移动软管沿程水头损失，m；

h_g——给水栓局部水头损失，m；

Δh_{gy}——移动软管出口与给水栓出口高差，m。

当出水口直接配水入渠时，式中 $h_{yf} = 0$，$\Delta h_{gy} = 0$。

2) 不同管段水头损失计算。根据不同管材、管长和管径，计算各管段沿程水头损失和局部水头损失。不同轮灌组各管段水头损失应分别计算。控制线路各管段水头损失可采用表 3-8 格式进行。

表 3-8　　　　　　　　　控制线路管段水头损失计算表

管段	长度/m	流量/(m³/h)	管径/mm	h_f/m	h_i/m	h_w/m
1—2						
2—3						
⋮						
$(n-1)$—n						
合计						

注　表中 h_f 为沿程水头损失；h_i 为局部水头损失；h_w 为总水头损失。

3) 控制线路各节点水头推算。输水干管线路中，各节点水压是根据各管段水头损失和节点地面高程按式 (3-12) 自下而上推算。

$$H_0 = H_2 + \sum h_w - H_1 \tag{3-12}$$

式中　H_0——上游节点自由水头，m；

H_2——下游节点高程，m；

H_1——上游节点高程，m；

$\sum h_\mathrm{w}$——上、下游节点间总水头损失，m。

管网各节点及沿线不得出现负压，节点自由水头应满足支管配水要求，且不得大于管材的允许工作压力。管网入口节点的水压确定后，可根据净扬程计算水泵所需总扬程，以便选择适宜的机泵。

（4）管网入口设计压力计算。管网入口是指管网系统干管进口，管网入口设计可按式（3-13）计算。在采用潜水泵或深井泵的井灌区，管网入口在机井出口处；使用离心泵时管网入口在水泵出口处。

$$H_\mathrm{in} = \sum h_\mathrm{f} + \sum h_\mathrm{i} + \Delta z + H_\mathrm{g} \qquad (3-13)$$

式中　H_in——管网入口设计压力，m；

$\sum h_\mathrm{f}$——计算管线沿程水头损失之和，m；

$\sum h_\mathrm{i}$——计算管线局部水头损失之和，m；

Δz——设计控制点与管网入口地面高程之差，m；逆坡取正值，顺坡取负值；

H_g——给水栓工作水头。

（5）水泵扬程计算。对于使用潜水泵和深井泵的井灌区，水泵扬程按式（3-14）计算：

$$H_\mathrm{p} = H_\mathrm{in} + H_\mathrm{m} + h_\mathrm{p} \qquad (3-14)$$

式中　H_p——水泵扬程，m；

H_m——机井动水位与井台高差，m；

h_p——机井井台至动水位以下 $3\sim5\mathrm{m}$ 的总水头损失，m；

H_in——管网入口设计压力，m。

对于使用离心泵则采用式（3-15）计算：

$$H_\mathrm{p} = H_\mathrm{in} + H_\mathrm{s} + H_\mathrm{p} \qquad (3-15)$$

式中　H_s——水泵吸程，m；

H_p——吸水管路水头损失之和，m；

其余符号意义同前。

（6）水泵选型。根据以上确定的水泵扬程和系统设计流量选取水泵，并校核水泵工况点，使水泵在高效区运行。若控制面积大且各轮灌组流量与扬程差别很大时，可采用变频调节，几台水泵并联或串联，以节省运行费用。

低压管道输水灌溉系统中的水泵动力机的选择，应满足以下要求：

1）根据管道输水工程的流量和扬程正确选择和安装水泵，使其在高效性能区运行。

2）尽量选购机泵一体化或机泵已经组装配套的产品，并必须选购国家规定的节能产品。

3）在电力供应有保障的地区，尽量采用电动机。

4）用于管道输水的水泵主要是离心泵、潜水电泵、长轴井泵等。

5）井灌区管道输水一般使用配套好的离心泵或潜水泵。

第三节　低压管道输水灌溉系统的施工

管道输水灌溉工程主要包括低压管灌、喷灌、滴灌等灌溉工程。它们均具有隐蔽工程较多、设备安装复杂等特点，因此，对工程施工和设备安装应有严格的要求，以确保工程建成后能正常发挥效益。本节主要介绍低压管灌的管道工程与安装。

一、低压管道输水灌溉系统施工的基本要求

（1）低压管道输水灌溉工程施工必须严格按设计进行。修改设计应先征得设计部门同意，经协商取得一致意见后方可实施，必要时需经主管部门审批。

（2）施工前应检查图纸、文件等是否齐全，并核对设计是否与灌区地形、水源、作物种植及首部枢纽位置等相符。

（3）施工前应检查现场，制定必要的安全措施，严防发生各种事故。

（4）施工前应严格按照工期要求制定计划，确保工程质量，并按期完成。

（5）施工中应随时检查质量，发现不符合要求的应坚决返工，不留隐患。

（6）施工中应注意防洪、排水、保护农田和林草植被，做好弃土处理。

（7）在施工过程中应做好施工记录。

二、施工准备工作

低压管道输水灌溉系统的施工必须严格按照设计要求和施工程序精心施工，严格执行规范和相应的技术标准，做好设备安装和工程验收工作。

施工前的准备工作应包括下列内容：

（1）编制施工计划，建立施工组织，对施工队伍进行必要的技术培训。

（2）施工队伍应在施工前熟悉工程的设计图纸、设计说明书和施工技术要求、质量检验标准等技术文件，应认真阅读工程所用设备安装说明书，掌握其安装技术要求。

（3）施工队伍应根据工程特点和施工要求编制劳力、工种、材料、设备、工程进度计划，制定质量检查方法和安全措施及施工管理方法。

（4）按设计要求检查工程设备器材。购置原材料和设备必须严格进行质量检验，杜绝使用不合格产品和劣质材料，确保工程质量。

（5）准备好施工工具，检查临时供水、供电等设施，使其能满足施工要求。

三、管道施工

低压管道输水灌溉系统的管道施工流程如图 3-23 所示。

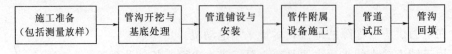

图 3-23　管道施工流程图

1. 测量放样

放线从首部枢纽开始，定出建筑物主轴线、机房轮廓线及干、支管进水口位置，用经纬仪从干管出水口引出干管中心线后，再放支管中心线，打下中心桩。主干管直线段宜每隔 30m 设一标桩；分水、转弯、变径处应加设标桩；地形起伏变化较大地段，宜根据地形条件适当增设标桩。根据开挖宽度，用白灰画出开挖线，并标明各建筑物设计标高及出水口位置。

2. 管槽开挖

开挖时必须保证基坑边坡稳定，若不能进行下道工序，应预留 15～30cm 土层不挖，待下道工序开始前再挖至设计标高；及时排走坑内积水。

管槽断面型式依土质、管材规格、冻土层深度及施工安装方法而定。一般采用矩形断面，其宽度可由式（3-16）计算：

$$B \geqslant D + 0.5 \tag{3-16}$$

式中　B——管槽宽度，m；

　　　D——管材外径，m。

管道的埋深，应根据设计计算确定，一般情况下，埋深不应小于 70cm。为了减少土方工程量，在满足要求的前提下，管槽宽度、深度应尽量取最小值。为了施工安装和回填，开挖时弃土应堆放在基槽一侧，并应距边线 0.3m 以外。在开挖过程中，不允许出现超挖，要经常进行挖深控制测量。遇到软基土层时，应将其清除后换土并夯实。

当选用的管材为水泥预制管材时，为避免管道出现不均匀沉陷，需要沿槽底中轴线开挖一弧形沟槽，变线接触为面接触，以改善地基应力状况。槽的弧度要与管身相吻合，其宽度依管径的不同而异。基槽和沟槽均应做到底部密实平直、无起伏。另外，还应在承插口连接处垂直沟轴线方向开挖一管口槽，其长宽和深度视管母口径大小而定。

一个合格的管槽应沟直底平，宽、深达到设计要求，严禁沟壁出现扭曲，沟底起伏产生"驼峰"，百米高差应控制在 ±3.0cm 以内。

3. 管道安装

低压管道输水系统所用管道主要有塑料管、钢管、铸铁管、钢筋混凝土管、铝合金管等。管道安装必须在管槽开挖和管床处理验收合格后进行。

（1）管道安装的一般要求。

1）管道安装应检查管材、管件外观，检查管材的质量、规格、工作压力是否符合设计要求，是否具有材质检验合格证，管道是否有裂纹、扭折，接口是否有崩裂等损坏现象，禁止使用不合格的管道。

2）管道安装宜按从首部到尾部、从低处到高处、先干管后支管的顺序安装；承插管材的插口在上游，承口在下游，依次施工。

3）管道中心线应平直，管底与管基应紧密接触，不得用木、砖或其他垫块。

4）安装带有法兰的阀门和管件时，法兰应保持同轴、平行，保证螺栓自由穿入，不得用强紧螺栓的方法消除歪斜。

5）管道安装应随时进行质量检查，分期安装或因故中断应用堵头封堵，不得将杂物留在管内。

6）管道穿越道路或其他建筑物时，应加套管或修涵洞加以保护。管道系统上的建筑物必须按设计要求施工，出地竖管的底部和顶部应采取加固措施。

（2）硬塑料管道的安装。常用的塑料管材有硬聚氯乙烯管（UPVC）、聚乙烯管（PE）和聚丙烯管（PP），硬塑料管道连接型式主要有扩口承插式、胶接黏合式、热熔连接式等。

1）扩口承插式连接。目前管道灌溉系统中应用最广的一种型式，其连接方法有热软化扩口承插连接和扩口加密封圈承插连接。

热软化扩口承插连接法是利用塑料管材对温度变化灵敏的热软化、冷硬缩特点，在一定温度的热介质里（或用喷灯）加热，将管子一端（承口）软化后与另一节管子的插口现场连接，使两节管子牢固地结合在一起。这种方法的特点是，承口不需要预先制作，人工现场操作，方法简单，连接速度快，接头费用低。

扩口加密封圈连接法主要适用于双壁波纹管和用弹性密封圈连接的光滑管材。每节管长一般为 $5\sim6m$，采用承插（子母口）连接。管材的承口是在工艺生产时直接形成或施工前用专用撑管工具软化管端加工而成。为承受一定的水压力，达到止水效果，插头处配有专用的密封橡胶圈。连接施工时，先在子口端装上专用橡胶密封圈，然后在要连接的母口内壁和子口外壁涂刷润滑剂（可采用肥皂液，禁止用黄油或其他油类作为润滑剂），将子口和母口对齐，同心后，用力将子口端插入母口，直到子口端与母口内底端相接为止。管道与管件间的连接方法与管道连接相同。

2）胶接黏合式连接法。是利用黏合剂将管子或其他被连接物胶接成整体的一种应用较广泛的连接方法。可在管子承口端内壁和插头端外壁涂抹黏合材料承插连接管段，或是用专用套管将两节（段）管子涂抹黏合剂后承插连接，其接头密封压力均较高。黏合剂选择必须根据被胶接管道的材料、系统设计压力、连接安装难易、固结时间长短等因素来确定。使用黏合剂连接管子时，应注意以下几点：被胶接管子的端部要清洁，不能有水分、油污、尘砾；黏合剂应用毛刷迅速均匀地涂刷在承口内壁和插口外壁；承插口涂刷黏合剂后，应立即找正方向将管端插入承口，用力挤压，并稳定一段时间；承插接口连接完毕后，应及时将挤出的黏合剂擦洗干净。黏合后，不得立即对接合部位强行加载。其静置固化时间不应低于 $45min$，且 $24h$ 内不能移动管道。

3）热熔连接。是在两节管子的端面之间用一块电热金属片加热，使管端呈发黏状态，抽出加热片，再在一定的压力下对挤，自然冷却后两节管子即牢固结合在一起。这种热熔对接方式需使用专门的工具，不便于野外施工，工程较大时不便采用，一般多用于管道的修复。

（3）软管连接。

1）揣袖法。揣袖法就是顺水流方向将前一节软管插入后一节软管内，插入长度视输水压力的大小而定，以不漏水为宜。该法多用于质地较软的聚乙烯软管的连接，特点是连接方便，不需要专用接头或其他材料，但不能拖拉。连接时，接头处应避开地形起伏较大的地段和管路拐弯处。

2）套管法。套管法一般用长 $15\sim20cm$ 的硬塑料管作为连接管，将两节软管套接在硬塑料管上，用活动管箍固定，也可用铁丝或绳子绑扎。该法的特点是接头连接方便，承压能力高，拖拉时不易脱开。

3）快速接头法。软管的两端分别连接快速接头，用快速接头对接。该法连接速度快，接头密封压力高，使用寿命长，是目前地面移动软管灌溉系统应用最广泛的一种连接方法，但接头价格较高。

（4）水泥预制管的安装。水泥预制管道常作为固定管道，每节长 1.0～1.5m，整个管道接头多，连接复杂，若接头漏水将影响整个系统的正常工作，所以管道接头连接便成为管道安装的关键工序。

1）钢筋混凝土管的安装。钢筋混凝土管承压能力较大，可采取承插式连接。连接方式有两种：一种可用橡胶密封圈做成柔性连接，一种用石棉水泥和油麻填塞接口。后一种接口施工方法同铸铁管安装。钢筋混凝土管的柔性连接应符合下列要求：①承口向上游，插口向下游；②套胶圈前，承口应刷干净，胶圈上不得黏结有杂物，套在插口上的胶圈不得扭曲、偏斜；③插口应均匀进入承口，回弹就位后，应保持对口间隙 10～17mm；④在沟槽土壤或地下水对胶固有腐蚀性的地段，管道覆土前应将接口密封。

2）混凝土管的安装。混凝土管承压能力较低，应按下列方法连接：①平口（包括楔口）式接头宜采用纱布包裹水泥砂浆法连接，要求砂浆饱满，纱布和砂浆结合严密，严禁管道内残留砂浆；②承插式接头，承口内应抹 1：1 水泥砂浆，插管后再用 1：3 水泥砂浆封口，接管时应固定管身；③预制管连接后，接头部位应立即覆 20～30cm 的湿土。

（5）铸铁管的安装。铸铁管通常采用承插连接，其接头型式有刚性接头和柔性接头两种。安装前应首先检查管子有无裂纹、砂眼、结疤等缺陷，清除承口内部及插口外部的沥青及色边毛刺，检查承口和插口尺寸是否符合要求。安装时，应在插口上做插入深度的标记，以控制对口间隙在允许范围内。承插口的嵌缝材料为水泥类的接头称为刚性接头。

刚性接头的嵌缝材料主要为油麻、石棉水泥或膨胀水泥等。

1）采用油麻填塞时，油麻应拧成辫状，粗细应为接头缝隙的 1.5 倍，麻辫搭接长度为 100～150mm，接头应分散，填塞时应打紧塞实。打紧后的麻辫填塞深度应为承插深度的 1/3～1/2。

2）采用膨胀水泥填塞时，配合比一般为膨胀水泥：砂：水＝1：1：0.3，拌和膨胀水泥用的砂应为洁净的中砂，粒度为 1.0～1mm，洗净晾干后再与膨胀水泥拌和。

3）采用石棉水泥填塞时，水泥一般选用 425 号硅酸盐水泥，石棉水泥材料的配合比为 3：7（质量比），水与水泥加石棉质量和之比为 1：10～1：12，调匀后手捏成团，松手跌落后散开即为合适。填塞深度应为接口深度的 1/2～2/3，填塞应分层捣实、压平，并及时养护。

使用橡胶圈作为止水的接头称为柔性接头，它能适应一定量的位移和振动。胶圈一般由管材生产厂家配套供应。柔性接头的施工程序为：①清除承接口工作面上的附着污物；②向承口斜形槽内放置胶圈；③在插口外侧和胶圈内侧涂抹肥皂液；④将插口引入承口，确认胶圈位置正常，承插口的间隙符合要求后，将管子插入到位，找正后即可在管身覆土以稳定管子。用柔性接头承插的管子，若沿直线铺设，承口和插口的安装间隙一般为 4～6mm，曲线铺设时为 7～14mm。

4. 附属设备的施工与安装

材质和管径均相同的管道、管件连接方法与管道连接方法相同；相同管径之间的连接一般不需要连接件，只是在分流、转弯、变径等情况下才使用管件。管径不同时由变径管来连接。材质不同的管道、管件连接需通过一段金属管来连接，接头方法与铸铁管连接方法相同。

（1）附属设备的安装。安装方法一般有螺纹连接、承插连接、法兰连接、管箍式连接、黏合连接等。其中，法兰连接、管箍连接、螺纹连接拆卸比较方便；承插连接、黏合连接拆卸比较困难或不能拆卸。在工程设计时，应根据附属设备维修、运行等情况来选择连接方法。公称直径小于 50mm 的阀门、水表、安全阀、进（排）气阀等多选用法兰连接；给水栓则可根据其结构型式，选用承插连接或法兰连接等方法；对于压力测量装置以及公称直径小于 50mm 的阀门、水表、安全阀、进（排）气阀等多选用螺纹连接。附属设备与不同材料管道连接时，通过一段钢法兰管或一段带丝头的钢管与之连接，并应根据管材采用不同的方法。与塑料管道连接时，可直接将法兰管或钢管与管道承插连接后，再与附属设备连接。与混凝土管及其他材料管道连接时，可先将法兰管或带丝头的钢管与管道连接后，再将附属设备连接上。

（2）出水口的安装。井灌区管灌工程所用的出水口直径一般均小于 110mm，可直接将铸铁出水口与竖管承插，用 14 号铁丝把连接处捆扎牢固。在竖管周围用红砖砌成 40cm×40cm 的方墩，以保护出水口不致松动。方墩的基础，要认真夯实，防止产生不均匀沉陷。

河灌区管灌工程采用水泥预制管时，有可能使用较大的出水口。施工安装时，首先在出水竖管管口抹一层灰膏，座上下栓体并压紧，周围用混凝土浇筑使其连成一整体；然后再套一截 0.2m 高的混凝土预制管作为防护，最后填土至地表即可。

（3）分水闸的施工。用于砌筑分水闸的砂浆强度等级不低于 M10 号，砖砌缝砂浆要饱满，抹面厚度不小于 2cm，闸门要启闭灵活，止水抗渗。

5. 管道试压

低压管道灌溉工程在施工安装期间应分段进行水压试验。施工安装结束后应对整个管网进行水压试验。水压试验的目的是检查管道安装的密封性是否符合规定，同时也对管材的耐压性能和抗渗性能进行全面复查。水压试验中发现的问题必须进行妥善处理，否则必将成为隐患。

水压试验是将待试管端上的排气阀和末端出水口处的闸阀打开，然后向管道内徐徐充水，当管道全部充满水后，关闭排气阀及出水阀，使其封闭，再用水泵等加压设备使管道水压逐渐增至规定数值，并保持一定时间。如管道没有渗漏和变形即为合格。

水压试验必须按以下规定进行：

（1）压力表应选用 0.35 级或 0.4 级的标准压力表，加压设备应能缓慢调节压力。

（2）水压试验前应检查整个管网的设备状况，阀门启闭应灵活，开度应符合要求，进、排气装置应畅通。

（3）检查管道填土定位是否符合要求，管道应固定，接头处应显露并能观察清楚渗水情况。

（4）冲洗管道应由上至下逐级进行，支、毛管应按轮灌组冲洗，直至排水清澈。

（5）冲洗后应使管道保持注满水的状态，金属管道和塑料管必须经24h、水泥制品管必须经48h后方可进行耐水压试验，否则会因为空气析出影响试验结果，甚至影响管道的机械性能。

（6）试验管段长度不宜大于1000m，试验压力不应低于系统设计压力的1.25倍，如管道系统按压力分区设计，则水压试验也应分区进行，试验压力不应小于各分区设计压力的1.25倍。压力操作必须边看压力表读数，边缓慢进行，压力接近试验压力时更应避免压力波动。水压试验时，保压时间应不小于1h，沿管路逐一进行检查，重点查看接头处是否有渗漏，然后对各渗漏处做好标记，根据具体情况分别进行修补处理。

试水不合格的管段应及时修复，修复后可重新试水，直至合格。

6. 管沟回填

管道系统安装完毕，经水压试验符合设计要求后，方可进行管沟回填。管沟回填应严格按设计要求和施工程序进行。回填的方法一般有水浸密实法和分层夯实法等。

水浸密实法，是采用向沟槽充水、浸密回填土的方法。当回填土料至管沟深度的一半时，可用横埝将沟槽分段（10~20m），逐段充水。第一次充水1~2天后，可进行第二次回填、充水，使回填土密实度达到设计要求。

分层夯实法，是向管沟分层回填土料，分层夯实，分层厚度不宜大于30cm。一般分两步回填，第一步回填管身和管顶以上15cm；第二步分层回填其余部分，考虑到回填后的沉陷，回填土应略高于地面。回填土的密实度不能小于最大密实度的90%。

管沟回填前应清除石块、杂物，排净积水。回填必须在管道两侧同时进行，严禁单侧回填。所填土料含水量要适中，管壁周围不得含有$d>2.5$cm的砖瓦碎片、石块及$d>5$cm的干硬土块。塑料管道沟槽回填前，应先使管道充水承受一定的内水压力，以防管材变形过大。

回填应在地面和地下温度接近时进行，例如夏季，宜在早晨或傍晚回填，以防填土前后管道温差过大，对连接处产生不利影响。水泥预制管的土料回填应该先从管口槽开始，采用夯实法或水浸密实法，分层回填到略高出地表为止。对管道系统的关键部位，如镇墩、竖管周围及冲沙池周围等的回填应分层夯实，严格控制施工质量。

四、管网首部枢纽施工安装

低压管道输水灌溉首部枢纽主要包括水泵、动力机、阀门、逆止阀、压力表、水表、安全保护装置等设备。泵房建成经验收合格后，即可在泵房内进行枢纽部分的组装，其组装顺序为：水泵→动力机→压力表→真空泵→逆止阀→水表→主阀门→接管网。枢纽部分连接一般为金属件，多采用法兰或螺纹连接，各管件与管道的连接，应保持同轴、平行、螺栓自由穿入。用法兰连接时，须安装止水胶垫。首部枢纽的各项设备应沿水泵出水管中心线安装，管道中心线距离地面高以0.5m左右为宜。

井灌区水泵与干管间为防止机泵工作时产生振动，可采用软质胶管来连接。河灌区机泵与干管间的连接及各种控制件、安全件的安装可参照图3-24进行。在管网首部及管道的各转弯、分叉处，均应砌筑镇墩，防止管道工作时产生位移。

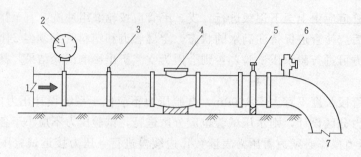

图 3-24　首部安装示意图

1—接水泵出水管；2—压力表；3—真空泵接口；4—逆止阀；5—闸阀；

6—排气阀；7—接低压管网

五、工程验收

工程验收是对工程设计、施工的全面审查。工程施工结束后，应由主管部门组织设计、施工、使用单位成立工程验收小组，对工程进行全面检查验收。工程未验收移交前，应由施工单位负责管理和维护，工程验收分为施工期间验收和竣工验收两步进行。

1. 施工期间验收

隐蔽工程必须在施工期间及时进行检查验收，检查合格后方可进行下道工序的施工。重点检查水源工程、泵站的基础尺寸和高程，预埋件和地脚螺丝的位置和深度，孔、洞、沟、沉陷缝、伸缩缝的位置和尺寸等是否符合设计要求；地理管道的管槽深度、底宽、坡向及管床处理、施工安装质量等是否符合设计要求和有关规定；水压试验是否合格。施工期间验收合格的项目应有检查、检测报告和验收报告。

2. 竣工验收

工程竣工验收前应提交下列文件资料：

（1）全套设计文件。包括全套设计图纸、文字说明、方案变更记录及批复文件等。

（2）施工期间的验收报告、水压试验报告和试运行报告。

（3）工程预算和工程决算。

（4）有关操作、管理规定和运行管理办法等。

（5）竣工图及竣工报告。

对于较小的工程，验收前只需提交设计文件、竣工图纸和竣工报告以及管理要求。

工程竣工验收应包括下列内容：

（1）审查技术文件是否齐全，技术数据是否正确、可靠。

（2）检查土建工程是否符合设计要求和有关规定。

（3'）审查管道铺设长度、管道系统布置及田间工程配套是否合理。

（4）检查设备选择是否合理，安装质量是否达到技术规范的规定。

（5）对系统进行全面的试运行，对主要技术参数和技术指标进行实测。

（6）工程验收后，应编写竣工验收报告，对工程验收内容、验收结论、工程运用意见及建议等如实予以说明，形成文件后，由验收组成员共同签字，加盖设计、施工、监理使用单位公章。

工程验收合格后，方可交付使用单位投入运行。

◆习 题 与 训 练◆

一、填空题

1. 低压管道灌溉系统是从水源取水经处理后，用（　　）代替明渠输水灌溉的一种工程形式，一般由（　　）、（　　）和（　　）等部分组成。

2. 低压管道输水灌溉系统按输配水管网型式的不同，一般可分为（　　）和（　　）。

3. 低压管道输水灌溉系统按获得工作压力方式的不同可分为（　　）和（　　）。

4. 低压管道输水灌溉系统按工作时是否可移动程度分为（　　）、（　　）和（　　）。

5. 在面积较大灌区，低压管道输水灌溉系统的管网可由（　　）、（　　）、（　　）和（　　）等多级管道组成。

6. 根据管道在灌溉中是否移动，将管道分为（　　）和（　　）。

7. 管道附件依其功能作用不同，可分为（　　）件和（　　）件两类。

8. 在低压管道输水灌溉系统中，连接件主要有（　　）、（　　）、（　　）、（　　）、（　　）等多种。

9. 在低压管道输水灌溉系统中，控制件主要有（　　）、（　　）、（　　）、（　　）等多种。

10. 给水栓按栓体结构可分为（　　）、（　　）、（　　）三类。

11. 低压管道输水灌溉系统的工作制度有（　　）、（　　）和（　　）三种方式。

12. 管道输水灌溉系统的安全保护装置主要有（　　）、（　　）、（　　）等。

13. 低压管道输水灌溉系统的管道施工程序是（　　）、（　　）、（　　）、（　　）、（　　）。

二、选择题

1. 目前灌区移动式管道输水中所用管材主要是（　　）。

A. 塑料硬管　　B. 塑料软管　　C. 水泥预制管　　D. 现场连续浇筑管

2. 管材和附属设施是低压管道输水灌溉系统的重要组成部分，其投资约占总投资的（　　）。

A. 50%～60%　B. 60%～70%　C. 70%～80%　　D. 80%～90%

3. 塑料硬管在管灌中得到广泛应用，埋在地下寿命可达（　　）。

A. 10 年以上　　B. 20 年以上　　C. 25 年以上　　D. 30 年以上

三、名词解释

1. 低压管道输水灌溉技术

2. 给水装置

3. 给水栓

4. 出水口

5. 沿程水头损失

6. 局部水头损失

四、简答题

1. 简述与一般明渠灌溉相比较，低压管道输水灌溉系统具有哪些优点？

2. 低压管道输水灌溉系统由哪几部分组成？

3. 低压管道输水灌溉系统有哪几种类型？各有什么特点？

4. 低压管道输水灌溉系统的田间灌水采用哪几种方式？

5. 低压管道输水灌溉系统对管材的技术要求有哪些？

6. 低压管道输水灌溉系统常用的管材有哪些类型？

7. 在低压管道输水灌溉系统中，对给水栓结构的要求是什么？

8. 低压管道输水灌溉系统中的安全保护装置有哪些？

9. 简述低压管道输水灌溉系统的规划设计原则。

10. 简述低压管道输水灌溉系统的规划设计内容。

11. 低压管道输水灌溉系统的规划主要设计参数有哪些？

12. 简述低压管道输水灌溉系统管网布置原则。

13. 首部枢纽布置原则是什么？

14. 简述低压管道输水灌溉系统中井灌区管网布置型式有几种？

五、计算题

某灌区拟规划为管道输水灌溉工程，现有井的出水量为 $80m^3/h$，灌溉设计流量为 $85m^3/h$，拟用 PVC 管材，经济流速为 $1.2m/s$，试求干管的管径。

第四章 田间灌水技术

学习目标:

学习小畦灌、长畦分段灌、宽浅式畦沟结合灌、节水型沟灌的特点和技术要素;学习喷灌系统的类型及特点、喷灌的主要设备、喷灌系统规划设计方法;能够进行喷灌工程的规划设计;能进行节水型畦灌布置、沟灌布置;理解微灌技术规划设计要点,理解滴灌技术和波涌灌技术的特点、组成等;学习膜下滴灌技术的特点、组成,能进行膜下滴灌技术工程规划设计;了解农艺技术的内容。

学习任务:

(1) 了解小畦灌、长畦分段灌、宽浅式畦沟结合灌的特点,能进行节水型畦灌布置。

(2) 了解细流沟垄灌、沟畦灌的特点,能进行节水型沟灌布置。

(3) 了解喷灌系统的类型和特点、喷灌设备的特点,能根据具体条件合理选择喷灌系统,掌握喷灌工程规划设计方法,能够进行喷灌工程规划设计。

(4) 了解微灌系统的类型和特点、组成,理解微灌工程规划设计方法,能够进行微灌工程规划设计。

(5) 熟悉滴灌技术和波涌灌技术的特点、组成、分类以及相关注意事项。

(6) 掌握膜下滴灌技术的特点、组成和主要的技术参数,能够进行膜下滴灌技术工程规划设计。

第一节 节水型畦灌技术

近年来,为节约灌溉水、提高灌水质量、降低灌水成本,我国广大灌区推广应用了许多项先进的节水型畦灌技术,取得了明显的节水和增产效果。这些先进的节水型畦灌技术主要包括小畦灌、长畦分段灌、宽浅式畦沟结合灌。

一、小畦"三改"灌水技术

小畦"三改"灌水技术,即"长畦改短畦,宽畦改窄畦,大畦改小畦"的灌水方法,其关键是使灌溉水在田间分布均匀,节约灌溉时间,减少灌溉水的流失,从而促进作物生长健壮,增产节水。

(一) 小畦灌的优点

(1) 节约水量,易于实现小定额灌水。灌水定额随着畦长的增加而增大,因此减小畦长可以降低灌水定额,达到节水的目的。

(2) 灌水均匀,灌溉质量高。由于畦田小,水流比较集中,易控制水量;水流推进速度快，入渗比较均匀；能够防止畦田首部的深层渗漏，提高田间水的有效利用率。

（3）减轻土壤冲刷和土壤板结，减少土壤养分淋失。小畦灌溉有利于保持土壤结构，保持土壤肥力，促进作物生长，增加产量。

（4）防止深层渗漏，提高田间水的有效利用率。由于小畦灌深层渗漏很小，从而可防止灌区地下水位上升，预防土壤沼泽化和土壤盐碱化发生。

（5）土地平整费用低。畦田面积小，对整个田块平整度要求不高，减少了土方工程量，节约了平地用工量。

（二）小畦灌的技术要点

小畦灌灌水技术的要点是确定合理的畦长、畦宽和入畦单宽流量。通常，小畦灌"三改"灌水技术适宜的技术要素为：畦田地面坡度 1/400～1/1000，单宽流量为 3～5L/(s·m)，灌水定额为 300～675m³/hm²。畦田长度，自流灌区以 30～50m 为宜，最长不超过 80m；机井和高扬程提水灌区以 30m 左右为宜。畦田宽度，自流灌区为 2～3m，机井提水灌区以 1～2m 为宜。畦埂高度一般为 0.2～0.3m，底宽 0.4m 左右，田头埂和路边埂可适当加宽培厚。

二、长畦分段灌

（一）长畦分段灌的优点

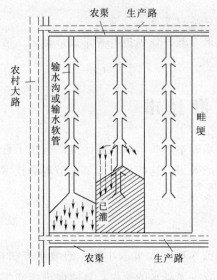

图 4-1 长畦分段灌示意图

（1）节水。可以实现灌水定额 450m³/hm² 左右的低定额灌水，灌水均匀度、田间灌水储存率和田间灌水有效利用率均大于 80%～85%。

（2）省工。灌溉设施占地少，可以省去 1～2 级田间输水渠沟。

（3）适应性强。与常规畦灌方法相比，可以灵活适应地面坡度、糙率和种植作物的变化，可以采用较小的单宽流量，减小土壤冲刷。

（4）易于推广。该技术投资少，节约能源，管理费用低，技术操作简单，易于推广应用。

（5）便于田间耕作。由于田间无横向畦埂或渠沟，方便机耕，有利于增产。

（二）长畦分段灌的技术要点

长畦分段灌可将长畦分成若干个没有横向畦埂的短畦，以减少畦埂。分水和控水装置如图 4-1 所示。

长畦分段灌的畦宽可以宽至 5～10m，畦长可达 200m 以上，一般均在 100～400m。但其单宽流量并不增大，这种灌水技术的要求是正确地确定入畦灌水流量、侧向分段开口的间距（即短畦长度与间距）以及分段改水时间或改水成数。因此，长畦分段灌灌水技术主要是确定侧向分段开口的间距，具体见表 4-1。

表 4-1   长畦分段灌灌水技术要素参考表

序号	输水沟或输水软管流量 /(L/s)	灌水定额 /(m³/亩)	畦长 /m	畦宽 /m	单宽流量 /[L/(s·m)]	单畦灌水时间 /min	长畦面积 /亩	分段长度×段数 /(m×段)
1	15	40	200	3	5.00	40.0	0.9	50×4
				4	3.76	53.3	1.2	40×5
				5	3.00	66.7	1.5	35×6
2	17	40	200	3	5.67	35.0	0.9	65×3
				4	4.25	47.0	1.2	50×4
				5	3.40	58.8	1.5	40×5
3	20	40	200	3	5.00	30.0	0.9	65×3
				4	4.00	40.0	1.2	50×4
				5	3.67	50.0	1.5	40×5
4	23	40	200	3	7.67	26.1	0.9	70×3
				4	5.76	34.8	1.2	65×3
				5	4.60	43.5	1.5	50×4

三、宽浅式畦沟结合灌水技术

宽浅式畦沟结合灌水技术，是一种适应间作套种或立体栽培作物，"二密一稀"种植的灌水畦与灌水沟相结合的灌水技术。近年来，通过试验和推广应用，已证实这是一项高产、节水、低成本的优良的节水灌溉技术。

（一）宽浅式畦沟结合灌水技术的优点

（1）节水，灌水均匀度高。一般灌水定额为 $525m^3/hm^2$ 左右。

（2）有利于保持土壤结构。对土壤结构破坏小，蓄水保墒效果好。

（3）能促使玉米早播，解决小麦和玉米两茬作物"争水、争时、争劳"的尖锐矛盾和随后秋夏两茬作物"迟种迟收"的恶性循环问题。

（4）施肥集中，养分利用充分，有利于两茬作物获得稳产、高产。

（5）通风透光好，培土厚，作物抗倒伏能力强。

但该技术也存在一定缺点，即田间沟、畦多，沟和畦要轮番交替更换，劳动强度较大，比较费工，倒伏能力强。

（二）宽浅式畦沟结合灌水技术的技术要素

（1）畦田和灌水沟相间交替更换，畦田面宽为 0.4m，可以种植两行小麦（二密），行距 0.1～0.2m。

（2）小麦播种于畦田后，可采用常规畦灌或长畦分段短灌灌水技术进行灌溉，见图 4-2（a）。

（3）小麦乳熟期，每隔两行小麦开挖浅沟，套种一行玉米（一稀）。套种玉米的行距为 0.9m。在此期间，土壤水分不足，可利用浅沟灌水，为玉米播种和发芽出苗提供良好的土壤水分条件，见图 4-2（b）。

（4）小麦收获后，玉米已近拔节期，可在小麦收割后的空白畦田田面处开挖灌水沟，并结合玉米中耕培土，把挖出的畦田田面上的土覆在玉米根部，形成垄梁及灌水沟沟埂，而原来的畦田田面则成为灌水沟沟底，见图 4-2（c）。灌水沟的间距正好是玉米的行距，灌水沟的上口宽则为 0.5m。宽浅式畦沟结合灌水方法，最适宜在遭遇天气干旱时，采用"未割先浇"技术，一水促两料。

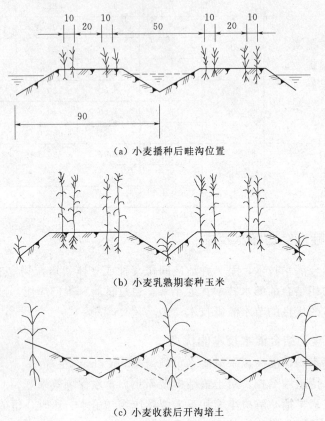

（a）小麦播种后畦沟位置

（b）小麦乳熟期套种玉米

（c）小麦收获后开沟培土

图 4-2　宽浅式畦沟结合条田轮作示意图（单位：cm）

第二节　节水型沟灌技术

沟灌是在作物行间开挖灌水沟，水从输水沟进入灌水沟后，在流动过程中主要借毛细管作用湿润土壤，是一种适用于宽行作物的灌水方法。其优点是不会破坏作物根部土壤结构，不会导致田面板结，能减少田面蒸发损失，多雨季节还可以起排水作用。目前，节水型沟灌技术主要有以下几种。

一、细流沟灌技术

细流沟灌是用短管（或虹吸管）或从输水沟上开一小口引水，流量较小，单沟流量为 0.1~0.3L/s。灌水沟内水深一般不超过沟深的 1/2，约为 1/5~2/5 沟深。因此，细流沟灌在灌水过程中，水流在灌水沟内边流动边下渗，直到全部灌溉水量渗入土壤计划湿润层内为止，一般放水停止后在沟内不会形成积水，属于在灌水沟内不存蓄水的封闭沟类型。

（一）细流沟灌的优点

（1）土壤结构破坏小。由于沟内水浅，流动缓慢，主要借毛细管作用浸润土壤，水流受重力作用湿润土壤的范围小，所以对保持土壤结构有利。

（2）地面蒸发量减少。与存蓄水的封闭沟灌相比，蒸发损失量可减少 2/3~3/4。

（3）表层土温提高。与存蓄水的封闭沟灌相比，可使土壤表层温度提高 2℃左右。

（4）保墒效果好。湿润土层均匀且深度大，保墒时间长。

（二）细流沟灌的形式

（1）垄植沟灌。在田间顺地面最大坡度方向做垄，作物播种或栽植在垄背上。第一次灌水前在行间开沟，用于作物灌溉。这种形式适合于雨量大而集中的地区，所开的沟可作为排水沟使用，能有效防止作物遭受涝害和渍害，大部分果实类蔬菜作物，如番茄、茄子、黄瓜等采用这种形式 [图 4-3 (a)]。

（2）沟植沟灌。灌水前先开沟，并在沟底播种或栽植作物，其沟底宽度应根据作物要求的行距和行数而定。沟植沟灌中所开的沟可起到一定的防风作用，最适应于风大、冬季不积雪而又有冻害的地区 [图 4-3 (b)]。

（3）混植沟灌。在垄背及灌水沟内都种植作物。这种形式不仅适用于中耕作物，也适用于密植作物 [图 4-3 (c)]。

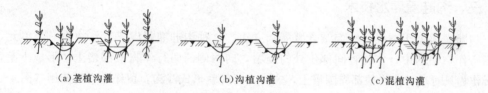

(a)垄植沟灌　　　　　　　　(b)沟植沟灌　　　　　　　　(c)混植沟灌

图 4-3　细流沟灌形式图

（三）细流沟灌技术要素

细流沟灌的技术要素主要包括入沟流量、沟的规格、放水时间等。

（1）入沟流量。控制在 0.2~0.4L/s 最为适宜；流量大于 0.5L/s 时沟内将产生严重冲刷，湿润均匀度差。

（2）沟的规格。包括沟长、沟宽、沟深和间距：

1）沟长。壤土、砂壤土，地面坡度在 1/100~1/50 时，沟长一般控制在 60~120m。

2）沟宽、沟深和间距。灌水沟应在灌水前开挖，以免损伤作物秧苗，沟断面宜小，一般沟底宽 12~13cm，上口宽 25~30cm，深度一般 8~10cm，间距 60cm。

（3）放水时间。细流沟灌主要借毛细管力下渗，对于壤土和砂壤土，一般采用十成改水；土壤透水性差的黏性土壤，可以允许在沟尾稍有余水。

二、沟垄灌灌水技术

沟垄灌灌水技术是在作物播种前，根据其行距要求，先在田块上每隔两行作物做成一个沟垄，在垄上种植两行作物，则垄间就形成灌水沟，留作灌水使用（图4-4）。灌水时主要靠灌水沟内的旁侧土壤毛细管作用渗透湿润作物根系区的土壤。

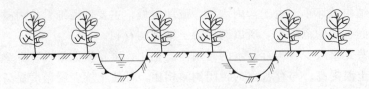

图4-4 沟垄灌示意图

沟垄灌灌水技术，多适用于棉花、马铃薯等作物或宽窄行相间种植的作物，既可以抗旱，又能防渍涝。沟垄灌灌水技术有如下优点：

（1）灌水沟垄部位的土壤疏松，通气状况好，土壤保持水分的时间持久，有利于抗御干旱。

（2）作物根系区的土壤温度较高。

（3）灌水沟垄部位土壤水分过多时，可以通过沟侧土壤向外排水，土壤和作物不容易发生渍涝危害。

但沟垄灌灌水技术也存在缺点，主要是修筑沟垄比较费工，沟垄部位蒸发面大，容易跑墒。

三、沟畦灌灌水技术

沟畦灌类似于宽浅式畦沟结合灌灌水方法。这种沟畦灌是以三行作物为一个单元，把每三行作物中的中行作物行间部位处的土壤，向两侧的两行作物根部培土，形成土垄，而中行作物只对单株作物根部周围培土，这样，行间就形成浅沟，留作灌水时使用（图4-5）。

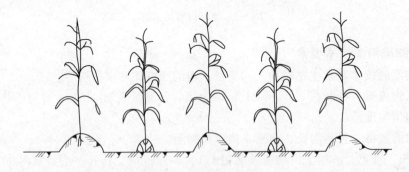

图4-5 沟畦灌示意图

沟畦灌灌水技术大多用于玉米作物的灌溉。它的主要优点是，培土行间以旁侧入渗方式湿润作物根系区土壤，湿润土壤均匀；可使作物根部土壤保持疏松，通气性好，利于根系下扎生长；结合培土，还可以进行根部施肥操作，同时提高作物抗倒伏能力。

四、果园节水沟灌技术

沟灌是果园地面灌溉中较为合理的一种灌水方法，它是在整个果园的果树行间开挖灌水沟，由输水沟或输水管道供水灌溉。

1. 果园节水沟灌技术要素

果园节水沟灌技术要素包括灌水沟布置、规格、单沟流量等。

（1）灌水沟布置。

灌水沟比降以不使灌水沟遭受冲刷为宜。在坡度较陡的地区，灌水沟可接近平行于等高线布置。

一般密植果园，在每一果树行间开一条灌水沟即可。稀植果园，若为黏重土壤，可在每行果树间每隔 100~150cm 开一条灌水沟；若为轻质土壤，则每隔 75~100cm 开一条灌水沟。灌溉结束可以将灌水沟填平。

灌水沟除在果树行间开挖封闭式纵向深沟外，也可由总沟分出许多封闭式的横向短沟，以布满树根所分布的面积；灌水沟还可以采用弯曲形沟布置形式。

（2）灌水沟的规格：

1）灌水沟的间距。应视土壤类型及其透水性而定。一般易透水的轻质土壤，沟距为 60~70cm；有结构的中壤土和轻壤土，沟距为 80~90cm；黏重土壤上的沟距为 100~120cm。

2）灌水沟的长度。在土层厚、土质均匀的果园，可达 130~150m；若土层浅、土质不均匀，沟长不宜大于 90m。

3）灌水沟的深度。依据灌水沟距果树树干的远近而定，距离树干远的灌水沟应深些，距离树干近的灌水沟应浅些。一般灌水沟深约 20~25cm，近树干的灌水沟深约 12~15cm。

4）横向短沟规格。横向短沟长度，3~5 年的果树为 3~4m，5~6 年的果树为 4~6m。短沟沟距一般为 1.0m，沟深约 15~20cm，距树干最近的沟应离树干 50cm 以上。

（3）灌水沟的单沟流量通常为 0.5~1.0L/s。

2. 果园节水沟灌技术的优点

果园节水沟灌技术的主要优点是：湿润土壤均匀，灌溉水量损失小，可以减少土壤板结和对土壤结构的破坏；土壤通气良好，并方便机械化耕作。另外，我国南方雨水较多，一般平地果园均需开挖排水沟，以利果园排水；干旱时也可利用此类排水沟，进行蓄水浸灌，而无需再另开挖灌水沟。这样，开挖"一沟"可供灌排两用，既节水又少占地，增产效果很显著。沟灌确实是果园较为合理而又节水的一种地面灌水方法。

第三节 喷灌工程技术

喷灌是用压力管道输水，再由喷头将水喷射到空中，形成细小的水滴，均匀地喷洒在农田上湿润土壤并满足作物需水要求的一种先进的灌溉方法。

一、喷灌的特点

（一）喷灌的优点

（1）省水。可以控制喷洒水量和均匀性，避免产生地面径流和深层渗漏，水的利用率高，一般比地面灌溉节省水量 30%～50%。

（2）省工。据统计，喷灌所需的劳动量仅为地面灌溉的 1/5。

（3）节约用地。大量减少土石方工程，无需田间的灌水沟渠和畦埂，可增加耕种面积 7%～10%。

（4）增产。进行浅浇勤灌，便于严格控制土壤水分，田作物可增产 20%，经济作物可增产 30%，蔬菜可增产 1～2 倍，同时还可以改变产品的品质。

（5）适应性强。喷灌对各种地形的适应性强，特别适合土层薄、透水性强的沙质土。

（二）喷灌的缺点

（1）投资较高。需要一定的压力、动力设备和管道材料，单位面积投资大、成本高。

（2）能耗较大。喷灌所需压力通过消耗能源而得，所需压力越高，耗能越大，灌溉成本越高。

（3）操作麻烦，受风的影响较大。在有风的天气，水的漂移损失大，灌水均匀度和水的利用程度都会降低。

二、喷灌系统的组成与分类

（一）喷灌系统的组成

喷灌系统主要由水源工程、水泵及动力、输配水管网系统、喷头和附属工程、附属设备等部分组成，见图 4-6。

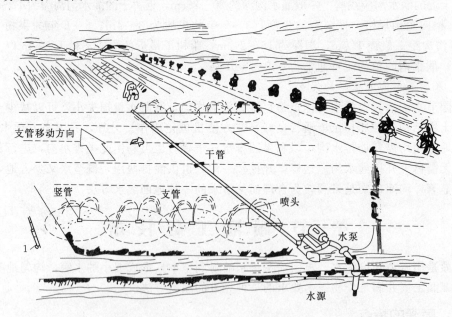

图 4-6　喷灌系统示意图

1. 水源工程

河流、湖泊、水库、井泉及城市供水系统等，都可以作为喷灌的水源，但需要修建相应的水源工程，如泵站及附属设施、水量调节池等。在植物整个生长季节，水源应有可靠的供水保证，保证水量供应。同时，水源水质应满足 GB 5084—2005《农田灌溉水质标准》的要求。

2. 水泵及动力

喷灌需要使用有压力的水才能进行喷洒。通常利用水泵，将水提吸、增压、输送到各级管道及各个喷头中，并通过喷头喷洒出来。喷灌用泵可以是各种农用泵，如离心泵、潜水泵、深井泵等。有电力供应的地方，用电动机为水泵提供动力；用电困难的地方，用柴油机、拖拉机或手扶拖拉机等为水泵提供动力，动力机功率大小根据水泵的配套要求确定。

3. 管网

管网的作用是将压力水输送并分配到所需灌溉的种植区域。管网一般包括干管、支管两级水平管道和竖管。干管和支管起输、配水作用，竖管安装在支管上，末端接喷头。根据需要在管网中安装必要的安全装置，如进排气阀、限压阀、泄水阀等。管网系统需要各种连接和控制的附属配件，包括闸阀、三通、弯头和其他接头等，在干管或支管的进水阀后可以接施肥装置。

4. 喷头

喷头将管道系统输送来的有压水流通过喷嘴喷射到空中，分散成细小的水滴散落下来，灌溉作物，湿润土壤。喷头一般安装在竖管上，是喷灌系统中的关键设备。

5. 附属工程、附属设备

为了保护喷灌系统的安全运行，必要时应设置进排气阀、调压阀、安全阀等。在灌溉季节结束后应排空管道中的水，需设泄水阀，以保证喷灌系统安全越冬。为观察喷灌系统的运行状况，在水泵进出水管路上应设置真空表、压力表和水表，在管道上还要设置必要的闸阀，以便配水和检修。

（二）喷灌系统的分类

按水流获得压力的方式不同，分为机压式、自压式和提水蓄能式喷灌系统；按系统的喷洒特征不同，分为定喷式喷灌系统和行喷式喷灌系统；按喷灌设备的形式不同，分为管道式和机组式喷灌系统。

1. 机组式喷灌系统

机组式喷灌系统类型很多，按大小分可分为轻型、小型、中型和大型喷灌机系统。

（1）机组式喷灌系统的分类。

1）小型喷灌机组。在我国主要是手推式轻小型喷灌机组，行喷式喷灌机一边走一边喷洒，定喷式喷灌机在一个位置上喷洒完后再移动到新的位置上喷洒。其优点是：结构紧凑、机动灵活、机械利用率高，能够一机多用，单位喷灌面积的投资低。

2）中型喷灌机组。中型喷灌机组多见的是卷管式（自走）喷灌机、双悬臂（自走）喷灌机、滚移式喷灌机和纵拖式喷灌机。

3）大型喷灌机组。控制面积可达百亩，如平移式自走喷灌机、大型摇滚式喷灌机等。

（2）机组式喷灌系统的选用。

1）地区与水源影响。南方地区河网较密，宜选用轻型（手抬式）、小型喷灌机（手推车式），少数情况下也可选中型喷灌机。轻小型喷灌机特别适合田间渠道配套性好或水源分布广、取水点较多的地区。北方田块较宽阔，根据水源情况各种类型机组都有适用的可能性。但对大型农场，则宜选大、中型喷灌机，大、中型喷灌机工作效率比较高。

2）因地制宜。在耕地比较分散、水管理比较分散的地方适合发展轻、小型移动式喷灌机组；在干旱草原、土地连片、种植统一、缺少劳动力的地方适合发展大、中型喷灌机组。

2. 管道式喷灌系统

管道式喷灌系统指的是以各级管道为主体组成的喷灌系统，按照可移动的程度，分为固定式、移动式和半固定式三种。比较适用于水源较为紧缺，需要节水，取水点少的我国北方地区。

（1）固定式喷灌系统。固定式喷灌系统由水源、水泵、管道系统及喷头组成。动力、水泵固定，输（配）水干管（分干管）及工作支管均埋入地下。喷头可以常年安装在与支管连接伸出地面的竖管上，也可以按轮灌顺序轮换安装使用。固定式喷灌系统的优点是：操作管理方便，便于实行自动化控制，生产效率高。缺点是：投资大，竖管对机耕和其他农业操作有一定影响，设备利用率低。一般适用于经济条件较好的城市园林、花卉和草地的灌溉，以及灌水次数频繁、经济效益高的蔬菜和果园等。

（2）移动管道式喷灌系统。移动管道式喷灌系统的组成与固定式相同，它直接从田间渠道、井、塘吸水，其动力、水泵、管道和喷头全部可以移动，可在多个田块之间轮流喷洒作业。这种系统的机械设备利用率高，应用广泛。缺点是：所有设备（特别是动力机和水泵）都要拆卸、搬运，劳动强度大，生产效率低，设备维修保养工作量大，可能损伤作物。一般适用于经济较为落后、气候严寒、冻土层较深的地区。

（3）半固定管道式喷灌系统。半固定管道式喷灌系统，组成与固定式相同。动力、水泵固定，输、配水干管、分干管埋入地下，通过连接在干管、分干管伸出地面的给水栓向支管供水，支管、竖管和喷头等可以拆卸移动，在不同的作业位置上轮流喷灌，可以人工移动，也可以机械移动。半固定式喷灌系统设备利用率较高，运行管理比较方便，世界各国广泛采用。是目前国内使用较为普遍的一种管道式喷灌系统。适用于地面较为平坦，灌溉对象为大田粮食作物。

三、喷灌的主要设备

喷头是喷灌系统的主要组成部分，其作用是把压力水流喷射到空中，散成细小的水滴并均匀地散落在地面上。因此，喷头的结构形式及其制造质量的好坏，直接影响到喷灌质量。

（一）喷头的分类

1. 按工作压力分类

喷头按工作压力分类及其适用范围见表 4-2。

表 4-2　　　　　　　　　　　喷头按工作压力分类表

喷头类别	工作压力/kPa	射程/m	流量/(m³/h)	适 用 范 围
低压喷头（低射程喷头）	<200	<15.5	<2.5	射程近、水滴打击强度低，主要用于苗圃、菜地、温室、草坪、园林、自压喷灌的低压区或行喷式喷灌机
中压喷头（中射程喷头）	200～500	15.5～42	2.5～32	喷灌强度适中，适用范围广，果园、草地、菜地、大田及各类经济作物均可使用
高压喷头（远射程喷头）	>500	>42	>32	喷洒范围大，但水滴打击强度也大。多用于对喷洒质量要求不高的大田作物和牧草

2. 按结构型式分类

喷头按结构型式主要有固定式、孔管式、旋转式三类。孔管式又分为单（双）孔口、单列孔、多列孔三种；固定式又分为折射式、缝隙式、离心式三种；旋转式又分为摇臂式、叶轮式、反作用式三种。

喷头采用的材质有铜、铝合金和塑料三种类型，我国已定型生产 PY1、PY2、ZY-1、ZY-2 等系列摇臂式喷头。常用摇臂式喷头 PY 型喷头性能参数见表 4-3～表 4-5。

表 4-3　　　　　　　　　　PYS05 喷头水力性能表（外螺纹接头）

接　头	1/2英寸	3/8英寸	1/2英寸	3/8英寸	1/2英寸	3/8英寸	1/2英寸	3/8英寸
喷洒方式	全圆		全圆		全圆		全圆	
喷嘴直径/mm	2.0		2.5		3.0		3.5	
工作压力/kPa	R/m	Q/(m³/h)	R/m	Q/(m³/h)	R/m	Q/(m³/h)	R/m	Q/(m³/h)
150	7.5	0.17	7.8	0.23	8.0	0.31	8.0	0.48
200	7.8	0.19	8.0	0.27	8.3	0.36	8.3	0.56
250	8.0	0.22	8.3	0.30	8.5	0.45	8.8	0.62
300	8.3	0.24	8.5	0.33	8.8	0.48	9.0	0.68
350	8.3	0.26	8.5	0.35	8.9	0.53	9.3	0.73

表 4-4　　　　　　　　　PYS20 喷头水力性能表（G3/4 英寸外螺纹接头）

喷洒方式	全圆		全圆		全圆		全圆		全圆	
喷嘴直径/mm	3.5		4.0		4.5		5.0		5.5	
工作压力/kPa	R/m	Q/(m³/h)	R/m	Q/(m³/h)	R/m	Q/(m³/h)	R/m	Q/(m³/h)	R/m	Q/(m³/h)
200	14.0	0.71	14.5	0.88	14.5	1.04	15.0	1.25	16.5	1.46
250	14.5	0.81	15.0	0.99	15.0	1.19	16.0	1.41	17.0	1.66
300	15.0	0.88	15.5	1.09	16.0	1.33	17.0	1.54	18.0	1.82
350	15.5	0.95	16.0	1.18	16.5	1.41	17.5	1.67	18.5	1.99
400	16.0	1.02	16.5	1.27	17.5	1.51	18.0	1.78	19.0	2.13
450	16.5	1.08	17.0	1.35	18.0	1.61	18.0	1.88	19.5	2.26

表 4 - 5   **PYSK10 喷头水力性能表（摇臂式可控角，G1/2 英寸外螺纹接头）**

喷洒方式	扇形		扇形		扇形		扇形		扇形	
喷嘴直径/mm	2.5		2.8		3.0		3.5		4.5	
工作压力/kPa	R /m	Q /(m³/h)	R /m	Q /(m³/h)	R /m	Q /(m³/h)	R /m	Q /(m³/h)	R /m	Q /(m³/h)
150	8.5	0.30	8.5	0.33	9.0	0.36	9.0	0.53	9.0	0.84
200	9.5	0.34	9.5	0.38	10.0	0.43	10.5	0.59	10.5	0.91
250	11.0	0.38	11.0	0.45	11.5	0.49	11.5	0.66	12.0	0.98
300	11.5	0.41	11.5	0.48	11.6	0.52	12.0	0.72	12.5	1.10
350	12.0	0.44	12.0	0.52	12.0	0.56	13.0	0.77	13.0	1.22

（二）喷头的基本性能参数

喷头的基本参数包括喷头的几何参数、工作参数和水力性能参数。

1. 喷头的几何参数

（1）进水口直径 D。进水口直径通常比竖管内径小，因而使流速增加，一般流速应控制在 $3\sim4\text{m/s}$ 的范围内，以求水头损失小而又不致使喷头体积太大。我国 PY 系列摇臂式喷头以进水口公称直径命名喷头的型号，如常用的 PY120 喷头，其进水口的公称直径为 20mm。

（2）喷嘴直径 d。喷嘴直径反映喷头在一定工作压力下的过水能力。同一型号的喷头，往往允许配用不同直径的喷嘴，如 ZY - 2 喷头可以配用直径 $6\sim10\text{mm}$ 的九种喷嘴，这时如工作压力相同，则喷嘴直径愈大，喷水量就愈大，射程也愈远，但雾化程度要相对降低。

（3）喷射仰角 α。喷射仰角指喷嘴出口处射流与水平面的夹角。在相同工作压力和流量的情况下，喷射仰角是影响射程和喷洒水量分布的主要参数。喷射仰角一般在 $20°\sim30°$ 之间，目前我国常用喷头的 α 多为 $27°\sim30°$。

2. 喷头的工作参数

（1）工作压力 P。喷头的工作压力是指喷头进水口前的内水压力，一般以 P 表示，单位为 kPa 或 m。喷头工作压力减去喷头内的水头损失等于喷嘴出口处的压力，简称喷嘴压力，以 P_z 表示。

（2）喷头流量 Q。喷头流量又称喷水量，是指单位时间内喷头喷出的水的体积（或水量），单位为 m³/h、L/s 等。影响喷头流量的主要因素是工作压力和喷嘴直径，同样的喷嘴，工作压力越大，喷头流量也就越大，反之亦然。

（3）射程 R。射程是指在无风条件下，喷头正常工作时喷洒湿润半径，一般以 R 表示，单位为 m。喷头的射程主要决定于喷嘴压力、喷水流量（或喷嘴直径）、喷射仰角、喷嘴形状和喷管结构等因素，因此在设计或选用喷头射程时应考虑以上各项因素。

（三）喷灌的技术参数

1. 喷灌强度

（1）点喷灌强度。点喷灌强度是指单位时间内喷洒在土壤表面某点的水深，可用下式表示：

$$\rho_i = \frac{h_i}{t} \tag{4-1}$$

式中　ρ_i——点喷灌强度，mm/h；

　　　h_i——喷灌水深，mm；

　　　t——喷灌时间，h。

（2）平均喷灌强度。平均喷灌强度是指一定湿润面积上各点在单位时间内喷灌水深的平均值，以下式表示：

$$\bar{\rho} = \frac{\bar{h}}{t} \tag{4-2}$$

式中　$\bar{\rho}$——平均喷灌强度，mm/h；

　　　$\bar{h}$——平均喷灌水深，mm；

　　　t——喷灌时间，h。

不考虑水滴在空气中的蒸发和飘移损失，根据喷头喷出的水量与喷洒在地面上的水量相等的原理计算的平均喷灌强度，又称为计算喷灌强度：

$$\rho_s = \frac{1000q}{A} \tag{4-3}$$

式中　q——喷头流量，m³/h；

　　　ρ_s——无风条件下单喷头喷洒的平均喷灌强度，mm/h；

　　　A——单喷头喷洒控制面积，m²。

（3）组合喷灌强度。

在喷灌系统中，喷洒面积上各点的平均喷灌强度，称作组合喷灌强度。组合喷灌强度可用下式计算：

$$\rho = K_w C_\rho \rho_s \tag{4-4}$$

式中　C_ρ——布置系数，查表4-6；

　　　K_w——风系数，查表4-7。

表4-6　　　　　　　　　　　　不同运行情况下的 C_ρ 值

运　行　情　况	C_ρ
单喷头全圆喷洒	1
单喷头扇形喷洒（扇形中心角 α）	$\dfrac{360}{\alpha}$
单支管多喷头同时全圆喷洒	$\dfrac{\pi}{\pi - (\pi/90)\arccos(a/2R) + (a/R)\sqrt{1-(a/2R)^2}}$
多支管多喷头同时全圆喷洒	$\dfrac{\pi R^2}{ab}$

注　表内各式中 R 为喷头射程；a 为喷头在支管上的间距；b 为支管间距。

表 4-7 不同运行情况下的 K_w 值

运 行 情 况		K_w
单喷头全圆喷洒		$1.15v^{0.314}$
单支管多喷头同时全圆喷洒	支管垂直风向	$1.08v^{0.194}$
	支管平行风向	$1.12v^{0.302}$
多支管多喷头同时喷洒		1.0

注 1. 式中 v 为风速,以 m/s 计。
2. 单支管多喷头同时全圆喷洒,若支管与风向既不垂直又不平行时,可近似地用线性插值方法求取 K_w。
3. 本表公式适用于风速 v 为 $1\sim5.5$m/s 的区间。

喷灌工程中,组合喷灌强度不应超过土壤的允许入渗率(渗吸速度),使喷洒到土壤表面上的水能及时渗入土壤中,而不形成积水和径流。对定喷式喷灌系统的设计喷灌强度不得大于土壤的允许喷灌强度。不同质地土壤的允许喷灌强度可按表 4-8 确定。当地面坡度大于 5% 时,允许喷灌强度应按表 4-9 进行折减。

表 4-8 各类土壤的允许喷灌强度

土壤类别	允许喷灌强度/(mm/h)	土壤类别	允许喷灌强度/(mm/h)
砂土	20	黏壤土	10
砂壤土	15	黏土	8
壤土	12		

注 有良好覆盖时,表中数值可提高 20%。

表 4-9 坡地允许喷灌强度降低值

地面坡度/%	允许喷灌强度降低值	地面坡度/%	允许喷灌强度降低值
$5\sim8$	20	$13\sim20$	50
$9\sim12$	40	>20	75

2. 均匀系数

均匀系数是衡量喷灌面积上喷洒水量分布均匀程度的一个指标。规范规定:定喷式喷灌系统喷灌均匀系数不应低于 0.75,对于行喷式喷灌系统不应低于 0.85。喷灌均匀系数在有实测数据时应按式(4-5)计算:

$$C_u = 1 - \frac{\Delta h}{h} \tag{4-5}$$

式中 C_u——喷灌均匀系数;
$\quad h$——喷洒水深的平均值,mm;
$\quad \Delta h$——喷洒水深的平均高差,mm。

在设计中可通过控制以下因素实现:设计风速下喷头的组合间距;喷头的喷洒水量分布;喷头工作压力。

3. 喷灌的雾化指标

雾化程度是反映水滴打击强度的一个指标,是喷射水流的碎裂程度。一般用喷头工作压力与喷嘴直径的比值表示，可按式（4-6）计算，不同作物适宜的雾化指标范围见表4-10。

$$W_h = \frac{h_p}{d} \qquad (4-6)$$

式中　W_h——喷灌的雾化指标；

　　　h_p——喷头的工作压力水头，m；

　　　d——喷头的主喷嘴直径，m。

表 4-10　　　　　　　　不同作物适宜的雾化指标范围

作物种类	h_p/d	作物种类	h_p/d
蔬菜及花卉	4000~5000	牧草、饲料作物、草坪及绿化林木	2000~3000
粮食作物、经济作物及果树	3000~4000		

四、喷灌工程规划设计

（一）喷灌系统规划设计原则

喷灌工程规划设计应当分成规划和设计两个阶段，即规划（也称设计任务书、总体设计）和技术设计。当喷灌面积在 500 亩以下时，可将规划和设计要求的内容融在一起一步完成。

1. 规划原则

（1）与当地经济发展规划、农业发展规划、节水灌溉发展规划协调一致。

（2）合理利用水资源，地下水和地表水合理开发、联合运用。

（3）与全社会节水及农业综合节水措施配套实施。

（4）经济效益、社会效益、生态环境效益综合考虑。

（5）各种节水灌溉类型科学选择、合理布局。

2. 设计原则

（1）工程设计应与工程规划相一致。

（2）工程设计应严格按照喷灌工程技术规范、标准进行。

（3）工程设计要根据实际情况，因地制宜，在保证工程质量的前提下，既要满足使用要求，同时应尽量降低成本。

（4）工程设计应达到满足施工需要的深度要求。

喷灌系统规划设计前应首先确定灌溉设计标准，按照 GB/T 50085—2007《喷灌工程技术规范》的规定，喷灌工程的灌溉设计保证率不应低于 85%。下面以管道式喷灌系统为例，说明喷灌系统规划设计过程。

（二）基本资料收集

基本资料主要包括自然条件（地形、土壤、作物、水源、气象资料）、生产条件（水利工程现状、生产现状、喷灌区划、农业生产发展规划和水利规划、动力和机械设备）和社会经济条件（灌区的行政区划、经济条件、交通情况、市、县、镇发展规划）。

（三）水源分析计算

喷灌工程设计必须进行水源水量和喷灌用水量的平衡计算。当水源的天然来水过程不能满足喷灌用水量要求时，应建蓄水工程。喷灌水质应符合现行 GB 5084—2005《农田灌溉水质标准》的规定。

（四）系统选型

（1）地形起伏较大、灌水频繁、劳动力缺乏，灌溉对象为蔬菜、茶园、果树等经济作物及园林、花卉和绿地，选用固定式喷灌系统。

（2）地面较为平坦的地区，灌溉对象为大田粮食作物；气候严寒、冻土层较深的地区，选用半固定式和移动式喷灌系统。

（3）土地开阔连片、地势平坦、田间障碍物少；使用管理者技术水平较高；灌溉对象为大田作物、牧草等；集约化经营程度相对较高，选用大、中型机组式喷灌系统。

（4）丘陵地区零星、分散耕地的灌溉；水源较为分散、无电源或供电保证率较低的地区，选用轻、小型机组式喷灌系统。

（五）喷头的布置

1. 喷头的选择

选择喷头时，需要根据作物种类、土壤性质，以及当地喷头与动力的生产与供需情况，考虑喷头的工作压力、流量、射程、组合喷灌强度、源条件、用户要求等因素，进行选择。喷头选定后要符合下列要求：

（1）组合后的喷灌强度不超过土壤的允许喷灌强度值。

（2）组合后的喷灌均匀系数不低于 GB/T 50085—2007《喷灌工程技术规范》规定的数值。

（3）雾化指标应符合作物要求的数值。

（4）有利于减少喷灌工程的年费用。

2. 喷头的布置

（1）喷头的喷洒方式。喷头的喷洒方式因喷头的型式不同可有多种，如全圆喷洒、扇形喷洒、带状喷洒等。在管道式喷灌系统中，除了在田角路边或房屋附近使用扇形喷洒外，其余均采用全圆喷洒。

（2）喷头的组合形式。喷头的组合形式，就是指喷头在田间的布置形式，一般用相邻的四个喷头的平面位置组成的图形表示。喷头的组合间距用 a 和 b 表示：a 表示同一支管上相邻两喷头的间距；b 表示相邻两支管的间距。喷头的组合形式可分为正方形组合、矩形组合。正方形组合 $a=b$。喷头组合形式的选择，要根据地块形状、系统类型、风向风速等因素综合考虑。

（3）喷头组合间距的确定。喷头的组合间距，不仅直接受喷头射程的制约，同时也受到喷灌系统所要求的喷灌均匀度和喷灌区土壤允许喷灌强度的限制。一般可按以下步骤确定喷头的组合间距。

1）根据设计风速和设计风向确定间距射程比。为使喷灌的组合均匀系数 C_u 达到 75％以上，旋转式喷头在设计风速下的间距射程比可按表 4－11 确定。

2）确定组合间距。根据初选喷头的射程 R 和选取的间距射程比 K_a、K_b 值，按下式计算组合间距：

$$喷头间距 \qquad\qquad a=K_aR \qquad\qquad\qquad (4-7)$$

$$支管间距 \qquad\qquad b=K_bR \qquad\qquad\qquad (4-8)$$

表 4－11　　　　　　　　　　　　间　距　射　程　比

设计风速 /(m/s)	间距射程比	
	垂直风向 K_a	平行风向 K_b
0.3~1.6	(1.1~1)R	1.3R
1.6~3.4	(1~0.8)R	(1.3~1.1)R
3.4~5.4	(0.8~0.6)R	(1.1~1)R

注　1. R 为喷头射程。

　　2. 在每一档风速中可按内插法取值。

　　3. 在风向多变采用等间距组合时，应选用垂直风向栏的数值。

　　4. 表中风速是指地面以上 10m 高处的风速值。

对于固定式喷灌系统和移动式喷灌系统，计算的喷头的组合间距可按调整后采用，但对于半固定喷灌系统则需要把 a、b 值调整为标准管节长的整数倍。调整后的 a、b 值，如果与式（4－7）、式（4－8）计算的结果相差较大，则应校核计算间距射程比 a、b 值是否超过表 4－11 中规定的数值。如不超过，则 $C_u \geqslant 75％$ 仍满足；如超出表中所列数值，则需重新调整间距。

3）组合喷灌强度的校核。在选喷头、定间距的过程中已满足了雾化程度和均匀度的要求，但是否满足喷灌强度的要求，还需进行验证。验证的公式为

$$\rho \leqslant [\rho] \qquad\qquad\qquad (4-9)$$

代入式（4－9），得

$$K_wC_\rho\rho_s \leqslant [\rho] \qquad\qquad\qquad (4-10)$$

式中　$[\rho]$——灌区土壤的允许喷灌强度，mm/h；

其余符号意义同前。

如果计算出的组合喷灌强度大于土壤的允许喷灌强度，可以通过以下方式加以调整，直至校核满足要求：

a. 改变运行方式，变多行多喷头喷洒为单行多喷头喷洒，或者变扇形喷洒为全圆喷洒。

b. 加大喷头间距，或支管间距。

c. 重选喷头，重新布置计算。

4）喷头布置。喷头布置要根据不同地形情况进行布置，图 4－7～图 4－9 给出了不同地形时的喷头布置型式。

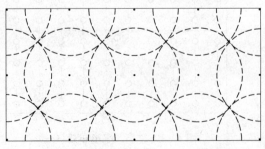

图 4－7　长方形区域喷头布置

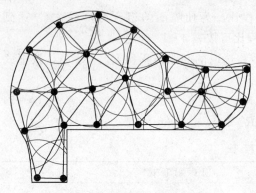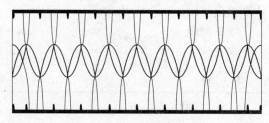

图 4-8 不规则地块的喷头布置　　　　　图 4-9 狭长区域喷头布置

（六）管道系统的布置

1. 布置原则

（1）管道总长度最短、水头损失最小、管径小，有利于水锤防护，各级相邻管道应尽量垂直。

（2）干管一般沿主坡方向布置，支管与之垂直并尽量沿等高线布置，保证各喷头工作压力基本一致。

（3）平坦地区，支管尽量与作物的种植方向一致。

（4）支管必须沿主坡方向布置时，需按地面坡度控制支管长度，上坡支管据首尾地形高差加水头损失小于 0.2 倍的喷头设计工作压力、首尾喷头工作流量差小于等于 10％确定管长，下坡支管可缩小管径抵消增加的压力水头或者设置调压设备。

（5）多风向地区，支管垂直主风向布置，便于加密喷头，保证喷洒均匀度。

（6）充分考虑地块形状，使支管长度一致。

（7）支管通常与温室或大棚的长度方向一致，对棚间地块应考虑地块的尺寸。

（8）水泵尽量布置在喷洒范围的中心，降低工程投资和运行费用。

2. 布置形式

管道系统的布置主要有"丰"字形和梳齿形两种，见图 4-10～图 4-12。

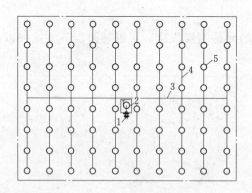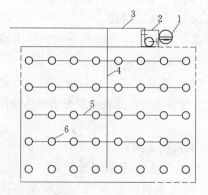

图 4-10 "丰"字形布置（一）　　　　　图 4-11 "丰"字形布置（二）

1—井；2—泵站；3—干管；4—支管；5—喷头　　　1—蓄水池；2—泵站；3—干管；

　　　　　　　　　　　　　　　　　　　　　4—分干管；5—支管；6—喷头

(七) 喷灌灌溉制度确定

1. 灌水定额

最大灌水定额根据试验资料确定,采用式 (4-11) 确定:

$$m=0.1\gamma h(\beta_1-\beta_2) \qquad (4-11)$$

式中　m——最大灌水定额,mm;

　　　h——计划湿润层深度,cm;一般大田作物取 40~60cm,蔬菜取 20~30cm,果树取 80~100cm;

　　　β_1——适宜土壤含水量上限 (重量百分比),可取田间持水量的 85%~95%;

　　　β_2——适宜土壤含水量下限 (重量百分比),可取田间持水量的 60%~65%;

　　　γ——土壤容重,g/cm³。

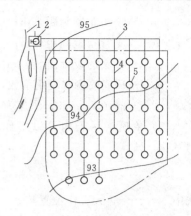

图 4-12　梳齿形布置
1—河渠;2—泵站;3—干管;
4—支管;5—喷头

2. 灌水周期

灌水周期按式 (4-12) 计算:

$$T\leqslant\frac{m}{ET_d} \qquad (4-12)$$

式中　T——设计灌水周期,计算值取整,d;

　　　m——设计灌水定额,mm;

　　　ET_d——作物日蒸发蒸腾量,取设计代表年灌水高峰期平均值,mm/d,对于缺少气象资料的小型喷灌灌区,可参见表 4-12。

表 4-12　　　　　　　　　　　　**作物蒸发蒸腾量 *ET*** 　　　　　　　　　　单位:mm/d

作　物	ET	作　物	ET
果树	4~6	烟草	5~6
茶园	6~7	草坪	6~8
蔬菜	5~8	粮、棉、油等作物	5~8

(八) 喷灌工作制度的制定

喷灌工作制度包括喷头在一个喷点上的喷洒时间、喷头每日可工作的喷点数 (即喷头每日可移动的次数)、每次需要同时工作的喷头数、每次同时工作的支管数以及确定轮灌编组和轮灌顺序。

(1) 喷头在一个喷点上的喷洒时间。单喷头在一个位置上的喷洒时间与设计灌水定额、喷头的流量及喷头的组合间距有关,按式 (4-13) 计算:

$$t=\frac{mab}{1000q_p\eta_p} \qquad (4-13)$$

式中　t——喷头在一个工作位置的灌水时间,h;

　　　m——设计灌水定额,mm;

a——喷头布置间距，m；

b——支管布置间距，m；

q_p——喷头的设计流量，m^3/h。

η_p——田间喷洒水利用系数，根据气候条件可在下列范围内选取：风速低于 3.4m/s，$\eta=0.8\sim0.9$；风速为 $3.4\sim5.4$m/s，$\eta=0.7\sim0.8$。

（2）单喷头一天内可以工作的位置数。单个喷头一天内可以工作的位置数，按式（4-14）计算：

$$n_d=\frac{t_d}{t+t_Y} \tag{4-14}$$

式中　n_d——一天工作位置数；

t_d——日灌水时间，h，参见表 4-13；

t——一个工作位置的灌水时间，h；

t_Y——移动喷头时间，h，有备用喷头交替使用时取零，可据实际情况确定。

表 4-13　　　　　　　　　适宜日灌水时间　　　　　　　　　单位：h

喷灌系统类型	固定管道式			半固定管道式	移动管道式	定喷机组式	行喷机组式
	农作物	园林	运动场				
灌水时间	12~20	6~12	1~4	12~18	12~16	12~18	14~21

（3）灌区内可以同时工作的喷头数。灌区可以同时工作的喷头数，按式（4-15）计算：

$$n_p=\frac{N_p}{n_d T} \tag{4-15}$$

式中　n_p——同时工作喷头数；

N_p——灌区喷头总数；

其余符号含义同前。

（4）同时工作的支管数。半固定式喷灌系统和移动式喷灌系统，由于尽量将支管长度布置相同，所以同时工作的喷头数除以支管上的喷头数，就可以得到同时工作的支管数。

$$n_支=\frac{n_p}{n_{喷头}} \tag{4-16}$$

式中　$n_支$——同时工作的支管数；

$n_{喷头}$——支管上的喷头数。

当支管长度不同时，需要考虑工作压力和支管组合的喷头，来具体计算轮灌组内的支管及支管数。

（5）轮灌组划分。

1）轮灌组划分的原则：

a. 轮灌组的数目满足需水要求，控制的灌溉面积与水源可供水量相协调。

b. 轮灌组的总流量尽可能一致或相近，稳定水泵运行，提高动力机和水泵的效率，降低能耗。

c. 轮灌组内，喷头型号一致或性能相似，种植品种一致或灌水要求相近。

d. 轮灌组所控制的范围最好连片集中便于运行操作和管理。

2）支管的轮灌方式。

正确选择轮灌方式，可以减少干管管径，降低投资。两根、三根支管的经济轮灌方式如图 4-13 所示，（a）、（b）两种情况干管全部长度上均要通过两根支管的流量，干管管径不变；（c）、（d）两种情况只有前半段干管通过全部流量，而后半段干管只需通过一根支管的流量，这样后半段干管的管径可以减少，所以（c）、（d）两种情况较好。

（九）管道水力计算

具体参见第三章低压管道灌溉管道水力计算内容。

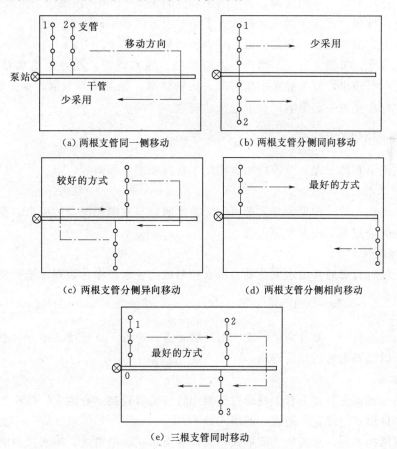

（a）两根支管同一侧移动   （b）两根支管分侧同向移动

（c）两根支管分侧异向移动   （d）两根支管分侧相向移动

（e）三根支管同时移动

图 4-13　两根、三根支管的经济轮灌方式
1～3—支管编号

第四节　微　灌　技　术

一、微灌定义及特点

1. 定义

微灌是按作物生长发育所需水分和养分，利用专门设备或自然水头加压，再通过低压

管道系统末级毛管上的孔口或灌水器，将有压水流变成细小的水流或水滴，直接送到作物根区附近，均匀、适量地施于作物根层所在部分土壤的灌水方法。微灌包括滴灌、微喷灌、涌泉灌和渗灌。微灌主要用于果树、蔬菜、花卉和其他经济作物的灌溉。

2. 特点

（1）局部湿润土壤，只湿润主根层所在的耕层土壤，所以又称"局部灌水方法"。

（2）灌水量小，灌水周期短，属微量精细灌溉的范畴。

（3）灌水质量高。

（4）工作压力低，节约能源。滴头的工作压力为 7～10m，微喷的工作水头 10～15m。

（5）适应性强。适应于微咸水地区、干旱沙漠地区和不同类型的地形。

（6）可结合灌水施肥，增加产量，减少劳动量。

优点是省水、节能、省工、增产、适应性强、灌水均匀。缺点是灌水器容易引起堵塞，灌水器孔径较小，容易被水中的杂质、污物堵塞；限制根系发展，由于属局部灌溉，作物根系发育会受到一定影响；会引起积盐现象。

二、微灌系统的组成

微灌系统由水源工程、首部枢纽、输配水管网和灌水器组成。

1. 水源工程

河流、湖泊、塘、沟渠、井泉都可作微灌水源，与水源相配套的引水、蓄水和提水工程以及相应的输配电工程称水源工程。

2. 首部枢纽

微灌工程的首部通常由水泵及动力机、控制阀门、水质净化装置、施肥装置、测量和保护设备组成。

3. 输配水管网

微灌系统的管网一般分为干、支、毛三级管道。通常干支管埋入地下，也有将毛管埋入地下的，以延长毛管的使用寿命。

4. 灌水器

微灌的灌水器安装在毛管上或通过连接小管与毛管连接，有滴头、微喷头、涌水器和滴灌带等多种形式，或置于地表，或埋入地下。

灌水器结构不同，水流的出流形式不同，有滴水式、漫射式、喷水式和涌泉式。

三、微灌系统的类型

按灌水器出流方式不同可分为滴灌、微喷灌、渗灌、涌灌等。

1. 滴灌

滴灌即滴水灌溉，是利用塑料管和安装在直径 10mm 毛管上的滴头或滴灌带等灌水器的出水孔使细小水流或滴状水进入土壤的一种灌水形式。地下滴灌是通过埋在作物根系活动层的滴灌带或塑料管的滴头将水渗入土壤的灌水方式。

按管道的固定程度，滴灌又可分成固定式、半固式和移动式三种类型。

（1）固定式滴灌。其各级管道和滴头或微喷头的位置在灌溉季节是固定的。其优点是操作简便、省工、省时、灌水效率高、效果好。国产设备亩投资约为 1000～2000 元，进口设备为 2500～3500 元。

（2）半固定式滴灌。其干、支管固定，毛管由人工移动，亩投资 700～1000 元。

（3）移动式滴灌。其干、支管、毛管均由人工移动，设备简单，但用工较多。亩投资 500～700 元。

2. 微喷灌

微喷灌又称微型喷洒灌溉，利用塑料管道输水，通过很小的喷头（微喷头）将水喷洒在土壤或作物表面进行局部灌溉。当工作水头 5～15m，喷嘴直径 0.8～2mm，流量小于 240L/h 时，称微喷灌。

3. 渗灌

渗灌即地下灌溉，它是利用地下管道将灌溉水输入埋设地田间地下一定深度的渗水管或鼠洞内，借助土壤毛管作用湿润土壤的灌溉方法。

4. 涌灌（小管出流）

涌灌是通过安装在毛管上的涌泉器形成的小股水流，以涌泉的方式进入土壤的一种灌水方式。由于灌水流量较大（但一般不大于 220L/h），有时需在地面修筑沟埂来控制灌水。此灌水方式的工作压力很低，不易堵塞，但田间工程量较大，适合地形平坦地区果树灌溉。

四、微灌系统的布置

微灌系统的布置通常是在地形图上做初步布置。然后将初步布置方案带到实地与实际地形作对照，进行修正。微灌系统布置所用的地形图比例尺一般为 1/200～1/500。

（一）毛管和灌水器的布置

毛管和灌水器的布置方式取决于作物种类和所选灌水器的类型。下面分别介绍滴灌系统和微喷灌系统毛管和灌水器的一般布置型式。

1. 滴灌系统毛管和灌水器的布置

（1）单行毛管直线布置。如图 4-14（a）所示，毛管顺作物行布置，一行作物布置一条毛管，滴头安装在毛管上。这种布置方式适用于幼树和窄行密植作物。

（2）单行毛管带环状管布置。如图 4-14（b）所示，当滴灌成龄果树时，常常需要用一根分毛管绕树布置，其上安装 4～6 个单出水口滴头，环状管与输水毛管相连接。这种布置方式增加了毛管总长。

（3）双行毛管平行布置。滴灌高大作物，可用双行毛管平行布置，见图 4-14（c），沿作物行

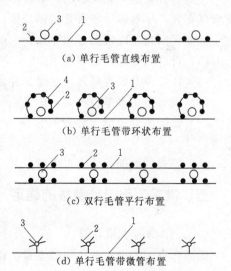

图 4-14 滴灌毛管和灌水器的布置形式

1—毛管；2—灌水器；3—果树；
4—绕树环状管

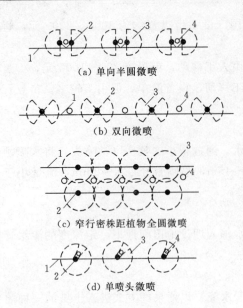

(a) 单向半圆微喷

(b) 双向微喷

(c) 窄行密株距植物全圆微喷

(d) 单喷头微喷

图4-15 微喷灌毛管与灌水器布置图
1—毛管；2—微喷头；3—土壤湿润；4—果树

两边各布置一条毛管，每株作物两边各安装2～3个滴头。

（4）单行毛管带微管布置。当使用微管滴灌果树时，每一行树布置一条毛管，再用一段分水管与毛管连接，在分水管上安装4～6条微管，见图4-14（d）。也有将微管直接插于输水毛管上，这种安装方式毛管的用量少，因而降低了工程造价。

上述各种布置方式，滴头的位置一般与树干的距离约为树冠半径的2/3。

2. 微喷灌时毛管和滴水器的布置

微喷头的结构和性能不同，毛管和微喷头的布置也不同。根据微喷头喷洒直径和作物种类，一条毛管可控制一行作物，也可控制若干行作物。图4-15是常见的几种布置方式。

（二）干支管布置

干、支管的布置取决于地形、水源、作物分布和毛管的布置。其布置应达到管理方便、工程费用少的要求。在山区，干管多沿山脊布置，或沿等高线布置。支管则垂直等高线布置，向两边的毛管配水。在平地，干、支管应尽量双向控制，两侧布置下级管道，以节省管材。

系统布置方案不是唯一的，有很多可以选择的方案，具体实施时，应结合水力设计优化管网布置，尽量缩短各级管道的长度。

微灌管网布置应遵循下列原则：

（1）符合微灌工程总体要求。

（2）使管道总长度最短，尽量少穿越其他障碍物。

（3）满足各用水单位需要，能迅速分配水流，管理维护方便。

（4）输配水管道沿地势较高位置布置，支管垂直于作物种植行，毛管顺作物种植行布置。

（5）管道的纵剖面应力求平顺。

五、微灌工程设计参数的确定

（一）作物需水量计算

微灌作物需水量也称作物腾发量。由于影响作物需水量的因素很多，所以确定作物需水量最可靠的方法是进行田间实际观测。但在规划设计时，由于缺乏实测资料，这时可根据影响作物需水量的因素进行估算。

（二）作物耗水量计算

设计耗水强度采用设计年灌溉季节月平均耗水强度峰值，并由当地试验资料确定，在无实测资料时可通过计算或按表 4 – 14 选取。

微灌与地面灌和喷灌相比，作物耗水量主要用于本身的生理消耗，地面蒸发损失很小。因此，作物耗水量仅与作物对地面的遮荫率有关。作物耗水强度可用式（4 – 17）计算，也可根据经验公式计算。

表 4 – 14	设计耗水强度	单位：mm/d
作 物	滴 灌	微喷灌
果树	3～5	4～6
葡萄、瓜类	3～6	4～7
粮、棉、油等作物	4～6	5～8

$$E_a = k_v E_c \tag{4-17}$$

其中

$$k_v = \frac{G_c}{0.85}$$

式中　E_a——设计耗水强度，mm/d；

E_c——作物需水强度，mm/d；

k_v——作物遮荫率对耗水量的修正系数，大于 1 时，取 $k=1$；

G_c——作物遮荫率，又称作物覆盖率，随作物种类和生育阶段而变化，对于大田和蔬菜作物，设计时可取 0.8～0.9，对于果树作物，可根据树冠半径和果树所占面积计算确定。

（三）设计土壤湿润比

设计土壤湿润比是指微灌时被土壤湿润的土体占计划湿润层总土体积的百分比。影响湿润比的因素主要有：毛管的布置方式，灌水器的类型和布置方式，灌水器的流量和大小，土壤的种类和结构。宽行、大田作物的土壤湿润比取 20%～30%；蔬菜、密植作物的土壤湿润比取 70%～90%；南方微喷灌大于 60%。

设计时先对灌水器布置，并计算土壤湿润比，要求其计算值稍大于设计土壤湿润比。

1. 滴灌

（1）单行毛管直线布置，土壤湿润比按式（4 – 18）计算：

$$P = \frac{0.785 D_w^2}{S_e S_1} \times 100\% \tag{4-18}$$

式中　P——土壤湿润比，%；

D_w——土壤水分水平扩散直径或湿润带宽度（其大小取决于土壤质地、滴头流量和灌水量大小），m；

S_e——灌水器或出水点间距，m；

S_1——毛管间距，m。

（2）双行毛管直线布置，按式（4 – 19）计算：

$$P = \frac{P_1 S_1 + P_2 S_2}{S_r} \times 100\% \tag{4-19}$$

式中　S_1——一对毛管的窄间距，m；

P_1——与 S_1 相对应的土壤湿润比，%；

S_2——一对毛管的宽间距，m；

P_2——与 S_2 相对应的土壤湿润比，%；

S_r——作物行距，m。

（3）绕树环状多出水点布置，按式（4-20）和式（4-21）计算：

$$P = \frac{0.785 D_w^2}{S_t S_r} \times 100\%$$ （4-20）

$$P = \frac{n S_c S_w}{S_t S_r}$$ （4-21）

式中　n——一株果树下布置的灌水器数目，个；

　　　S_t——果树株距，m；

　　　S_r——果树行距，m；

　　　S_c——灌水器或出水口间距，m；

　　　S_w——湿润带宽度，m；

　　　D_w——地表以下 30cm 深处的湿润带宽度，m。

2. 微喷灌

（1）微喷头沿毛管均匀布置时的土壤湿润比为

$$P = \frac{A_w}{S_c S_l} \times 100\%$$ （4-22）

$$A = \frac{\theta}{360} \pi R^2$$ （4-23）

式中　A_w——微喷头的有效湿润面积，m^2；

　　　θ——湿润范围平面分布夹角，当为全圆喷洒时，$\theta = 360°$；

　　　R——微喷头的有效喷洒半径，m；

　　　其余符号意义同前。

（2）一株树下布置 n 个微喷头时的土壤湿润比计算公式为

$$P = \frac{n A_w}{S_t S_r} \times 100\%$$ （4-24）

式中　n——一株树下布置的微喷头数，个；

　　　其余符号意义同前。

SL 103—1995《微灌工程技术规范》规定，微灌设计土壤湿润比见表4-15，设计时可参考选用。

表 4-15　　　　　　　　　　微灌设计土壤湿润比

作物	滴灌	微喷灌	作物	滴灌	微喷灌
果树	25%～40%	40%～60%	蔬菜	60%～90%	70%～100%
葡萄、瓜类	30%～50%	40%～70%	粮、棉、油等	60%～90%	100%

（四）微灌的灌水均匀度

影响灌水均匀度的因素很多，如灌水器工作压力的变化，灌水器的制造偏差、堵塞情况、水温变化、微地形变化等。目前在设计微灌工程时能考虑的只有水力学（压力变化）和制造偏差两种因素对均匀度的影响。微灌的灌水均匀度可以用均匀系数 C_u 来表示。并由式（4-25）计算：

$$C_{u} = \frac{1 - \overline{\Delta q}}{\overline{q}} \qquad (4-25)$$

其中 $$\overline{\Delta q} = \frac{1}{n} \sum_{i-1}^{n} |q_{i} - \overline{q}| \qquad (4-26)$$

以上式中　C_{u}——微灌均匀系数；

$\overline{\Delta q}$——灌水器流量的平均偏差，L/h；

q_{i}——各灌水器流量，L/h；

$\overline{q}$——灌水器平均流量，L/h；

n——所测的灌水器数目，个。

GB/T 50485—2009《微灌工程技术规范》规定，微灌均匀系数不低于 0.8。

（五）灌水器流量和工作水头偏差率

灌水器流量和工作水头偏差率按式（4-27）和式（4-28）计算：

$$q_{v} = \frac{q_{max} - q_{min}}{q_{d}} \times 100\% \qquad (4-27)$$

$$h_{v} = \frac{h_{max} - h_{min}}{h_{d}} \times 100\% \qquad (4-28)$$

式中　q_{v}——灌水器流量偏差率，%；其值取决于均匀系数 C_{u}，二者关系为：当 C_{u} = 98%、95%、92% 时，q_{v} = 10%、20%、30%；灌水器的设计允许流量偏差率应不大于 20%；

q_{max}——灌水器最大流量，L/h；

q_{min}——灌水器最小流量，L/h；

q_{d}——灌水器设计流量，L/h；

h_{v}——灌水器工作水头偏差率，%；

h_{max}——灌水器最大工作水头，m；

h_{min}——灌水器最小工作水头，m；

h_{d}——灌水器设计工作水头，m。

灌水器工作水头偏差率与流量偏差率之间的关系可用式（4-29）表示：

$$H_{v} = \frac{q_{v}}{x} \left(1 + 0.15 \frac{1}{x} \frac{x}{x} q_{v} \right) \qquad (4-29)$$

式中　x——灌水器流态指数。

（六）灌水器设计工作水头

灌水器设计工作水头应取所选灌水器的额定工作水头，没有额定工作水头的灌水器，应由灌水器水头与流量关系曲线确定，但不宜低于 2m。

（七）灌溉水利用系数

微灌的主要水量损失是由于灌水不均匀和某些不可避免的损失所造成的，常用式（4-30）表示微灌的灌水有效利用率，即

$$\eta = \frac{V_{m}}{V_{a}} \qquad (4-30)$$

式中　η——灌溉水有效利用系数；

　　V_m——微灌时储存在作物根层的水量，m³/亩；

　　V_a——微灌的灌溉供水量，m³/亩。

SL 103—1995《微灌工程技术规范》规定，微灌灌溉水有效利用系数滴灌不低于 0.90，微喷灌不低于 0.85。

六、微灌系统的设计

(一) 灌溉设计保证率

SL 103—1995《微灌工程技术规范》规定，微灌工程灌溉设计保证率应根据自然条件和经济条件确定，不应低于 85%。

(二) 微灌灌溉制度的确定

微灌灌溉制度是指作物全生育期（对于果树等多年生作物则为全年）每一次灌水量，灌水周期，一次灌水延续时间，灌水次数和全生育期（或全年）灌水总量的确定。

1. 设计灌水定额 m

可根据当地试验资料按式（4-31）计算确定：

$$m=\frac{0.1\gamma z P(\theta_{\max}-\theta_{\min})}{\eta} \tag{4-31}$$

式中　m——设计灌水定额，mm；

　　γ——土壤容重，g/cm³；

　　z——计划湿润土层深度，m；

　　P——微灌设计土壤湿润比，%；

　　$\theta_{\max}$——适宜土壤含水率上限，占干土重量的百分比；

　　$\theta_{\min}$——适宜土壤含水率下限，占干土重量的百分比；

　　η——灌溉水利用系数。

2. 设计灌水周期 T

设计灌水周期取决于作物、水源和管理情况，可根据试验资料确定。在缺乏试验资料的地区，可参照邻近地区的试验资料并结合当地实际情况按式（4-32）计算确定：

$$T=\frac{m}{E_a}\eta \tag{4-32}$$

式中　T——设计灌水周期，d。

3. 一次灌水延续时间 t

一次灌水延续时间按式（4-33）计算：

$$t=\frac{mS_cS_l}{q} \tag{4-33}$$

式中　t——一次灌水延续时间，h；

　　q——灌水器流量，L/h。

对于成龄果树，一株树安装 n 个灌水器时：

$$t=\frac{mS_cS_l}{nq} \tag{4-34}$$

（三）微灌系统工作制度的确定

微灌系统的工作制度有续灌和轮灌两种主要情况。不同的工作制度要求系统的流量不同，因而工程费用也不同，在确定工作制度时，应根据作物种类、水源条件和经济状况等因素作出合理选择。

1. 续灌

续灌是对系统内全部管道同时供水，灌区内全部作物同时灌水的一种工作制度。它的优点是每株作物都能得到适时灌水，操作管理简单。其缺点是干管流量大，工程投资和运行费用高；设备利用率低；在水源不足时，灌溉控制面积小。一般只有在小系统，例如几十亩的果园才采用续灌的工作制度。

2. 轮灌

轮灌是支管分成若干组，由干管轮流向各组支管供水。而各组支管内部同时向毛管供水。这种工作制度减少了系统的流量，从而可减少投资。提高设备的利用率，通常采用的是这种工作制度。

在划分轮灌组时，要考虑水源条件和作物需水要求，以使土壤水分能够得到及时补充，并便于管理。有条件时最好是一个轮灌组集中连片，各组控制的灌溉面积相等。按照作物的需水要求，全系统轮灌组的数目 N 为

$$N \leqslant \frac{CT}{t} \tag{4-35}$$

日轮灌次数 n：

$$n = \frac{C}{t} \tag{4-36}$$

式中 C——系统日工作时间，要根据当地水源和农业技术条件确定，一般不宜大于 20h。

（四）水力计算

微灌管道水力计算，是在已知所选灌水器的工作压力和流量以及微灌工作制度情况下确定各级管道通过的流量，通过计算输水水头损失，来确定各级管道合理的内径。

1. 管道流量的确定

（1）毛管流量的确定。毛管流量是毛管上灌水器流量的总和，即

$$Q_{毛} = \sum_{i=1}^{n} q_i \tag{4-37}$$

当毛管上灌水器流量相同时：

$$Q_{毛} = n q_d \tag{4-38}$$

式中 $Q_{毛}$——毛管流量，L/h；

n——毛管上同时工作的灌水器个数；

q_i——第 i 号灌水器设计流量，L/h；

q_d——流量相同时单个灌水器的设计流量，L/h。

（2）支管流量计算。支管流量是支管上各条毛管流量的总和，即

$$Q_{支} = \sum_{i=1}^{n} Q_{毛i} \tag{4-39}$$

式中 $Q_支$——支管流量，L/h；

$Q_{毛i}$——不同毛管的流量，L/h。

（3）干管流量计算。由于支管通常是轮灌的，有时是两条以上支管同时运行，有时是一条支管运行。故干管流量是由干管同时供水的各条支管流量的总和，即

$$Q_干 = \sum_{i=1}^{n} Q_{支i} \tag{4-40}$$

式中 $Q_干$——干管流量，L/h 或 m³/h；

$Q_{支i}$——不同支管的流量，L/h 或 m³/h。

当一条干管控制若干个轮灌区，在运行时各轮灌区的流量不一定相同，为此，在计算干管流量时，对每个轮灌区要分别予以计算。

2. 各级管道管径的选择

为了计算各级管道的水头损失，必须首先确定各级管道的管径。管径必须在满足微灌的均匀度和工作制度前提下确定。

（1）允许水头偏差的计算。一般在进行微灌水力计算时，把每条支管上同时运行的毛管所控制的面积看成是一个微灌小区，为保证整个小区内灌水的均匀性，对小区内任意两个灌水器的水力学特性有如下要求：

1）微灌系统灌水小区灌水器流量的平均值应等于灌水器设计流量。

2）灌水小区的流量或水头偏差率应满足如下条件：

$$q_v \leqslant [q_v] \tag{4-41}$$

$$h_v \leqslant [h_v] \tag{4-42}$$

其中

$$[h_v] = \frac{[q_v]}{x}\left(1 + 0.15\frac{1-x}{x}[q_v]\right) \tag{4-43}$$

上二式中 $[q_v]$——设计允许流量偏差率，一般取 $[q_v]=0.05\sim0.10$；

$[h_v]$——设计允许水头偏差率；

x——灌水器流态指数。

3）采用补偿式灌水器时，灌水小区内设计允许的水头偏差应为该灌水器允许的工作水头范围；采用其他灌水器时，应按下式计算：

$$[\Delta h] = [\Delta h_v]h_d \tag{4-44}$$

式中 $[\Delta h]$——灌水小区允许水头偏差，m；

h_d——灌水器设计工作水头，m。

（2）允许水头偏差的分配。由于灌水小区的水头偏差分别由支管和毛管两级管道共同产生的，应通过技术经济比较来确定其在支、毛管间的分配。

1）平坦地形，毛管进口不设调压装置时。根据 SL 103—1995《微灌工程技术规范》，当平坦地形且比降不大于 1 时，分配比例按式（4-45）计算：

$$\left.\begin{array}{l}\Delta h_毛 = 0.55[h_v]h_d \\ \Delta h_支 = 0.45[h_v]h_d\end{array}\right\} \tag{4-45}$$

2）坡地毛管进口设置调压装置时。山区坡地毛管布置时，一般均在毛管进口安装水阻管、压力调节器等，以使各毛管进口压力值相等。此时小区设计允许的水头偏差应全部

分配给毛管,即

$$[\Delta h]=[h_{\mathrm{v}}]h_{\mathrm{d}} \tag{4-46}$$

式中 $[\Delta h]$——允许的毛管水头偏差,m。

(3)毛管管径确定。按毛管的允许水头损失值,初步估算毛管的内径 $d_{\text{毛}}$:

$$d_{\text{毛}}=\sqrt[b]{\frac{KFfQ_{\text{毛}}^{m}L}{[\Delta h]_{\text{毛}}}} \tag{4-47}$$

其中

$$F=\frac{1}{m+1}\left(\frac{N+0.48}{N}\right)^{m+1} \tag{4-48}$$

式中 $d_{\text{毛}}$——初选毛管内径,mm;

  K——考虑到毛管上管件或灌水器产生的局部水头损失而加大的系数,其取值范围一般在 1.1~1.2 之间;

  F——多口系数;

  N——多孔管总孔数;

  f——摩阻系数;

  $Q_{\text{毛}}$——毛管流量,L/h;

  L——毛管长度,m;

  m——流量指数;

  b——管径指数。

由于毛管的直径一般均大于 8mm,式中,各种管材的 f、m、b 值,可按表 4-16 选用。

表 4-16   各种塑料管材的 f、m、b 值

管材			f	m	b
硬塑料管			0.464	1.77	4.77
微灌用聚乙烯管	$d>8\text{mm}$		0.505	1.75	4.75
	$d\le8\text{mm}$	$Re>2320$	0.595	1.69	4.60
		$Re\le2320$	1.75	1	4

注 1. Re 为雷诺数。

  2. 微灌用聚乙烯管的 f 值相应于水温 10℃,其他温度时 f 值应修正。

(4)支管管径确定。

1)平坦地形,毛管进口未设调压装置时,支管管径的初选可按上述分配给支管的允许水头差,用式(4-49)初估支管管径 $d_{\text{支}}$:

$$d_{\text{支}}=\sqrt[b]{\frac{KFfQ_{\text{支}}^{m}L}{0.45[h_{\mathrm{v}}]h_{\mathrm{d}}}} \tag{4-49}$$

式中 K——考虑到支管管件产生的局部水头损失而加大的系数,K 通常的取值范围在 1.05~1.1 之间;

  L——支管长度,m;

其余符号意义同前,且 f、m、b 值仍从表 4-16 中选取,需注意的是,应按支管的管材种类正确选用表中系数。

2)坡地,毛管进口采用调压装置时,支管管径的初选。由于此时设计允许的水头差

均分配给了毛管，支管应按经济的水力比降来初选其管径 $d_支$：

$$d_支 = \sqrt[b]{\frac{KFfQ_支^m L}{100i_支}} \tag{4-50}$$

式中　$i_支$——支管的经济水力比降，一般为 0.01～0.03。

另外，支管管径也可按管道经济流速确定：

$$d_支 = 1000 \sqrt{\frac{4Q_支}{3600\pi v}} \tag{4-51}$$

式中　$d_支$——支管内径，mm；

　　　$Q_支$——支管进口流量，m^3/h；

　　　v——塑料管经济流速，m/s，一般取 $v = 1.2～1.8$。

（5）干管管径的确定。干管管径可按毛管进口安装调压装置时，支管管径的确定方法计算确定。

在上述三级管道管径都计算出后，还应根据塑料管的规格，最后确定实际各级管道的管径。必要时还需根据管道的规格，进一步调整管网的布局。

微灌系统使用的管材与管件，必须选择其公称压力符合微灌系统设计要求的产品，地面铺设的管道且应不透光、抗老化、施工方便、连接牢固可靠。一般情况下，直径 50mm 以上各级管道和管件可选用聚氯乙烯产品；直径在 50mm 以下各级管道和管件应选用微灌用聚乙烯产品。

3. 管网水头损失的计算

管网水头损失的计算可参考第三章管网水力计算。

七、滴灌技术

滴灌是迄今为止农田灌溉最节水的灌溉技术之一。近年来，随着滴灌带的广泛应用，普通大田作物上应用也越来越广泛。现对大棚滴灌、果树滴灌如何布置与施工的技术作一简要介绍，其他宽行作物可参照实施。

（一）滴灌概念

滴灌即滴水灌溉，是利用安装在末级管道（称为毛管）上的滴头，或与毛管制成一体的滴灌带将压力水以水滴状湿润土壤，在灌水器流量较大时，形成连续细小水流湿润土壤。通常将毛管和灌水器放在地面，也可以把毛管和灌水器埋入地面以下 30～40cm，前者称为地表滴灌，后者称为地下滴灌。滴灌灌水器的流量为 2～12L/h。由于滴头流量很小，只湿润滴头所在位置的土壤，水主要借助土壤毛管张力入渗和扩散，因此它是目前干旱缺水地区最有效的一种节水灌溉方法，其水的利用率可达 95%。

（二）滴灌优缺点

（1）水的有效利用率高。滴灌仅湿润作物根部附近土壤，其他区域土壤水分含量较低，省水。

（2）环境湿度低。土壤根系通透条件良好，可以提供足够的水分和养分，有效控制保护地内的湿度。

（3）提高作物产品品质。由于滴灌能够及时适量供水、供肥，它可以在提高农作物产量的同时，提高和改善农产品的品质，经济效益高。

（4）滴灌对地形和土壤的适应能力较强。由于滴头能够在较大的工作压力范围内工作，且滴头的出流均匀，所以滴灌适宜于地形有起伏的地块和不同种类的土壤。

（5）省水省工，增产增收。滴灌容易控制水量，不致产生地面径流和土壤深层渗漏，故可以比喷灌节省水 $35\%\sim75\%$；由于作物根区能够保持最佳供水状态和供肥状态，故能增产。

虽然滴灌有上述许多优点，但是，由于滴头的流道较小，滴头易于堵塞；且滴灌灌水量相对较小，容易造成盐分积累等问题。

（三）滴灌系统的组成

滴灌系统由水源工程、首部枢纽（包括水泵、动力机、过滤器、肥液注入装置、测量控制仪表等）、各级输配水管道和满头等四部分组成，其系统主要组成部分如下：

（1）动力及加压设备包括水泵、电动机或柴油机及其他动力机械，除自压系统外，这些设备是微灌系统的动力和流量源。

（2）水质净化设备有沉沙（淀）池、初级拦污栅、旋流分沙分流器、筛网过滤器和介质过滤器等。筛网过滤器的主要作用是滤除灌溉水中的悬浮物质，以保证整个系统特别是滴头不被堵塞。砂砾料过滤器是用洗净、分选的砂砾石和砂料，按一定的顺序填进金属圆筒内制成的，对于各种有机或有机污物、悬浮的藻类都有较好的过滤效果。旋流分沙分流器是靠离心力把比重大于水的沙粒从水中分离出来，但不能清除有机物质。

（3）滴水器水由毛管流进滴水器，滴水器将灌溉水流在一定的工作压力下注入土壤。它是滴灌系统的核心。目前，滴灌工程实际中应用的滴水器主要有滴头和滴灌带两大类。

（4）化肥及农药注入装置和容器包括压差式施肥器、文丘里注入器、隔膜式或活塞式注入泵，化肥或农药溶液储存罐等。它必须安装于过滤器前面，以防未溶解的化肥颗粒堵塞滴水器。化肥的注入方式有三种：第一种是用小水泵将肥液压入干管；第二种是利用干管上的流量调节阀所造成的压差，使肥液注入干管；第三种是射流注入。

（5）控制、量测设备包括水表和压力表，各种手动、机械操作或电动操作的闸阀，如水力自动控制阀、流量调节器等。

（6）安全保护设备如减压阀、进排气阀、逆止阀、泄排水阀等。

（四）滴灌的核心要素

滴水器是滴灌系统的核心，要满足以下要求：

（1）有一个相对较低而稳定的流量。在一定的压力范围内，每个滴水器的出水口流量应在 $2\sim8L/h$ 之间。滴头的流道细小，直径一般小于 $2mm$，流道制造的精度要求也很高，细小的流道差别将会对滴水器的出流能力造成较大的影响。同时水流在毛管流动中的摩擦阻力降低了水流压力，从而也就降低了末端滴头的流量，为了保证滴灌系统具有足够的灌水均匀度，经验上一般是将系统中的流量差限制在 10% 以内。

（2）大的过流断面。为了在滴灌部位产生较大的压力损失和一个较小的流量，水流通道断面最小尺寸在 $0.3\sim1.0mm$ 之间变化。由于滴头流道较小，所以很容易造成流道堵塞。

（五）灌水器的分类

1. 按滴水器与毛管的连接方式分类

（1）管间式滴头：把灌水器安装在两段毛管的中间，使滴水器本身成为毛管的一部分。例如，把管式滴头两端带倒刺的接头分别插入两段毛管内，使绝大部分水流通过滴头体内腔流向下一段毛管，而很少的一部分水流通过滴头体内的侧孔进入滴头流道内，经过流道消能后再流出滴头。

（2）管上式滴头：直接插在毛管壁上的滴水器，如旁播式滴头、孔口式滴头等。

2. 按滴水器的消能方式不同分类

（1）长流道式消能滴水器：长流道式消能滴水器主要是靠水流与流道壁之间的摩擦耗能来调节滴水器出水量的大小，如微管、内螺纹及迷宫式管式滴头等，均属于长流道式消能滴水器。

（2）孔口消能式滴水器：以孔口出流造成的局部水头损失来消能的滴水器，如孔口式滴头、多孔毛管等均属于孔口式滴水器。

（3）涡流消能式滴水器：水流进入滴水器的流室的边缘，在涡流的中心产生一低压区，使中心的出水口处压力较低，因而滴水器的出流量较小。

压力补偿式滴水器：压力补偿式滴水器是借助水流压力使弹性体部件或流道改变形状，从而使过水段面面积发生变化，使滴头出流小而稳定。压力补偿式滴水器的显著优点是能自动调节出水量和自清洗，出水均匀度高，但制造较复杂。

（4）滴灌管或滴灌带式滴水器：滴头与毛管制造成一整体，兼具配水和滴水功能的管（或带）称为滴灌管（或滴灌带）。按滴灌管（带）的结构可分为内镶式滴灌管和薄壁滴灌带两种。

（六）使用滴灌带的注意事项

（1）滴灌的管道和滴头容易堵塞，对水质要求较高，所以必须安装过滤器。

（2）滴灌不能调节田间小气候，不适宜结冻期灌溉，在蔬菜灌溉中不能利用滴灌系统追施粪肥。

（3）滴灌投资较高，要考虑作物的经济效益。

（4）滴灌带的灼伤。注意在铺设滴灌带时压紧压实地膜，使地膜尽量贴近滴灌带，地膜和滴灌带之间不要产生空间。避免阳光通过水滴形成的聚焦。播种前要平整土地，减少土地多坑多洼现象。防止土块杂石杂草托起地膜，造成水汽在地膜下积水形成透镜效应，灼伤滴灌带。铺设时可将滴灌带进行潜埋，避免被焦点灼伤。

第五节 膜下滴灌技术

一、膜下滴灌技术特点和适用条件

（一）膜下滴灌技术特点

1. 膜下滴灌技术

膜下滴灌技术是将作物覆膜栽培种植技术与滴灌技术集成为一体的高效节水、增产、增效技术。滴灌利用管道系统供水、供肥,使带肥的灌溉水成滴状,缓慢、均匀、定时、定量地灌溉到作物根系发育区域,使作物根系区的土壤始终保持在最优含水状态。地膜覆盖具有保墒、提墒、灭草、增加地温、减少作物棵间水分蒸发的作用。将两者优势集成,再加上作物配套栽培技术,形成了膜下滴灌技术。通过使用改装后的农机具可实现播种、铺带、覆膜一次完成,提高了农业机械化、精准化栽培水平和水资源的高效利用(图 4 - 16)。

图 4 - 16　膜下滴灌技术应用

2. 膜下滴灌技术优点

(1)省水。在作物生长期内,比地面灌省水 40%～60%。

(2)省肥。肥料可做到适时、适量随水滴灌到作物根系部位,易被作物根系吸收,且肥料无挥发、无淋失,提高肥料利用率 30% 以上。

(3)省农药。水在管道中封闭输送,避免了水对病虫害的传播,除草剂、杀虫剂用量明显减少,可省农药 10%～20%。

(4)省地:由于田间全部采用管道输水,地面无常规灌溉时需要的农渠、中心渠、毛渠及埂子,可节省土地 5%～7%。

(5)省工和节能。劳动强度轻,膜内滴灌,膜间土壤干燥无墒,杂草少,且土壤不板结,田间人工作业和中耕机械作业等大大减少,人工管理定额也大幅度提高。

(6)能局部压盐碱。由试验可看出,农田耕作层盐分逐年减少,田间作物产量逐年提高。

(7)有较强的抗灾能力。作物从出苗起,得到适时、适量的水和养分供给,生长健壮,抵抗力强。

(8)增产。科学调控水肥,水肥耦合效应好,土壤疏松,通透性好,作物普遍增产 15%～50%。

(9)品质、质量提高。膜下滴灌营造了良好的生长和环境条件,因而,不但产量高,而且品质好。

(二)膜下滴灌技术的适用条件

(1)适宜推广的地区。最适宜应用于地面蒸发量大的干旱、半干旱而又具备一定灌溉水源的地区。

（2）适宜应用的作物。凡需要灌溉的作物都适宜应用膜下滴灌技术，但在使用中应该注意作物的轮作倒茬问题。

（3）适宜的生产规模和管理方式。由于膜下滴灌需要管网或渠系供水，应该条田连片，并且在一个灌溉系统内，要做到统一种植、统一作物、统一滴水、统一施肥、统一管理。

（4）适宜的设备和政策支持。需供应质量有保证、价格经济的滴灌器材和周到的技术服务保障。

二、膜下滴灌系统组成和主要设备

（一）膜下滴灌系统组成

膜下滴灌系统一般由水源工程、首部枢纽、输配水管网、灌水器及控制、量测和保护装置等组成（图 4 - 17）。

1. 水源工程

水源工程包括为取水而修建的拦水、引水、蓄水、提水和沉淀工程，以及相应的动力、输配电工程等。

2. 首部枢纽

滴灌系统的首部枢纽包括动力机、水泵、施肥（药）装置、过滤设施和安全保护及量测控制设备。其作用是从水源取水加压并注入肥料经过滤后，按时、按量输送进管网，担负着整个系统的驱动、量测和调控任务，是全系统的水、肥、压力、安全等的控制调配中心。

常用的动力机主要有电动机、柴油机、拖拉机以及其他一些动力输出设备，但首选电动机。过滤设备是用来对滴灌用水进行过滤，提供合格的水质，防止各种污物进入滴灌系统堵塞滴头。过滤设备有拦污栅、离心式过滤器、砂石过滤器、筛网过滤器、叠片过滤器等。量测、控制和保护设施是为了保证滴灌系统的正常安全运行而在系统首部枢纽中设置。安全保护装置用来保证系统在规定压力范围内安全工作，消除管路中的气阻和真空等，一般有控制器、传感器、电磁阀、水动阀、空气阀等。

3. 输配水管网

输配水管网的作用是将首部枢纽处理过的有压水流按照要求输送分配到每个灌水单元和灌水器，沿水流方向依次为干管、支管、毛管及所需的连接管件和控制、调节设备。管网包括干管、支管（辅管）、毛管及所需的连接管件和控制、调节设备。毛管是滴灌系统中最末一级管道，直接为灌水器提供水量。支管通过辅管向毛管供水，对轮灌运行、提高灌水均匀度起到很好的作用。干管是将首部枢纽与各支管连接起来的管道，起输水作用。

4. 滴灌带

滴灌带是滴灌系统中最关键的部件，是直接向作物施水肥的设备。其作用是利用滴头的微小流道或孔眼消能减压，使水流变为水滴均匀地滴入作物根区土壤中。常见滴灌带有单翼迷宫式、内镶贴片式、压力补偿式等（图 4 - 18）。

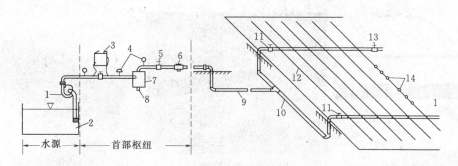

（a）膜下滴灌系统结构图

1—水泵；2—蓄水池；3—施肥罐；4—压力表；5—控制阀；
6—水表；7—过滤器；8—排沙阀；9—干管；10—分干管；
11—球阀；12—毛管；13—放空阀；14—滴头

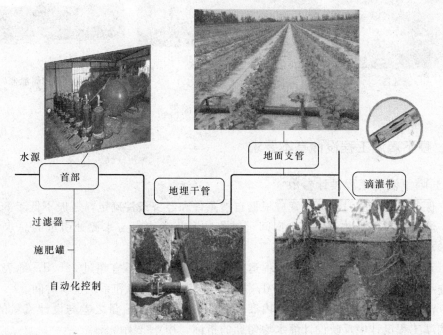

（b）膜下滴灌系统实物图

图4-17　膜下滴灌系统组成

5. 控制及保护装置

滴灌系统控制设施一般包括各种阀门，其作用是控制和调节滴灌系统的流量和压力。保护设施用来保证系统在规定压力范围内工作，消除管路中的气阻和真空等，一般有进（排）气阀、安全阀、逆止阀、泄水阀、空气阀等。

（二）膜下滴灌系统的主要配套设备

膜下滴灌系统配套设备主要有过滤设施、水泵、施肥（药）装置和安全保护及量测控制设备等，具体内容参见第五章。

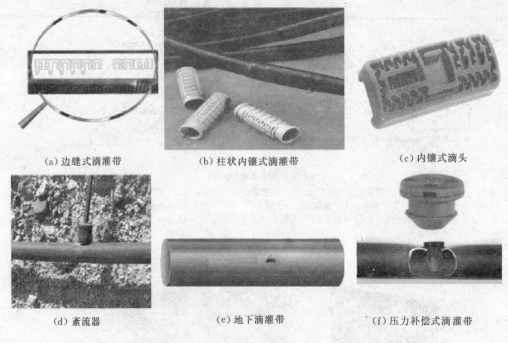

(a) 边缝式滴灌带　　　　(b) 柱状内镶式滴灌带　　　　(c) 内镶式滴头

(d) 紊流器　　　　(e) 地下滴灌带　　　　(f) 压力补偿式滴灌带

图 4-18　各种滴灌带

三、膜下滴灌工程设计基本要求

(一) 膜下滴灌工程设计参数

(1) 保证率。滴灌设计保证率应根据自然条件和经济条件确定，一般不低于 85%。

(2) 灌溉水利用系数。指灌到田间可被作物利用的水量与水源处引进的总水量的比值，要求应不低于 85%。

(3) 系统日工作小时数。根据工程运行经验，机井供水不宜超过 22h/d；地表水或需要实行连续供水的，也不宜超过 22h/d，剩余时间为停机故障和系统检修时间。

(4) 流量偏差率。同一灌水小区内灌水器的最大、最小流量之差与设计流量的比值，是目前滴灌工程设计中反映设计灌水均匀度的指标，用 q_v 表示。

(二) 系统设计工作制度

滴灌系统通常有续灌、轮灌、随机供水灌溉三种配水方式。在确定系统工作制度时，应考虑种植作物、水源条件、经济状况、农户承包及管理方式等，合理确定。对于采用轮灌方式配水的滴灌系统，目前应用较多的轮灌方式有以下两种。

1. 辅管轮灌方式

每条支管上布置有若干条辅管，以一条辅管控制的灌溉范围为基本灌水单元。系统运行时，每次开启该轮灌组内的每条支管上的一条或多条辅管，该辅管上的毛管同时灌水，如图 4-19 所示。

2. 支管轮灌方式

支管上不设辅管，以一条自管控制的灌溉范围为基本灌水单元，一条或多条支管构成一个轮灌组。每个轮灌组运行时，该轮灌组内的支管上所有毛管全部开启。一个轮灌组灌水完成后开启下一个轮灌组内的支管，关闭前一个轮灌组内的支管（图4-20）。此种轮灌方式水量相对集中，管理方便。

图4-19　辅管轮灌方式实际布置图

图4-20　支管轮灌方式实际布置图

（三）膜下滴灌系统总体布置

膜下滴灌系统总体布置主要是在确定灌区位置、面积、范围及分区界限，选定水源位置后，对沉淀池、泵站、首部等工程进行总体布局，合理布设管线。地形状况和水源在灌区中的位置对管道系统布置影响很大，一般应将首部枢纽与水源工程布置在一起。田间管网一般分为三级或四级，即干管、支管（辅管）、毛管或主干管、分干管、支管（辅管）、毛管。毛管辅设方向与作物种植方向一致，毛管与支管（辅管）、支管（辅管）与分干管一般相互垂直。

第六节　波涌灌技术

波涌灌（波涌灌溉）是对地面沟、畦灌溉的重大发展，又称涌流灌溉或间歇灌溉。波涌灌溉向灌水沟（畦）供水是不连续的，其灌溉水流也不是一次灌水就推进到灌水沟（畦）末端，而是灌溉水在第一次供水输入灌水沟（畦）达一定距离后，暂停供水，然后经过一定时间后，再继续供水，如此分几次间隔反复地向灌水沟（畦）供水。

一、波涌灌机理

传统的地面灌溉方式是连续向沟畦输入一定量的水流，直至该沟畦灌完，在水流推进过程中，由于沿程入渗，水量逐渐减少，但仍有一定流量维持到沟畦末端。而波涌灌溉则是以一定或变化的周期，循环、间断地向沟畦输水，即向两个或多个沟畦交替供水。当灌水由一个沟畦转向另一个灌水沟畦时，先灌的沟畦处于停水落干的过程中，由于灌溉水的下渗，水在土壤中的再分配，使土壤导水性减少，土壤中黏粒膨胀，孔隙变小，田面被溶解土块的颗粒运移和重新排列所封堵、密实，形成一个光滑封闭的致密层，从而使田面糙率变小，土壤入渗减慢，因此水流推进速度相应变快，深层渗漏明显减少。

二、波涌灌系统组成和类型

1. 波涌灌系统组成

波涌灌系统主要由水源、管道、多向阀或自动间歇阀、控制器等组成。

（1）水源。能按时按量供给植物需水需要，且符合水质要求的河流、塘库、井泉等均可作为波涌灌溉的水源。

（2）管道。含输水管和工作管，工作管为闸孔管，闸孔间距即灌水沟间距或畦宽，一般采用 PVC 管材。

（3）间歇阀。是波涌灌溉系统的关键设备，常用的有两类，一种是用水或空气开闭的，在压力作用下，皮囊膨胀，水流被堵死，卸压后皮囊收缩，阀门开启；另一种是用水或电自动开闭的阀门。

（4）控制器。大部分为电子控制器，可根据程序控制供水时间，一旦确定了输水总放水时间，它能自动定出周期放水时间和周期数，并控制间歇阀的开关，为实现灌溉自动化提供了条件。

2. 波涌灌溉系统类型

根据管道布置方式的不同，将波涌灌溉系统分为双管系统和单管系统两类。

（1）双管系统。一般通过埋在地下的暗管管道把水输送到田间，再通过阀门和竖管与地面上带有阀门的管道相连。这种阀门可以自动地在两组管道间开关水流，故称双管。通过控制两组间的水流可以实现间歇供水。

（2）单管系统。"单管"波涌灌田间灌水系统通常是由一条单独带阀门的管道与供水处相连接（故称单管），管道上的各出水口则通过低水压、低气压或电子阀控制，而这些阀门均以一字形排列，并由一个控制器控制这个系统。

三、波涌灌的特点

（1）节水效果显著。畦长在 100～300m 时，间歇灌溉与连续灌溉相比节水 10%～30%，畦长越长，节水率越大。

（2）灌水质量提高。波涌灌溉水流推进速度快，灌水效率高，平均灌水效率可提高 20% 左右。

（3）可实现小定额灌溉和自动控制。波涌灌溉能以较高的速率进行小定额的灌水，可以留下土壤储水空间和减少灌溉需水量，为能更有效地利用降雨创造条件。

波涌灌溉特别适合在我国旱作物灌区农田地面灌溉推广应用。

四、波涌灌的技术要素

（1）周期和周期数。一个放水和停水过程称为周期，周期时间即放水、停水时间之和，停放水的次数称之为周期数。当畦长大于 200m 时，周期数以 3～4 个为宜；畦长小于 200m 时，周期数以 2～3 个为宜。

（2）放水时间和停水时间。放水时间包括周期放水时间和总放水时间，周期放水时间是指一个周期向灌水沟畦供水的时间；总放水时间是指完成灌水组灌水的实际时间，为各周期放水时间之和，其值根据灌水经验估算，一般采用连续灌水时间的 65%～90%。停水时间是两次放水之间的间歇时间，一般等于放水时间，也可大于放水时间。

（3）循环率。循环率是周期放水时间与周期时间之比值。循环率应以在停水期间田面水流消退完毕并形成致密层，以降低土壤入渗能力和便于灌水管理为原则进行确定。循环率过小，间歇时间过长，田面可能发生龟裂而使入渗率增大；循环率过大，间歇时间过短，田面不能形成减渗层，波涌灌溉的优点难以发挥，循环率一般取 1/2 或 1/3。

（4）放水流量。指入畦流量，一般由水源、灌溉季节、田面和土壤状况确定，流量越大，田面流速越大，水流推进距离越长，灌水效率越高，但流量过大会对土壤产生冲刷，因此应综合考虑。表 4-17、表 4-18 列出了陕西省泾惠渠灌区清水波涌畦灌实施方案，可供设计时参考。

表 4-17　　陕西泾惠渠灌区清水波涌畦灌灌水实施方案（适宜植物头水灌溉）

畦 长 /m	坡 降 /‰	单宽流量 /[L/(s·m)]	周期数	循环率
	2	10～12	2	1/2
160	3～4	8～10	2	1/2 或 1/3
	5	4～8	2	1/3
	2	12～14	3	1/3
240	3～4	10～12	3	1/2 或 1/3
	5	6～10	3	1/2
	2	12～14	3 或 4	1/3
320	3～4	10～12	3	1/2 或 1/3
	5	8～10	3	1/2

表 4-18　　陕西泾惠渠灌区清水波涌畦灌灌水实施方案（适宜植物非头水灌溉）

畦 长 /m	坡 降 /‰	单宽流量 /[L/(s·m)]	周期数	循环率
	2	6～8	2	1/2
160	3～4	4～8	2	1/2 或 1/3
	5	3～5	2	1/3
	2	8～10	3	1/3
240	3～4	6～8	3	1/2 或 1/3
	5	4～6	3	1/2
	2	10～12	3 或 4	1/3
320	3～4	8～10	3	1/2 或 1/3
	5	6～8	3	1/2

五、波涌灌溉的方式

目前，波涌灌溉的田间灌水方式主要有以下三种：

（1）定时段-变流程方式（也称时间灌水方式）。这种方式是在灌水的全过程中，每个灌水周期（一个供水时间和一个停水时间构成一个灌水周期）的放水流量和放水时间一定，而每个灌水周期的水流推进长度则不相同。这种方式对灌水沟（畦）长度小于 400m 的情况很有效，需要的自动控制装置比较简单、操作方便，而且在灌水过程中也很容易控制。因此，目前在实际灌溉中，涌流灌溉多采用此种方式。

（2）定流程-变时段方式（也称距离灌水方式）。这种方式是每个灌水周期的水流新推进的长度和放水量相同，而每个灌水周期的放水时间不相等。一般，这种灌水方式比定时段-变流程方式的灌水效果要好，尤其是对灌水沟（畦）长度大于 400m 的情况，灌水效果更佳。但是，这种灌水方式不容易控制，劳动强度大，灌水设备也相对比较复杂。

（3）定流程-变流量方式（也称增量灌水方式）。这种方式是以调整控制灌水流量来达到较高灌水质量的一种灌水方式。它是在第一个灌水周期内增大流量，使水流快速推进到灌水沟（畦）总长的 3/4 的位置处停止供水；然后在随后的几个灌水周期中，再定时段-变流程方式，以较小的流量来满足计划灌水定额的要求。该方式主要适用于透水性能较强的土壤条件。

习题与训练

一、填空题

1. 小畦"三改"灌水技术，即（   ）、（   ）、（   ）的灌水方法，其关键是使灌溉水在田间分布均匀，节约灌溉时间，减少灌溉水的流失。

2. 小畦灌灌水技术的要点是确定合理的（   ）、（   ）和（   ）。

3. 先进的节水型畦灌技术主要包括（   ）、（   ）、（   ）和（   ）等。

4. 喷灌系统主要由（   ）、（   ）、（   ）和（   ）等结构组成。

5. 管网一般包括（   ）、（   ）两级水平管道和竖管。干管和支管起（   ）、（   ）作用，竖管安装在支管上，末端接喷头。

6. （   ）一般安装在竖管上，是喷灌系统中的关键设备。

7. 按水流获得压力的方式不同，分为（   ）、（   ）和（   ）喷灌系统；按系统的喷洒特征不同，分为（   ）喷灌系统和（   ）喷灌系统；按喷灌设备的形式不同，分为（   ）和（   ）喷灌系统。

8. 管道式喷灌系统指的是以各级管道为主体组成的喷灌系统，按照可移动的程度，分为（   ）、（   ）和（   ）三种。

9. 喷头的几何参数有（   ）、（   ）和（   ）。

10. 喷灌强度又分为（   ）、（   ）和（   ）。

11. 滴灌系统由（   ）、（   ）、（   ）和（   ）等四部分组成。

12. 按照管道的固定程度，滴灌可以分为（   ）、（   ）和（   ）三种类型。

13. 滴灌按滴水器与毛管的连接方式分（　　）和（　　）。

14. 按滴水器的消能方式不同滴头分为（　　）、（　　）、（　　）、（　　）和（　　）。

15. 膜下滴灌系统一般由（　　）、（　　）、（　　）、（　　）、（　　）和（　　）等组成。

16. （　　）的作用是从水源取水加压并注入肥料（农药）经过滤后，按时、按量输送进管网，担负着整个系统的驱动、量测和调控任务，是全系统的水、肥、压力、安全等的控制调配中心。

17. （　　）的作用是将首部枢纽处理过的有压水流按照要求输送分配到每个灌水单元和灌水器，沿水流方向依次为干管、支管（辅管）、毛管及所需的连接管件和控制、调节设备。

18. 膜下滴灌系统配套设备主要有（　　）、（　　）、（　　）、（　　）和（　　）。

二、判断题

1. 河流、湖泊、水库、井泉及城市供水系统等，都可以作为喷灌的水源，不需要修建相应的水源工程。（　　）

2. 喷灌用泵可以是各种农用泵，如离心泵、潜水泵、深井泵等。有电力供应的地方，用电动机为水泵提供动力；用电困难的地方，用柴油机、拖拉机或手扶拖拉机等为水泵提供动力，动力机功率大小根据水泵的配套要求确定。（　　）

3. 管网系统需要各种连接和控制的附属配件，包括闸阀、三通、弯头和其他接头等，在干管或支管的进水阀后不可以接施肥装置。（　　）

4. 为了保护喷灌系统的安全运行，必要时应设置进排气阀、调压阀、安全阀等。在灌溉季节结束后应排空管道中的水，需设泄水阀，以保证喷灌系统安全越冬。（　　）

5. 对定喷式喷灌系统的设计喷灌强度不得大于土壤的允许喷灌强度。行喷式喷灌系统的设计喷灌强度可略大于土壤的允许喷灌强度。（　　）

三、名词解释

1. 喷灌

2. 射程

3. 喷灌强度

4. 滴灌

5. 膜下滴灌技术

四、简答题

1. 小畦灌和长畦分段灌的优点分别是什么？

2. 小畦灌和长畦分段灌的技术要素分别是什么？

3. 简述喷灌的优缺点？

4. 固定式、半固定式和移动式喷灌系统各自的特点是什么？各自适应条件是什么？

5. 喷头的工作参数有哪些？影响喷头流量的因素主要有哪些？

6. 影响射程的主要因素有哪些？

7. 简述滴灌技术的优缺点。

8. 滴灌系统具体由哪几部分组成？各自的作用是什么？

9. 滴水器是滴灌系统的核心，需要满足哪些要求？

10. 使用滴灌带时有哪些注意事项？

11. 简述膜下滴灌技术的优点。

12. 膜下滴灌的适用条件？

13. 滴灌带选型应考虑哪些因素？

第五章 节水灌溉设备安装

学习目标：

    通过学习首部枢纽安装、地面移动管道安装、喷头安装和灌水器安装等内容，能够进行各类节水灌溉设备的安装。

学习任务：

    (1) 了解首部枢纽的组成，掌握水泵、过滤设备、施肥装置、测量仪表及保护控制设备等安装要求。

    (2) 掌握地面移动管道安装，能够正确进行移动管道连接。

    (3) 掌握喷头安装要点，能够正确安装喷头。

    (4) 了解微灌灌水器的类型，掌握各类灌水器的安装要求，能正确进行灌水器的安装。

    要想顺利地完成节水灌溉设备的安装，工作人员应全面了解不同的节水灌溉技术、各种节水灌溉产品及设备，能检查节水灌溉产品设备质量是否合格，并按设计文件要求全面核对设备规格、型号、数量和质量；应熟练掌握施工安装技术的要求和方法，能检查土建施工质量是否达到施工要求，明确与设备安装有关的土建工程是否已验收合格。本章将分开介绍首部枢纽、管道、喷头、滴头等节水灌溉产品安装方法。

第一节 首部枢纽安装

    首部枢纽是节水灌溉系统操作控制的中心，与水源工程相结合，为节水灌溉系统提供稳定洁净的能充分满足灌溉需求的水。首部枢纽是系统的动力和流量源，一般由水泵及电机等动力设备、过滤设备、施肥设备、测量控制仪表等组成。图5-1为典型首部系统示意图，图5-2为微灌首部系统实物图。

    首部设备安装的正确与否直接影响着灌溉系统运行的效果。各设备在安装前，必须先检查设备的零部件是否齐全、是否存在损坏；安装时，为了达到坚实耐用，确保正常运行，必须严守技术操作规定，精心安排，安装后要进行设备调试，在调试前先检查是否安装正确，是否满足运行要求，调试时注意设备运转状态，若出现运转不良，应及时关闭设备，查找原因，不应强行运转，避免造成设备损坏。

一、水源工程

    节水灌溉工程水源一般包括河流、湖泊、水库、塘堰、沟渠、井泉等。从水源取水进行节水灌溉而修建的拦水、引水、蓄水、提水、输水和沉淀工程，以及相应的输配电工

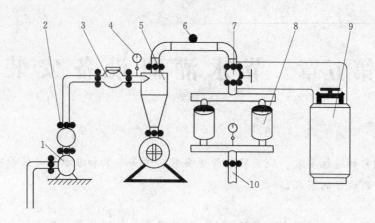

图 5-1 典型首部系统示意图

1—水泵；2—逆止阀；3—水表；4—压力表；5—旋流水沙分离器；
6—排气阀；7—闸阀；8—网式过滤器；9—施肥器；10—主干管

图 5-2 微灌首部系统实物图

程，通称为水源工程。对于井水来说，不需要修建沉淀工程。

微灌系统引用地表水相对完整的水质净化设施主要由四部分建筑物组成：一是引水渠上控制闸室（拦污栅），二是沉淀池（平流式、漏斗圆形式等），三是快（慢）滤池，四是进水池，其合理组合配置设计是保证系统正常经济运行的重要环节之一。

（一）沉淀池修建要求

沉淀池按设计要求施工，工程质量按照水利工程施工技术相关标准规范进行。沉淀池修建时应满足以下基本要求：当水中悬浮物浓度超过 200mg/kg 的情况下，应首先选择修建沉淀池对膜下滴灌用水作初级处理。膜下滴灌系统从沉淀池中取水的位置应达到设计要求。沉淀池必须可以清洗，在灌溉季节结束后，应放空并对其进行维护。沉淀池应建成泥沙沉淀效果较好的窄、浅、长形。

（二）沉淀池修建步骤

沉淀池按横断面形状可分为矩形、梯形、漏斗形，目前梯形沉淀池应用较为普遍，沉淀池修建应根据设计图纸，按下列步骤进行。

1. 施工放线、基坑开挖及基础处理

据设计图纸中技术要求测量放线，定出清基边线，做出明显标识；清除开挖断面和渠堤填筑范围内树根、盐碱土、淤积腐殖土、污物及其他杂物；清基面必须平整。清基及基础处理满足要求后，进行施工放线，详细准确地放出沉淀池的开口轮廓和开挖断面。在开挖过程中应严格控制开挖线的精度，将沉淀池的底宽和上口宽边线放出，根据挖方余土断面和填方缺土断面，合理调配土方，严禁超挖和补坡，并预留 30cm 左右的保护层采用人工开挖，避免机械开挖扰动基础的原状土。回填时严格控制土料和铺料厚度，应满足设计各项指标。

2. 铺防渗膜

防渗膜的施工应在地基及基底支持层工程由技术人员现场验收后进行，铺膜时不宜拉得太紧，要留有小折皱，并排出膜下的空气，边铺膜边回填。在铺设开始后，严禁在可能危害土工膜安全的范围内进行开挖、凿洞、电焊、燃烧、排水等交叉作业；保护层要分层夯实，边坡回填时要多出 10cm，以便挂线修坡；车辆等不得碾压土工膜面及其保护层。

3. 砂砾料和刚性材料保护层的施工

当膜料铺好后，先铺膜面过渡层，再铺符合级配要求的砂砾料保护层，并逐层插捣或振压密实。刚性保护层的施工，关键是过渡层的铺设，要特别注意防止刚性材料撞破膜料。发现膜料有孔洞或被穿破，要立即采用粘贴法修补。

4. 沉淀池池壁的施工

沉淀池池壁可采用混凝土现浇或者砖石料砌成，方法如下：

（1）现浇钢筋混凝土沉淀池。

1）板选型与选材。模板及其支架应根据结构形式、施工工艺、设备和材料供应等条件进行选型和选材，模板及其支架的强度、刚度及稳定性应满足设计要求。

2）模板安装与拆除。池壁模板可先安装一侧，绑完钢筋后，分层安装另一侧模板，或采用一次安装到顶而分层预留操作窗口的施工方法。当有预留孔洞或预埋管时，宜在孔口或管口外径 1/4～1/3 高度处分层，孔径或管外径小于 200mm 时，可不受此限制。安装池壁的最下一层模板时，应在适当位置预留清扫杂物用的窗口。当为带斜壁或斜底的圆形沉淀池时，宜在池中心设立测量支架或中心轴。当木模板为竖向木纹时，除应在浇筑前将模板充分湿透外，并应在模板适当间隔处设置八字缝板。拆模时，应先拆内模。

（2）砖石等砌体沉淀池。

1）石料应采用料石，质地坚实，无风化和裂纹；砂子宜采用中、粗砂，质地坚硬、清洁、级配良好，使用前应过筛，其含泥量不应超过 3%；砌筑砂浆应采用水泥砂浆。

2）砖砌池壁时，砌体各砖层间应上下错缝，内外搭砌，灰缝均匀一致。水平灰缝厚度和竖向灰缝宽度宜为 10mm，但不应小于 8mm，并不应大于 12mm。

3）圆形池壁，里口灰缝宽度不应小于 5mm。砌砖时砂浆应满铺满挤，挤出的砂浆应随时刮平，严禁用水冲浆灌缝，严禁用敲击砌体的方法纠正偏差。

二、首部枢纽工程

（一）首部枢纽布置型式

（1）水源为地表水，过滤设施放置于室内。平面布置如图 5-3 所示，建筑面积大，工程造价较高。

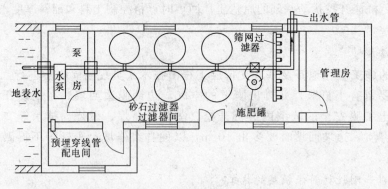

图5-3 地表水、过滤设施放置于室内首部枢纽平面布置示意图

（2）水源为地表水，过滤设施放置于室外。此类平面布置如图5-4所示，建筑面积较小，工程造价较低，但室外的设备易受风沙的影响而降低使用效果及缩短工作年限。

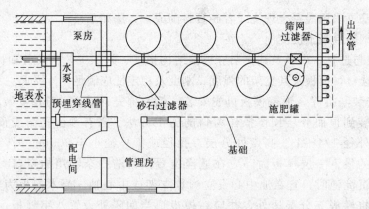

图5-4 地表水、过滤设施放置于室外首部枢纽平面布置示意图

（3）水源为地下水，过滤设施放置于室内，此类平面布置如图5-5所示。

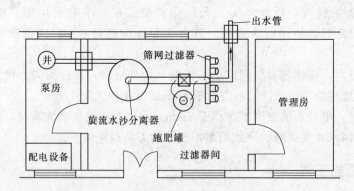

图5-5 地下水、过滤设施放置于室内首部枢纽平面布置示意图

（4）水源为地下水，过滤设施放置于室外，此类平面布置如图5-6所示。

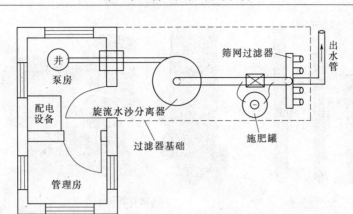

图 5-6 地下水、过滤设施放置于室外首部枢纽平面布置示意图

（二）首部枢纽工程布设的注意事项

（1）布置应尽量紧凑、合理，以节约工程投资。

（2）室内布置应力求整体有序，留有通道，以便于操作运行及各种设备安装和检修。

（3）当过滤、施肥等设备布置在室内时，应布设专门的排水设施，以便将过滤器等设备的反冲洗污水排到室外，避免泵房内地面积水影响运行。

（4）应满足通风、采光、散热要求。

（三）首部枢纽土建工程施工

水泵与净化设施的基础一般为混凝土结构，主要满足强度、刚度与尺寸要求，以承受荷载，不发生沉陷和变形。泵房是滴灌首部枢纽土建工程中的重要构筑物之一，用来布置滴灌工程首部枢纽中的机电设备。泵房结构应安全可靠、耐久，泵房基础应具有足够的强度、刚度和耐久性；地基应具有足够的承载能力和抗震稳定性。配电间用来布置配电设备，常常紧挨着泵房修建，离机组较近，以节省投资。配电间的尺寸主要取决于配电设备的数目和尺寸，以及必要的安装、操作与检修的空间；其地面高程应高出泵房地面高程10～15cm，以避免地面积水使电气设备受潮。管理房为机电设备操作人员及滴灌系统运行管理人员提供值勤、办公场所，还可放置一些检修工具等。

三、水泵及安装

（一）水泵

水泵是把原动机的机械能转换为所抽送液体的能量的机械。在水泵的作用下，液体能量增加，从而被提升、增压或输送到所需要之处。用以输送水或给水增加能量的泵称为水泵。对节水灌溉系统来说，水泵可按设计要求稳定提供系统运行的水量和压力，目前节水灌溉系统常用的水泵多为潜水泵、离心泵，如图 5-7 所示。

水泵必须在动力机的带动下工作，潜水泵一般已配套动力机，未配套动力机的水泵需要根据当地动力条件、水泵的运行状况、维护管理及环境条件确定合适的动力机。对于农田灌溉电源能充分保证的地区，可按照保证水泵正常运转所需的电源选择电动机。

(a) 潜水泵　　　　　　　　(b) 离心泵及电机

图 5-7　水泵

(二) 水泵机组的安装

1. 安装前的准备工作

(1) 安装人员的组织。安装前必须配齐技术力量，安装人员必须熟悉安装范围内的有关图纸和资料，学习安装规范、规程和有关规定，掌握安装方法、步骤和技术要求。

(2) 安装工具和材料的准备。安装用的工具和材料，与机组的型号、大小等有关，要根据具体情况，准备好所需的工具和材料。安装工具包括一般工具、起吊运输工具、量具和专用工具等。

(3) 设备验收。设备运到工地后，应组织有关人员检查各项技术文件和资料，检验设备规格、数量、质量。设备的检查包括外观检查、解体检查和试验检查。对于出厂有验收合格证，包装完整，外观检查未发现异常的情况，只要运输保管符合技术文件的规定，可不进行解体检查；若对制造质量有怀疑，或由于运输、保管不当等原因影响设备质量，则应该进行解体检查。为保证安装质量，对于装配有关的主要尺寸及配合公差应进行校核。

(4) 土建工程的配合。安装前土建工程的施工单位应提供主要设备基础及建筑物的验收记录、建筑物设备基础上的基准线、基准点和水准点高程等技术资料。为保证安装质量和安装工作的顺利进行，安装前，机组基础混凝土应达到设计强度的 70% 以上；泵房内的沟道和地坪已基本做完，并清理干净；泵房完成封顶不漏雨雪，门窗能遮蔽风沙。建筑物装修时，不影响安装工作的进行，并保证机电设备不受影响。对设固定起重设备的泵房，还应具备行车安全的技术条件。

(5) 主机组基础和预埋件的安装。根据设计图纸要求，泵房内按机组纵横中心线及基础外形尺寸放样。为保证安装质量，必须控制机组安装高程和纵横位置误差；为便于管道安装，主机组的基础与进出水管道的相互位置和空间尺寸应符合设计要求。

基础浇筑分一次浇筑和二次浇筑两种方法。前者用于小型水泵，后者用于大中型水泵。一次浇筑法是将地脚螺栓在浇筑前预埋，地脚螺栓上部用横木固定在基础木模上，下部按放样的地脚螺栓间距焊在固定钢筋上，在浇筑时，一次把它浇筑在基础内。二次浇筑法是在浇筑基础时预留出地脚螺栓孔，根据放样位置安放地脚螺栓孔木模，在浇筑基础完毕后，于混凝土初凝后终凝前将木模拔出。预留孔的中心线对基准线的偏差不大于 5mm，孔壁铅垂度误差不得大于 10mm，孔壁力求粗糙。机组安装好后再向预留孔内浇筑混凝土。

水泵和电动机底座下面一般设调整垫铁，用来支撑机组重量，调整机组的高程和水平，并使基础混凝土有足够的承压面。垫铁的材料为钢板或铸铁件，斜垫铁尺寸，一般按接触面受力不大于 3000N/cm² 来确定，薄边厚度一般不小于 10mm，斜边为 1/10~1/25。

2. 电气设备安装

灌溉系统动力机采用电动机的状况较多，当以柴油机、汽油机为动力的机组，排气管应通往泵房外；当以电动机为动力机时，应采用如下所述安装规程。

（1）电气接线要求：

1）电气主接线的电源侧宜采用单母线不分段。对于双回路供电的泵站，也可采用单母线分段或其他接线方式。电动机电压母线宜采用单母线接线，对于多机组、大容量和重要泵站也可采用单母线分段接线。

2）采用双回路供电时，应按每一回路承担泵站全部容量设计。站用变压器宜接在供电线路进线断路器的线路一侧，也可接在主电动机电压母线上。当设置 2 台站用变压器，且附近有可靠外来电源时，宜将其中 1 台与外电源连接。

3）灌溉系统电机接线一般电压采用 380V 中性点接线的三相四线制系统。当设置 2 台站用变压器时，站用电母线宜采用单母线分段接线，并装设备用电源自动投入装置。由不同电压等级供电的 2 台站用变压器低压侧不得并列运行。接有同步电动机励磁电源的站用变压器，应将其高压侧与该电动机接在同一母线段。布置应紧凑，并有利于主要电气设备之间的电气连接和安全运行，且检修维护方便。降压变电站应尽量靠近主泵房、辅机房。

（2）泵房电气安装要求：

1）功率小于 100kW，通常采用一般用途的普通鼠笼型转子的异步电动机。

2）电动机的容量应按水泵运行可能出现的最大轴功率选配并留有一定的余量，系数宜为 1.05~1.10。

3）电动机外壳必须接地，接线方式应符合电机安装规定并通电检查和试运行，机泵必须用螺栓固定在混凝土基座或专用架上。

4）采用三角带传动的机组，动力机轴心和水泵轴心线必须平行，机、泵距离应符合技术要求。

5）为了避免因泵房地面积水使电气设备受潮，配电设备安装处地面应高出泵房地面 10~15cm。

3. 水泵安装

（1）水泵安装要求：

1）水泵出厂时已装配、调试完善的部分不应随意拆卸。

2）水泵安装地基基础的尺寸、位置、标高应符合设计要求。

3）水泵与管路连接后，应复校找正。

4）与水泵连接的管道内部与管端应清洗干净，清除杂物，密封面不应损坏。

5）水泵安装完毕运行前，应检查动力机的转向是否符合水泵的转向要求，各紧固连接部不应松动。

6）对于深井泵，井管管口伸出基础相应平面不小于 25mm，井管与基础间应垫放软质隔离层，井管内应无油泥和污染物。

7）在水泵的取水口处应安装初级过滤设施，先除去水中漂浮的大颗粒杂质。

8）按照水泵说明书要求进行安装。

（2）水泵安装步骤：

1）水泵就位前复查。水泵就位前应复查，检查水泵的生产合格证、说明书、检验报告是否齐全；基础的尺寸、位置、标高应符合设计要求；设备不应有缺件、损坏和锈蚀等情况，管口保护物和堵盖应完好；盘车应灵活，无阻滞、卡住现象，无异常声音。

2）水泵的找平。水泵的找平应以水平中开面、轴的外伸部分、底座的水平加工面等为基准进行测量。

3）水泵的找正与连接。主动轴与从动轴以联轴节连接时，两轴的不同轴度、两半联轴节端面间的间隙应符合设备技术文件的规定。原动机与泵（或变速器）连接前，应先单独试验原动机的转向，确认无误后再连接。主动轴与从动轴找正、连接后，应盘车检查是否灵活。泵与管路连接后，应复校找正情况，如因水泵与管路连接而导致水泵与动力机连接不正常，应调整管路。

4）水泵试运转。水泵试运转前应进行检查，各紧固连接部位不应松动，润滑油脂的规格、质量、数量应符合设备技术文件的规定，有预润要求的部位应按设备技术文件的规定进行预润。润滑、水封、轴封、冷却、加热、液压、气动等附属系统的管路应冲洗干净，保持通畅。水泵启动前，水泵的出入口阀门应处于规范要求位置［离心式泵出口阀门应全闭，其余类型泵全开（混流泵真空引水时，出口阀全闭）］。水泵在设计负荷下连续运转不应少于 2 小时，运转中不应有不正常的声音，压力、流量、温度和其他要求应符合设备技术文件的规定，各密封部位不应泄漏。试运转结束后，关闭水泵的出入口阀门和附属系统的阀门。如长时间停泵放置，应采取必要的措施，防止设备玷污、锈蚀和损坏。运行过程中，离心式泵不应在出口阀门全闭的情况下长时间运转。

四、过滤设备安装

一般情况下，无论是地下水还是地表水灌溉，水源中均存在一些污物和杂质，如河流等地表水中会有浮游物等，井水中会有沙粒，由于灌溉系统中灌水器出水孔径一般都很小（尤其是滴灌灌水器和喷头喷嘴等），易发生堵塞，为保证灌溉系统的正常运行、延长灌水器使用寿命和保证灌水质量，必须对灌溉水源进行严格的过滤处理。节水灌溉系统中常见的过滤设备主要有离心式过滤器、砂石过滤器、网式过滤器、叠片过滤器等。各种过滤设备可以在首部枢纽单独使用，也可以根据水源水质情况组合使用。

（一）过滤器简介

1. 离心式过滤器

离心式过滤器基于重力及离心力的工作原理，清除重于水的固体颗粒。水由进水管切向进入离心式过滤器体内，旋转产生离心力，推动泥沙及密度较高的固体颗粒沿管壁流动，形成旋流，使沙子和石块进入集沙罐，净水则顺流沿出水口流出，即完成水沙分离。图5-8是离心式过滤器（旋流水沙分离器）的实物图。

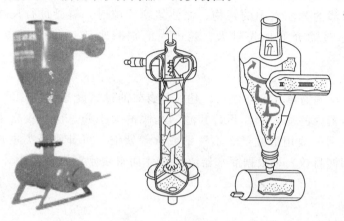

图5-8 离心式过滤器

旋流水沙分离器可以滤去水中大颗粒高密度的固体颗粒，但对于有机物或密度与水接近的杂质，使用这种过滤器效果则较差。而且旋流水沙分离器只有在其工作流量范围内，才能发挥应有的水质净化效果，如果流量太小，旋流水沙分离器将难以形成足够的离心力，不能有效分离出水中的杂质。过滤器前后压力差在0.035～0.07MPa范围内较为适宜，流量变化较大的灌溉系统不宜使用。当水源中含沙量较大时，旋流水沙分离器一般作为初级过滤器与网式过滤器或叠片过滤器配套使用。旋流水沙分离器集沙罐设有排砂口，工作时要经常检查集砂罐，定时排砂，以免罐中砂量太多，使旋流水沙分离器不能正常工作。

2. 砂石过滤器

砂石过滤器是利用砂石式介质间隙进行过滤，常采用石英砂或花岗岩碎石式为过滤介质，介质的粒度、厚度和其空隙度分布情况决定过滤效果的优劣，须严格按过滤器的设计流量操作。图5-9是砂石过滤器的实物图。

图5-9 砂石过滤器

砂石过滤器适用于水源很脏的情况，其滤出有机质的效果很好，但不能滤除淤泥和极细土粒，一般用于水库、明渠、池塘、河道、排水渠及其他含污物水源作初级过滤器使用。当被过滤的浑浊水中的污物、泥沙堵塞空隙时，需要进行反冲洗。过滤器使用到一定时间（过滤介质损失过大、粒度因磨损减小或过碎），应更换或添加过滤介质。

3. 网式过滤器

网式过滤器结构简单且价格便宜，是一种有效的过滤设备，如图5-10所示。网式过滤器主要是容器内的滤网起作用，其滤网孔眼的大小和总面积决定了它的过滤效果和使用条件。滤网一般用尼龙丝、不锈钢或含磷紫铜（可抑制藻类生长）制作，筛网孔径的大小（即网目数）可根据灌水器流道尺寸而自由定制，微灌中，滤网一般80目或120目。

图5-10　网式过滤器及滤芯

当水流穿过网式过滤器时，大于滤网孔径的杂质将被拦截下来，因此网式过滤器能很好地清除水源中的极细沙粒，灌溉水源较清时使用网式过滤器相当有效。但当藻类或有机污物较多时，网式过滤器容易被堵死，而且随着滤网上附着的杂质不断增多，滤网前后的压差越来越大，如果压差过大，网孔受压扩张将使一些杂质挤过滤网进入灌溉系统，甚至致使滤网破裂。因此，网式过滤器需要经常清洗，确保滤网前后压差在允许的范围内。网式过滤器一般多作为末级过滤器使用。

4. 叠片过滤器

叠片过滤器是由大量很薄的圆形叠片重叠起来，并锁紧形成一个圆柱形滤芯，每个圆形叠片一面分布着许多S形滤槽，另一面为大量的同心环形滤槽，水流通过滤槽时将杂质滤出，这些滤槽的尺寸不同，过流能力和过滤精度也不同。叠片过滤器具有稳定的过滤效果；可深层过滤，拦截污物能力强；操作简单，维护方便；系统运行成本较低，性能可靠，寿命较长。图5-11是叠片过滤器及滤芯。

叠片过滤器过流量的大小受水质、水中有机物含量和允许压差等因素的影响，其过滤能力也以目数表示，一般在40～400目之间，不同目数的叠片制作成不同的颜色加以区分。

过滤时，过滤叠片通过弹簧和流体压力压紧，压差越大，压紧力越强，保证了自锁性

图 5-11 叠片过滤器

高效过滤。液体由叠片外缘通过沟槽流向叠片内缘。过滤结束后，通过手工或液压使叠片之间松开进行手工清洗或自动反冲洗。

5. 过滤器的选型

过滤器主要有砂石过滤器、筛网过滤器、叠片过滤器等类型。过滤器的选择应根据水质状况和灌水器的流道尺寸进行，满足系统设计要求。微灌系统过滤器选型可参考以下条件：

（1）当灌溉水中无机物含量小于10ppm，或粒径小于80时，宜选用砂石过滤器、200目筛网过滤器或叠片过滤器。

（2）当灌溉水中无机物含量在10～100ppm，或粒径在80～500，宜先选用旋流水沙分离器或100目筛网过滤器作初级处理，然后再选用砂石过滤器。

（3）灌溉水中无机物含量大于100ppm或粒径大于500时，应使用沉淀或旋流水沙分离器作初级处理，然后再选用200目筛网过滤器或砂石过滤器。

（4）灌溉水中有机污物含量小于10ppm时，可选用砂石过滤器或200目筛网过滤器。

（5）灌溉水中有机物含量大于10ppm时，应选用初级拦污筛做第一级处理，再选用砂石过滤器或200目筛网过滤器。

（二）过滤器的安装

1. 过滤系统安装要求

过滤系统一般由两种或两种以上过滤器组合构成，安装应满足以下基本要求：

（1）各级过滤设施安装顺序应符合设计要求，不得随意更改。

（2）过滤器各组件应按水流标记方向及图纸中所处的位置进行安装。

（3）合理布置反冲洗管，以利于过滤器的冲洗。

（4）安装配备相应的量测仪表、控制与保护设备等。

（5）自动反冲洗式过滤器的传感器等电器原件，按产品规定接线图安装，并通电检查运转状况。

2. 过滤系统的安装步骤

过滤系统的安装步骤也主要遵循设备的复查、装配及找平的顺序连接。首先查验过滤器的生产合格证、说明书，确保安装应用的是合格产品；在安装过滤器时，应就首部的地基平台进行处理，确保过滤系统的水平；在安装的过程中应该按照产品的使用说明按顺序连接，并按输水流向标记安装，不得反向连接，不可接错位置。如离心式加筛网过滤器配置模式安装结构如图5-12所示。

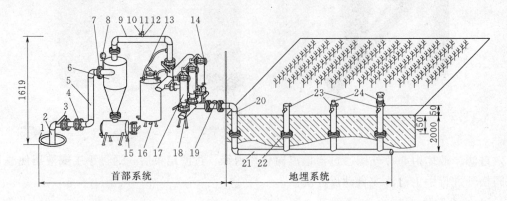

图5-12 "离心式+筛网过滤器"的配置模式安装结构图

1—水源井；2—井管；3—蝶阀；4—逆止阀；5—进水管；6—离心式过滤器；7—法兰；8—压力表；
9—连接管；10—球阀；11—排气阀；12—短接头；13—铝塑复合管；14—锁紧装置；
15—集沙罐；16—施肥罐；17—网式过滤器；18—排污阀；19—水表；20—出水管；
21—地埋管；22—活套法兰；23—出水栓；24—进排气阀

五、施肥装置及安装

（一）施肥器简介

灌溉系统中向压力管道内注入可溶性肥料或农药溶液的设备及装置称为施肥装置，常用的施肥装置有自压施肥装置、文丘里施肥器、压差式施肥罐、注肥泵等。

1. 自压施肥

自压注入施肥通常结合自压灌溉使用，利用肥源与田间的自然高差完成随水施肥，方法简单、价格低廉，但肥液浓度不稳定，对地形有要求，主要在山区等有自压条件的地方使用。在自压灌溉系统中，使用储液箱（池）可以很方便地对作物进行施肥施药。把储液箱（池）置于自压水源的正常水位下部适当的位置上，将储液箱供水管（及阀门）与水源相连接，将输液管及阀门与主管道连接，打开储液罐输液阀，储液箱中的药剂溶液就自动地随水流输送到灌溉管道和灌水器中，对作物施肥施药。由于其技术难度低，便于被农民接受，不失为一种简单易行的好方法，如图5-13所示。

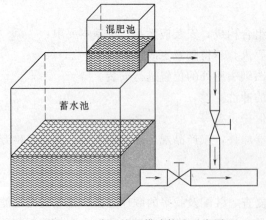

图5-13 自压施肥模式构造示意图

2. 文丘里施肥器

水流经过文丘里管收缩段时，过水断面减小、流速加快，喉部会产生负压，文丘里施肥器即是利用喉部产生的真空吸力，将肥液均匀地吸入灌溉系统进行施肥的。文丘里施肥器主要适用于小型微灌系统（如温室微灌）向管道注入肥料或农药。优点是构造简单、造价低廉、使用方便；缺点是直接装在骨干管道上注入肥料，则水头损失较大。此问题可将文丘里注入器与管道并联安装来克服，见图 5-14。

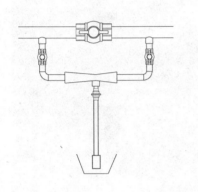
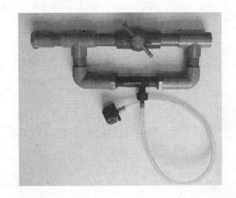

图 5-14 文丘里施肥器

3. 压差式施肥罐

压差式施肥罐一般由储液罐、进水管、供肥液管、调压阀等组成。其工作原理是在输水管上的两点形成压力差，并利用这个压力差将化学药剂注入系统管道。储液罐为承压容器，承受与管道相同的压力。储液罐采用耐腐蚀、抗压能力强的塑料或金属材料制造，罐内容积应根据系统控制面积（或轮灌区面积大小）及单位面积施肥量和化肥溶液浓度等因素确定。压差式施肥灌具有加工制造简单、造价较低、不需外加动力设备的优点，但也有因溶液浓度变化大、无法控制、罐体容积有限，添加化肥次数频繁且较麻烦，输水管道设有调压阀易造成一定水头损失等缺点（图 5-15）。

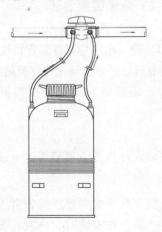

图 5-15 压差式施肥罐示意图

4. 注肥泵

注肥泵是使用管道自身水动力或外界动力将肥液注射进入灌溉管道中的一种节水灌溉施肥装置。其中，使用灌溉管道自身水动力的被称为水力驱动施肥泵，依靠灌溉水本身驱动活塞或隔膜将肥液注入灌溉管道，由于无需外加动力且部分能实现比例调节等，已成为目前注肥泵主要形式。而其他驱动如机械注肥等均需外加动力，造价昂贵，在大田中尚有一定应用，但在设施农业中应用越来越少（图5-16）。

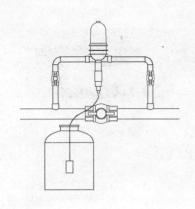

图5-16 水力驱动比例式施肥泵

图5-17 智能灌溉施肥设备

5. 施肥机等智能灌溉施肥设备

智能型施肥设备根据采集的作物需肥信息自动配比施肥种类和浓度，然后按设定的施肥程序通过灌溉系统适时适量供给作物，这些设备体现了现代精准农业信息化、智能化、自动化的发展方向，代表着未来新型灌溉施肥的发展趋势，见图5-17。

（二）施肥装置安装

1. 施肥装置安装要求

（1）进、出水管与首部管路连接应牢固，如使用软管，严禁出现扭曲打折的状况。

（2）施肥装置应安装在初级与末级过滤器之间。

（3）施肥罐进、出水口不可装反。

（4）采用施肥（药）泵时，按产品说明书要求安装，经检查合格后再通电试运行。

2. 施肥装置的安装步骤

施肥装置的安装步骤也主要遵循设备的复查、装配及找平的顺序连接。首先查验施肥装置的生产合格证、说明书，确保安装应用的是合格产品；在安装时，应就首部的地基平台进行处理，确保施肥装置的水平；在安装过程中应该按照产品的使用说明按顺序连接，并按输水流向标记安装，不得反向连接，不可接错位置。

3. 注意事项

为了确保施肥时运行正常并防止水源污染，必须注意以下三点：①化肥或农药的注入一定要放在水源和过滤器之间，使肥液先经过滤器之后再进入灌溉管道，使未溶解的化肥和其他杂质被除掉，以免堵塞管道及灌水器；②施肥和施农药后，必须利用清水把残留在系统内的肥液或农药全部冲洗干净，防止设备被腐蚀；③在化肥或农药输送管出口处与水源之间一定要安装逆止阀，防止肥液或农药流进水源，更严禁直接把化肥和农药加进水源而造成环境污染。

六、测量仪表及保护控制设备安装

（一）测控设备简介

1. 测量仪表

（1）压力表。压力表是灌溉系统中必不可少的量测仪器，它可以反映系统是否按设计正常运行，特别是过滤器前后的压力表，它实际上是反映过滤器堵塞程度及何时需要清洗过滤器的指示器。灌溉系统中常用的压力测量装置有弹簧管压力表等。

（2）水表。灌溉系统中利用水表来计量一段时间内通过管道的水流总量或灌溉用水量。水表一般安装在首部枢纽中过滤器之后的干管上，也可根据各用水单元的管理体制将水表安装在相应的支管上。当设计流量较小时，可以使用 LXS 型旋翼式水表，该类水表的工作水温应小于 40℃，工作压力小于 980kPa。当流量比较大时，可以选用水平螺翼式水表。此种水表的工作水温与允许最大工作压力与 LXS 型旋翼式水表相同。使用水平螺翼式水表的优点是：在同样口径和工作压力条件下通过的流量比旋翼式水表大 1/3，水头损失和水表体积都比旋翼式小。

2. 保护控制设备

（1）逆止阀。逆止阀又叫止回阀，有单盘绕轴旋转式和双盘绕轴旋转式两种，主要作用是防止水倒流。例如在供水管与施肥系统之间管道中装上逆止阀，当供水停止时，逆止阀自动关闭，使肥料罐里的化肥和农药不能倒流回供水管中；另外在水泵出水口装上逆止阀后，当水泵突然停止抽水时可以防止水倒流，从而避免了水泵倒转。

（2）安全阀。安全阀又称减压阀，主要用途是消除管路中超过设计标准或管道所能承受的压力，保证管道安全输水。如管道中由于开、关阀门过快或突然停机时造成管路中压力突然上升，安全阀就可以消除这些压力，防止发生爆管事故。微灌系统中主要使用的是弹簧式减压阀，一般安装在抽水机出水侧的主干输水管上，对于大型输水管网，可以用大直径封闭式安全阀。

（3）进排气阀。进排气阀能够自动排气和进气，而且压力水来时又能自动关闭。在微灌系统中主要安装在管网系统中最高位置处和局部高地。当管道开始输水时，管中的空气受水的"排挤"向管道高处集中，当空气无法排出时，就会减少过水断面，还会造成高于工作压力数倍的压力冲击。在这些制高点处应安装排气阀以便将管内空气及时排出。当停止供水时，由于管道中的水流向低处逐渐排出时，会在高处管内形成真空，进排气阀能及时补气，使空气随水流的排出而及时进入管道。微灌系统中经常使用的进、排气阀有塑料和铝合金材料两种，国内山东莱芜塑料制品总厂，山西省水科所等单位研制生产一种适合微灌系统使用的简易进排气阀。

（二）装置设备安装

（1）测量仪表和保护设备安装前应清除封口和接头的油污和杂物，安装按设计要求和水流方向标记进行。

（2）检查安装的管件配件如螺栓、止水胶垫、丝口等是否完好，管件及连接处不得有污物、油迹和毛刺，不得使用老化和直径不合规格的管件。

（3）截止阀与逆止阀应按流向标志安装，不得反向安装。

（4）压力表宜装在环型连接管上，如用直管连接，应在连接管上与仪表之间装控制阀。

（5）法兰盘中心线应与管件轴线重合，紧固螺栓应能自由穿入孔内并应装配齐全，止水垫不得阻挡过水断面。

（6）安装三通、球阀等丝口件时，用生料带或塑料薄膜缠绕，确保连接牢固不漏水。

第二节 管道连接与安装

管道是灌溉系统的主要组成部分，各种管道与连接件按设计要求组合安装成一个输配水管网，按作物需水要求向田间和作物输水和配水。地面管道与连接件在工程中用量大、规格多，因此安装质量的好坏直接关系到工程能否正常运行和寿命的长短。

一、管道种类

目前灌溉系统输、配水管网大都采用塑料制品。大型微灌工程输水管道亦有采用水泥制品管或金属管，地面移动管道由于经常需要移动，除了要满足运行的一般要求外，还必须轻便、拆装简便，耐磨耐撞击，能经受风吹日晒。

塑料管主要有两种：聚乙烯管（PE管）、聚氯乙烯管（PVC管）。聚乙烯管（PE管）分为高压低密度聚乙烯管和低压高密度聚乙烯管两种。低压高密度聚乙烯管为硬管，管壁较薄。高压低密度聚乙烯管为半软管，管壁较厚，对地形的适应性比低压高密度聚乙烯管要强。

聚氯乙烯管（PVC管）是以聚氯乙烯树脂为主要原料，与稳定剂、润滑剂等配合后经过挤压成型的。它具有良好的抗冲击和承压能力，刚性好。

金属管道（图5-18）安装一般采用铝管或钢管。其优点是能承受较大的工作压力；韧性强，不易断裂；不易锈蚀，耐酸性腐蚀；抗冲击力强，不怕一般的碰撞及摩擦；水力性能好，使用寿命长。这类管道安装与一般喷灌工程规定相同，可参照 GB 50085—2007《喷灌工程技术规范》、GB 50235—2010《工业金属管道工程施工规范》中金属管道及自应力钢筋混凝土输水管标准中的规定进行施工。

图 5 - 18 金属管道及管件

二、管道的安装

(一) 塑料管道安装

1. 安装前准备

塑料管道安装前, 对塑料管规格和尺寸进行复查, 管内必须保持清洁, 重点检查管材外划擦伤痕问题。要检查塑料管道及管件是否有挤压、弯折变形或破裂, 检查管壁厚度是否均匀, 尺寸偏差是否符合有关标准的规定。准备充足的相应尺寸塑料管道、黏合剂、毛刷等, 检查管材、管件、胶圈、黏合剂的质量是否合格。

2. 管道连接

(1) 塑料管黏接方法和要求。

1) PVC - U 黏接管道安装步骤:

a. 管道切割。选用细齿锯、割刀或专用 PVC - U 断管具, 将管道按要求长度垂直切开, 如图 5 - 15 所示, 用板锉将断口毛刺和毛边去掉, 然后倒角 (锉成坡口)。

b. 确定插入深度。黏接前应将两管试插一次, 使插入深度及配合情况符合要求, 并在断面划出插入承口深度的标线, 管端插入承口深度根据表 5 - 1 中的数据确定。

表 5 - 1　黏接时管道和管件插入长度　单位: mm

公称外径	20	25	32	40	50	63	75	90	110	125	140	160
插入长度	16.0	18.5	22.0	26.0	31.0	37.5	43.5	51.0	61.0	68.5	76.0	86.0

c. 黏合剂涂抹。在涂抹黏合剂之前, 用干布将承插口外黏接表面上的残屑、灰尘、水、油污擦净。用毛刷将黏合剂迅速均匀地涂抹在插口外表面和承口内表面, 如图 5 - 19 (c) 所示。

d. 插入连接。将两根管道和管件的中心找准, 迅速将插口插入承口保持至少 2min, 以使黏合剂均匀分布固化, 如图 5 - 19 所示。承插接口连接完毕后, 用布擦去管道表面多余的黏合剂, 连接完后 10min 内避免向管道施加外力, 固化 24h 后可进行试压、使用, 固化时间见表 5 - 2。

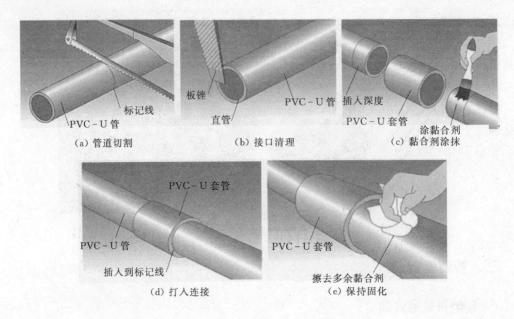

图 5-19 PVC 管黏接示意图

表 5-2 黏接管道或管件静止固化时间 单位：h

公称外径 /mm	管道表面的温度	
	5~18℃	18~40℃
63 以下	20	30
63~110	45	60
110~160	60	90

2）塑料管黏接要求：①黏合剂必须与管道材质相匹配；②被黏合的管端、管件应清除污迹，并进行配合检查；③承插管轴线应对直重合，承插深度应为管外径的 1~1.5 倍；④插头和承口均匀涂上黏合剂后应适时承插并转动管端，使黏合剂填满间隙；⑤黏接后 24h 内不得移动管道。

注意事项：主干管通常用聚氯乙烯（PVC）管，管之间用承插黏接，一般应能承 0.5~0.6MPa。钢管与聚氯乙烯（PVC）管间采用法兰连接。当聚氯乙烯（PVC）管之间用承插黏接法连接时，聚氯乙烯（PVC）管口断面要与管道轴线垂直，各段管道的轴线应对直重合。承插深度应为管外径的 1~1.5 倍，黏合剂应与管材匹配。连接时要对被黏接的管端、管件进行配合检查，并清除灰尘与污迹，在插头外侧与承插口内侧均匀涂抹黏合剂，应适时承插，并转动管端使黏合剂填满空隙，黏接后 24h 内不得移动管道。中口径、大口径管子插入承口后，在管的另一端垫上厚木板，用木锤打击，使插接更为牢固。

（2）塑料管套接方法和要求。

1）承插式管安装步骤。聚氯乙烯（PVC管）采用套接方法安装，安装前检查套管与密封胶圈规格是否匹配，插头外缘应加工成斜口，并涂润滑剂，然后对正密封圈，另一端用木锤轻轻将其打入套管内，至规定深度。密封圈装入套管槽内不得扭曲和卷边。具体安装步骤如下（图 5-20）：

a. 在辅设管道前要对管材、管件、橡胶圈等进行外观检查，不得使用有问题的管材、管件、橡胶圈。

b. 管道穿越公路时应设钢盘混凝土套管，套管直径不小于硬聚乙烯管道直径加 60mm。

c. 清除承接口的污物。

d. 将橡胶圈正确安装在管道承接口的胶圈槽内，橡胶圈不得装反或扭曲。

图 5-20　橡胶圈安装

e. 用塞尺顺承插口量好插入的长度，不同管径管道插入长度见表 5-3。

表 5-3　　　　　　　　　管道接头最小插入长度　　　　　　　　单位：mm

公称外径	63	75	90	110	125	140	160	180	200	225	280	315
插入长度	64	67	70	75	78	81	86	90	94	100	112	113

f. 在插口上涂上润滑剂（洗洁精或洗衣粉水剂）。

g. 用紧绳器将管插口一次性插入到规定尺寸。

h. 插进以后，用塞尺检查胶圈安装是否正常。

2）安装要求：

采用聚乙烯管（PE管）管件连接（图5-21），应注意以下几点：①检查管件尺寸是

135

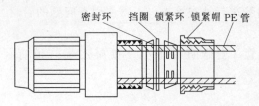

图 5-21　聚乙烯管（PE）管件连接方式

否合格，管端是否平、齐，管壁薄层是否均匀；②先将聚乙烯管（PE 管）以圆盘形沿管槽慢慢滚动把管子放在沟内，禁止扭折或随地拖拉，以防磨损管道；③安装时先将锁紧帽、锁紧环、垫圈和弹性密封环依次套到聚乙烯管（PE）管件上，把已修理平齐的聚乙烯管（PE 管）管头插入连接件内，把密封圈推入连接件斜口内，最后将锁紧螺帽拧紧，使其聚乙烯管（PE 管）紧密连接。

（3）塑料管热承插方法和要求。塑料管连接采用热承插方法也可满足强度要求。此种方法比较简单，要求操作人员掌握。其方法是将管的一端（长约 150～200mm）放入加热后的甘油或植物油中加热，使管端软化，另一端将管外径用木锉打毛，涂上胶黏剂备用。聚氯乙烯（PVC）管加热油温为 140～160℃，聚丙烯（PP）管加热油温为 170～180℃，高压聚乙烯（LDPE）管（$D \geqslant 25$mm）加热油温为 140～150℃，小管径的 LDPE 管（$D <$ 20mm）用沸水煮 4～10min 即可。如果没有温度计，将加热管端取出用手捏，变软即可。加热软化后的管端迅速用锥形木楔撑口，拔出木楔，将涂上胶黏剂的一根管头立即插入，并用木榔头轻轻敲入，插入长度不得小于管外径的 1.5 倍，待冷却后连接完毕。操作时温度控制是关键，温度过高、时间过长，管端易变形；温度低、时间短，孔口扩不开，连接后管头易破裂。因此，要特别注意连接质量。

3. 管道铺设

根据设计标准，由枢纽起沿主、干管管槽向下游逐根连接。管道安装施工过程中，及时填写施工记录，并分施工内容进行阶段验收，尤其对一些意外情况的处理应及时填写清楚。

夏天施工应在清早或傍晚进行，以免在烈日下施工时塑料管受热膨胀，晚间变凉管道收缩而导致接头脱落、松动、移位，造成漏水。

连接管道时，可每距 8m 左右在绕开接头部位处先回填少量细土，压稳管位，以便施工。

铺设聚乙烯半软管，应将管道以圆盘形沿管槽慢慢滚动把管子放到沟内，禁止扭折或随便拖拉，以防磨损管道。为了防止泥土进入管内，施工前应将管子两端暂时封闭。或将上端管口先与输水接口连接紧，再由上向下铺放管道。

硬质聚氯乙烯塑料管（PVC），据福建省水科所试验观测，PVC 塑管对温度变化反应比较灵敏，热应力易引起热胀冷缩变化，宜采取安装伸缩节方法予以补偿，以免导致管道与设备附件拉脱、移位。因此，温差变化较大的地区连接管长超过 60m 时宜安装伸缩节。

施工温度要求：用黏合剂黏接不得在 5℃ 以下施工；胶圈连接不得在 -10℃ 以下施工。

管道安装和铺设中断时，应用木塞或其他盖堵管口封闭，防止杂物、动物等进入管道，导致管道堵塞或影响管道卫生。

在昼夜温差较大地区，应采用胶圈（柔性）连接，如采用黏接口连接，应采取措施防止因温差产生的应力破坏管道接口。

塑料管承插连接时，承插口与密封圈规格应匹配，管道放入沟槽时，扩口应在水流的上游。

管道在铺设过程中可以有适当的弯曲，可利用管材的弯曲转弯，但幅度不能过大，曲率半径不得小于管径的 300 倍，并应浇筑固定管道弧度的混凝土或砖砌固定支墩。

当管道坡度大于 1∶6 时应浇筑防止管道下滑的混凝土防滑墩。

4. 安装注意事项

（1）塑料管道的存放不宜裸露在阳光下，以防止老化；暴露在外的塑料管一定要选择黑颜色的，可以防止老化，还可以防止管道内生长青苔。施工中禁止扭、划、拉、折管道，以保证其使用寿命。

（2）在毛管上打孔时，注意不要把毛管两壁打透或将孔口打大，打完孔要把打下的塑料屑从孔口清除干净，以防堵塞喷头。

（3）因塑料管的线胀系数较大，温度升高时，管子变长（不受束时）；温度低时，管子收缩变短。故塑料管道施工尽量安排在春秋两季，这时温度接近于全年的平均温度，并且昼夜温差较小。即便在夏季施工，回填的时间一定要放在早晚气温比较凉爽的时候进行。

（4）施工时如温度较高，为了补偿温度降低时引起的塑料管线收缩，可以使管子沿沟底适当蜿蜒，留有收缩余地或每隔 100m 左右设置一个伸缩接头。

（二）金属管道安装

安装要求如下：

（1）金属管道安装前应将管与管道按施工要求摆放。

（2）金属管道安装时，应将管道中心对正。

（3）金属管道及管件应进行防锈、防腐处理。

（三）管件与阀门安装

1. 管件安装

管件（图 5-22）安装包括螺纹接头、分水三通、活动接头、通气阀等部件，根据设计要求在便于施工作业条件下铺设管道时一次组装，达到位置准确，连接牢靠，不漏水。

2. 阀门安装

阀门（图 5-23）种类有闸阀、球阀、蝶阀、电磁阀等，其作用是控制和调节灌溉系统的流量和压力。

金属阀门与塑料管连接时要求如下：

（1）直径大于 65mm 的管道宜用金属法兰连接，法兰连接管外径大于塑料管内径 2～3mm，长度不应小于 2 倍管径，一端加工成倒齿状，另一端牢固焊接在法兰一侧。

（2）将塑料管端加热后及时套在带倒齿的接头上，并用管箍上紧。

（3）直径小于 65mm 的管道可用螺纹连接，并应装活接头。

（4）直径大于 65mm 以上阀门应安装在底座上，底座高度宜为 10～15cm。

（5）截止阀与逆止阀应按流向标志安装，不得反向。塑料阀门安装用力均匀，不得

45°弯头　　　　90°弯头　　　　180°弯头

(a)弯头　　　　　　　　　　(b)活动接头

(c)三通　　　　　　　　(d)异径接头

(e)法兰　　　　　　　　　(f)伸缩器

图5-22　各种管件

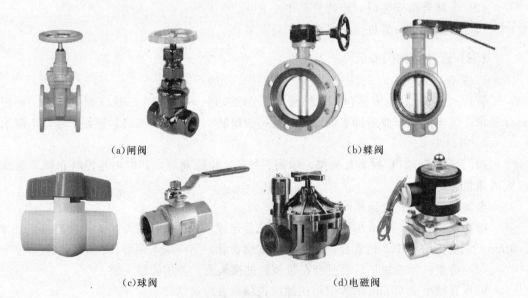

(a)闸阀　　　　　　　　　　(b)蝶阀

(c)球阀　　　　　　　　(d)电磁阀

图5-23　各种类型的阀门

敲碰。

（四）管道冲洗与试水

1. 管道冲洗

管道冲洗的主要目的是将安装过程中产生的废料及管道中进入的泥土等杂物冲出管道，以免造成系统运行中管道或滴灌带滴头的堵塞，保证系统正常运行。

（1）冲洗前检查。首先要检查仪器、仪表、设备是否配套完好、操作灵活，滴灌系统的压力表精度不低于 2.5 级，阀门开关灵活、排气装置通畅、管道连接紧密。

（2）管道冲洗程序。管道的冲洗应由上至下逐步进行，按干管、支管、辅管和毛管顺序冲洗，支管和毛管应按轮灌组冲洗，冲洗过程中应该及时检查管道情况，并做好冲洗记录。冲洗的步骤和要求为：

1）打开系统枢纽总控制阀和待冲洗管道的阀门，关闭其他阀门，然后启动水泵，对干管进行冲洗，直到干管末端出水清洁为止，并关闭干管末端阀门。

2）打开一个轮灌组的各支管进口和末端阀门，进行支管冲洗；然后关闭支管末端阀门冲洗毛管，要求支管、毛管末端出水清洁为止；最后再检查下一个轮灌组的冲洗。

2. 管道试水

管道安装完毕后，应进行管道水压试验并填写水压试验报告。对于面积不小于 30hm² 的工程，应分段进行管道水压试验。水压试验应选用经校验合格且精度不低于 1.0 级标准的压力表，表的量程宜为管道试验压力的 1.3～1.5 倍。水压试验宜在环境温度 5℃以上进行，否则应有防冻措施。

（1）试水前准备。

1）对系统首部枢纽进行检查，确保系统首部各设备都能够正常工作。

2）对试压设备、压力表、进排气阀及进水管等设施进行检查，检查管道能否正常排气及放水，保证系统的密封性及其功能。

3）对管道接口、镇墩等其他附属设施外观以及回填情况进行认真的检查并检查阀门、弯头及三通等支撑是否牢固。

4）与试验管道无关的系统应封堵隔开。

5）管道所有接头处能清楚观察渗水情况。

6）管道试压前应冲洗干净。

7）管道试验长度不宜大于 1000m。

（2）管道试水。管道水压试验包括耐水压试验和渗水量试验。若耐水压试验合格，即可认定为管道水压试验合格，不需要进行渗水量试验。

试验管道充水时，应缓慢灌入，将管道内气体排尽。试验管道充满水，24h 后方可进行耐水压试验。

高密度聚乙烯塑料管道试验压力不应小于管道设计工作压力的 1.7 倍；低密度聚乙烯塑料管道试验压力不应小于管道设计工作压力的 2.5 倍；其他材料的管道试验压力不应小于管道设计工作压力的 1.5 倍。

试验时升压应缓慢。达到试验压力保持 10min，管道压力下降不大于 0.05MPa，管道无泄漏、无破损，即为合格。

第三节 喷 头 安 装

一、喷头的形式及分类

(一) 概述

喷头是把有压水流喷射到空中，散成细小水滴并均匀地散落在所控制的灌溉面积上的关键设施，因此，喷头结构型式及其制造质量的好坏，直接影响到喷灌质量。

喷头的种类很多，按喷头结构型式和水流性状可以分为旋转式、固定式和孔管式三种；按其工作压力及控制范围大小，可分为低压喷头（或称近射程喷头）、中压喷头（或称中射程喷头）和高压喷头（或称远射程喷头）。

按喷头结构型式和喷洒特征，可以分为旋转式（射流式）喷头、固定式（散水式、漫射式）喷头、喷洒孔管三类。

(1) 旋转式喷头。这是绕其自身铅锤轴线旋转的一类喷头。它把水流集中呈股状，在空气作用下碎裂，边喷洒边旋转。因此，它的射程较远，流量范围大，喷灌强度较低，均匀度较高，是中射程和远射程喷头的基本型式，也是目前国内外使用最广泛的一类喷头。但使用时要限制这类喷头的旋转速度，并应使喷头安装铅直以保证基本匀速转动。

因为驱动机构和换向机构是旋转式喷头的重要部件，因此根据驱动机构的特点，旋转式喷头还可以分为摇臂式（撞击式）喷头、叶轮式（蜗轮蜗杆式）喷头和反作用式喷头三种。其中摇臂式喷头根据导水板的形式还可分为固定导流板式摇臂喷头和楔导水摆块式摇臂喷头；反作用式喷头还可以分为钟表式、垂直摆臂式、全对流式（射流元件式）等。根据是否装有换向机构和喷嘴数目，旋转式喷头又有全圆喷洒、扇形喷洒和单喷嘴、双喷嘴等型式。

(2) 固定式喷头。固定式喷头是指喷洒时，其零部件无相对运动的喷头，即其所有结构部件都固定不动。这类喷头在喷洒时，水流在全圆周或部分圆周（扇形）呈膜状向四周散裂。它的特点是结构简单，工作可靠；要求工作压力低（100~200kPa），故射程较近；距喷头近处喷灌强度比平均喷灌强度大（一般在 15~20mm/h 以上）；一般雾化程度较高，多数喷头喷水量分布不均匀。

根据固定式喷头的结构特点和喷洒特征，它还可以分成折射式、缝隙式和漫射式三种。

(3) 喷洒孔管。喷洒孔管又称孔管式喷头，其特点是水流在管道中沿许多等距小孔呈细小水舌状喷射。管道常可利用自身水压使摆动机构绕管轴做 90°旋转。喷洒孔管一般由一根或几根直径较小的管子组成，在管子的上部布置一列或多列喷水孔，其孔径仅 1~2mm。根据喷水孔分布形式，又可分为单列和多列喷洒孔管两种。

喷洒孔管结构简单，工作压力比较低，操作方便。但其喷灌强度高，由于喷射水流细小，所以受风影响大，对地形适应性差；管孔容易被堵塞，支管内水压力受地形起伏变化的影响较大，对耕作等有影响；并且投资也较大，故目前大面积推广应用较小，在国内一般仅用于温室、大棚等固定场地的喷灌。

上述各种喷头中，我国目前使用最多的是摇臂式喷头、垂直摇臂式喷头、全射流喷头、折射式喷头等，特别是摇臂式喷头和固定式喷头应用较广。

（二）各类喷头基本结构及工作原理

1. 摇臂式喷头

摇臂式喷头（图 5-24）的基本结构如下：

图 5-24　摇臂式喷头

（1）旋转密封机构。常用的有径向密封和端面密封两种形式，由减磨密封圈、胶垫（或胶圈）、防沙弹簧等零件组成。

（2）流道。水流通过喷头时的通道，包括空心轴、喷体、喷管、稳流器、喷嘴等零件。

（3）驱动机构由摇臂、摇臂轴、摇臂弹簧、弹簧座等零件组成，其作用是驱动喷头转动。

（4）扇形换向机构。由换向器、反转钩、限位环（销）等零件组成，其作用是使喷头在规定的扇形范围内喷洒。

（5）连接件。摇臂式喷头与供水管常用螺纹连接，其连接件多为喷头的空心轴套。

摇臂式喷头的工作原理如图 5-25 所示。

摇臂式喷头的工作原理实质上是摇臂工作时不同能量的相互传递和转化的运动过程，它可以分为以下五个阶段：

（1）启动阶段。射流经偏流板射向导流板后，转向 60°～120°，导流板得到射流的反作用力，使摇臂获得动能而向外摆动，绕摇臂轴转动，使摇臂弹簧扭转，得到扭力矩，此力矩小于射流反作用力矩，所以，摇臂得到角速度而脱离射流。

（2）外摆阶段。惯性力使摇臂继续转动，直至摇臂张角达到最大，从而得到最大的扭

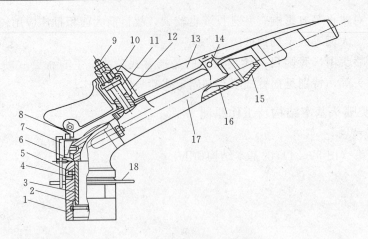

图 5-25 摇臂式喷头结构图

1—空心轴套；2—减磨密封圈；3—空心轴；4—防砂弹簧；5—弹簧罩；6—喷体；7—换向器；
8—反向钩；9—摇臂调位螺钉；10—弹簧座；11—摇臂轴；12—摇臂弹簧；13—摇臂；
14—打击块；15—喷嘴；16—稳流器；17—喷管；18—限位环

力矩，此时角速度转变为 0，弹簧势能达到最大，即摇臂外摆的动能全部转化为弹簧的弹性势能。

（3）弹回阶段。在弹簧扭力矩的作用下，弹簧的弹性势能逐步转化为摇臂的转动动能，摇臂开始往回摆，角速度不断增加，直到摇臂将要切入射流。

（4）入水阶段。具有最大转动动能的摇臂又重新进入射流，偏流板开始最先接受水流（导水板不受水），产生的反作用力使摇臂动能急剧增加，角速度变得越来越大。

（5）撞击阶段。摇臂在回转惯性力和偏流导板切向附加力的作用下，以很大的角速度开始碰撞喷管，使喷头转动 3°~5°，碰撞结束后，摇臂即完成了一个完整的旋转运动过程。在摩擦力矩的作用下，喷头很快静止停了下来。此后再继续重复上述的旋转运动过程。

图 5-26 垂直摇臂式喷头

2. 垂直摇臂式喷头

垂直摇臂式喷头（图 5-26）是一种反作用式喷头，它是利用水流通过垂直摇臂的导流器所产生的反作用力获得驱动力矩的旋转式喷头，其主要优点是受力情况比摇臂式喷头好。

（1）喷头结构。垂直摇臂式喷头结构（图 5-27）可分为流道（包括空心轴、喷体、喷管、稳流器、喷嘴等零件）、旋转密封机构（包括轴承座、轴承、密封圈等零件）、驱动机构（包括摇臂、反向摇臂、摇臂轴等零件）、换向机构（包括挡块、滚轮、换向架、拉杆、弹簧等零件）和限速机构（包括摩擦垫、压插、压簧等零件）五个部分。

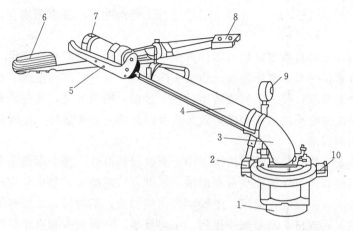

图 5－27 垂直摇臂式喷头结构图

1—空心轴套；2—换向架；3—喷体；4—喷管；5—翻转摇臂；6—摇臂；

7—喷嘴；8—配重铁；9—压力表；10—挡块

（2）喷头工作原理。高速射流从喷孔（多数为环形）射出，冲击导流器（摇臂）摇臂获得能量。冲击力分成向下、向左的两个分力，在向下分力的作用下，摇臂克服平衡锤的重量和摇臂轴的轴承摩擦阻力向下运动；在向左分力的作用下，克服旋转密封机构的摩擦阻力和限速机构的制动摩擦阻力，使喷头向右旋转一个小角度。摇臂向下运动时，其平衡重块升高，得到重力势能，然后在其与摇臂轴平衡重块（有的喷头没有）重力矩的联合作用下，摇臂返回，重力势能转变为转动动能，再次切入射流。同时，在摇臂轴处的摇臂橡胶块与该处的配重橡胶块碰撞，使摇臂转速为零。重复以上的过程，在间歇性驱动力矩作用下，喷头不断做间歇性正转（向右转动）。当换向架（轭架、滚轮、啮合限位器合称为换向架）上的滚轴和啮合限位器相接触时，轭架通过反转传动杆，拉动反转臂，使其切板切入射流得到能量，产生向左的反作用驱动力矩，使喷头迅速向左旋转，直至轭架滚轮接触脱开限位器，传动杆推动反转臂的切水板离开水舌，喷头重新又开始正转。

3. 全射流喷头

全射流喷头（图 5－28）最大的优点是运动部件小，无撞击部件，构造较简单，喷洒性能较好。主要缺点是喷嘴磨损后要更换整个射流元件，有的射流元件上有很小的工作孔，加工不便且易发生阻塞故障。

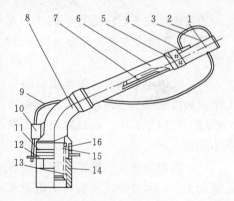

图 5－28 全射流喷头结构图

1—主喷嘴；2—回水管；3—水斗；4—副喷嘴；

5—喷嘴拼帽；6—喷管；7—稳流器；8—喷体；

9—反转管；10—换向开关；11—限位环拼帽；

12—限位环；13—减磨密封圈；14—空心轴

套；15—防沙弹簧；16—空心轴

二、喷头安装

喷头是整个喷灌工程的主要组成部件，应当具有耐磨、耐氧化、经久耐用和水力性能稳定等优点，水压不低于 0.2MPa 即可正常运行。管网布置应遵循紧凑合理的原则，网眼相间 18m×18m。

喷头安装前必须进行检查，应当零件齐全，连接牢固，喷灌规格无误，流道通畅，转动灵活，换向可靠，弹簧松紧适度等。当喷头运转时，要进行巡回监视。如发现进口连接部和密封部位严重漏水，喷头不转或转速过快、过慢，换向失灵，喷嘴堵塞或脱落，支架歪或倾倒，全射流式喷头的负压切换失效等应及时处理。喷头运转一定时间，应对各运转部位加注适量的润滑油。

每次喷灌作业完毕，应将喷头清洗干净，更换损坏部件。整个灌溉季节结束，应进行保养，对转动部位和弹簧件加注少量润滑油。长期存放的喷头，每半年应进行一次拆除保养，重新油封。喷头应存放在通风、干燥、远离热源处，不得同时放酸碱等物。并将喷头弹簧件放松，按不同规格、型号顺序排列，不得堆压。塑料喷头和有塑料件的金属喷头应置于不受阳光直接照射处。

第四节 灌 水 器 安 装

一、微灌灌水器形式与种类

灌水器的作用是把末级管道（毛管）的压力水流均匀而又稳定地灌到作物根区附近的土壤中，灌水器质量的好坏直接影响到微灌系统的寿命及灌水质量的高低。按结构和出流形式可将灌水器分为滴头、滴灌带、微喷头、涌水器、渗灌管（带）等五类。

1. 滴头

通过流道或孔口将毛管中的压力水流变成滴状的装置称为滴头，其流量一般不大于 12L/h。按其出流方式又可分为长流道型滴头、孔口式滴头、涡流型滴头、压力补偿型滴头等。

（1）长流道型滴头。长流道型滴头是靠水流与流道壁之间的摩阻消能来调节出水量的大小，如微管滴头、内螺纹管式滴头等。

（2）孔口型滴头。孔口型滴头是靠孔口出流造成的局部水头损失来消能调节出水量的大小。

（3）涡流型滴头。涡流型滴头是靠水流进入灌水器的涡室内形成的涡流来消能调节出水量的大小，水流进入涡室内，由于水流产生的离心力迫使水流趋向涡室的边缘，在涡流中心产生一低压区，使中心的出水口处压力较低，从而调节出水量。

（4）压力补偿型滴头。压力补偿型滴头是利用水流压力使滴头内流道（或孔口）形状改变或过水断面面积发生变化，即当压力减小时，增大过水断面面积；压力增大时，减小过水断面面积，从而使滴头出流量自动保持稳定，同时还具有自清洗功能。

2. 滴灌带

滴头与毛管制造成一整体，兼有配水和滴水功能的滴灌器称为滴灌带，按滴灌带的结构可划分如下：

（1）内镶式滴灌带。内镶式滴灌带是在毛管制造过程中，将预先制造好的滴头镶嵌在毛管内的滴灌带。内镶滴头有两种，一种是片式，另一种是管式。

（2）薄壁滴灌带。目前国内使用的薄壁滴灌带有两种，一种是在 0.5～1.0mm 厚的薄壁软管上按一定间距打孔，灌溉水由孔口喷出湿润土壤；另一种是在薄壁管的一侧热合出各种形状的流道，灌溉水通过流道以滴水的形式湿润土壤。滴灌带有压力补偿式与非压力补偿式两种。

3. 微喷头

微喷头是将压力水流以细小水滴喷洒在土壤表面的灌水器，单个微喷头的喷水量一般不超过 250L/h，射程一般小于 7m。按照结构和工作原理，微喷头可分为射流式、离心式、折射式和缝隙式四种。

（1）射流式微喷头。水流从喷嘴喷出后，集中成一束，向上喷射到一个可以旋转的单向折射臂上，折射臂上的流道形状不仅可以使水流按一定喷射仰角喷出，而且，还可以使喷射出的水舌反作用力对旋转轴形成力矩，从而使喷射出来的水舌随着折射臂作快速旋转。旋转式微喷头有效湿润半径较大、喷水强度较低，水滴细小，由于其运动部件加工精度要求较高，且旋转部件容易磨损，因此使用寿命较短。

（2）折射式微喷头。折射式微喷头的主要部件有喷嘴、折射锥和支架。水流由喷嘴垂直向上喷出，遇到折射锥即被击散成薄水膜沿四周射出，在空气阻力作用下形成细微小滴散落在四周地面上。折射式微喷头的优点是结构简单，没有运动部件，工作可靠，价格便宜。缺点是由于水滴微细，在空气干燥、高温、风大的地区，蒸发飘移损失较大。

（3）离心式微喷头。离心式微喷头的主体是一个离心室，水流从切线方向进入离心室，绕垂直轴旋转，通过处于离心式中心的喷嘴喷出，喷射出的水膜同时具有离心速度和圆周速度，在空气阻力的作用下水膜被粉碎成水滴滴落在四周。这种微喷头的特点是工作压力低，雾化程度高，一般形成全圆的湿润面积，由于在离心室内能消散大量能量，所以在同样流量的情况下，孔口较大，从而大大减少堵塞的可能性。

（4）缝隙式微喷头。缝隙式微喷头中的水流经过缝隙喷出水舌后，在空气阻力下，裂散成水滴。

4. 小管灌水器

小管灌水器是由 φ4 塑料小管和接头直接插入毛管壁而成，它的工作水头低，孔口大，不易被堵塞。

5. 渗灌管

渗灌管是用 2/3 的废旧橡胶（旧轮胎）和 1/3 的 PE 塑料混合制成的可以渗水的多孔管。这种管埋入地下渗灌，渗水孔不易被泥土堵塞，植物根也不易扎入。

二、灌水器产品介绍

1. 滴灌管、滴头

滴灌管和滴头技术参数分别见表 5-4 和表 5-5。

2. 微喷头

微喷头技术参数见表 5-6。

表 5-4   滴 灌 管 技 术 参 数

品　名	滴头间距 /m	滴头工作压力 /kPa	滴头流量（单孔） /(L/h)	备　注
内镶式滴灌管	0.3	100	3.0	
	0.5	100	3.0	
管上补偿式滴灌管	0.5	60～350	2.3	滴头间距可调
	0.75	60～350		
	1.0	60～350		
	1.25	60～350		
	0.5	60～350	3.75	
	0.75	60～350		
	1.0	60～350		
	1.25	60～350		

表 5-5   滴 头 技 术 参 数

品　名	型号	滴头直径 /mm	工作压力 /kPa	滴头流量（单孔） /(L/h)
微管滴头	DWS	2、3	50～150	2～8
螺纹式微管滴头	DWSL	2	50～200	4～8
孔口式滴头	DKS	3	100	9～25
涡流式可调滴头	DLST	3	50	2～8
迷宫式可调滴头	DMST	3	50	2～8
迷宫式滴头组	DMSZ	4	20	8×1
补偿式滴头	DBS	6	50～200	2、4、8
管式滴头	DGS	10	50～100	2～8

表 5-6   微 喷 头 技 术 参 数

品　名		型　号	喷嘴直径 /mm	工作压力 /kPa	喷水直径 D /m	流量 /(L/h)	备注
折射式	单向微喷头	WZSD	0.8～1.6	70～350	(1～2.5)×(1～5)	18～163	
	双向微喷头	WZSS	0.8～1.6	70～350	(1～3.5)×(1～4)	18～163	
	铜微喷头	WZT	0.8～2	70～350	2.0～5.3	20～112	
	可调铜微喷头	WZTT	0.8～2	105～210	1.83～4.26	79.5～590	
	锌铝合金微喷头	WZX	0.8～2	100	1～2	30～93	
	全圆/线状微喷头	WZSY/WZSX	1～2.5	100～300	3.6～6.6	42～360	
	全圆轴心微喷头	WZSZ/WZTZ	1.2～2	100～300	1.0～2.5	49～285	
	全圆水伞微喷头	WZSN	2.4～3	100～200	3.8～7	130～330	

续表

品 名		型 号	喷嘴直径 /mm	工作压力 /kPa	喷水直径 D /m	流量 /(L/h)	备注
离 心 式	塑料Ⅰ型微喷头	WLSⅠ			3～9	140～740	
	塑料Ⅱ型微喷头	WLSⅡ			3～9	140～740	
	塑Ⅲ、Ⅳ型微喷头	WLSⅢ、WLSⅣ			1.5～4.6	60～213	
	可调塑料微喷头	WLST			3～9	140～740	
	铜Ⅰ型微喷头	WLSⅠ	0.8～2	75～250	3～9	140～740	
	铜Ⅱ型微喷头	WLTⅡ			3～9	140～740	
	铜Ⅲ、Ⅳ型微喷头	WLTⅢ、WLTⅣ			1.5～4.6	60～213	
	可调铜微喷头	WLTT			3～9	140～740	
	不锈钢Ⅰ型微喷头	WLBⅠ			3～9	140～740	
旋 臂 式	Ⅰ型微喷头	WXSBⅠ			3.5～8.6	27～215	
	Ⅱ型微喷头	WXSBⅡ	0.8～2	100～200	3.5～7.6	27～215	
	Ⅲ型微喷头	WLSBⅢ			3.5～7.6	38～215	
	Ⅳ型微喷头	WLSBⅣ			3.5～7.0	34～215	
旋 轮 式	Ⅰ型微喷头	WXSLⅠ					
	Ⅱ型微喷头	WXSLⅡ	0.8～2	100～200	3.2～7.0	20～140	
	Ⅲ型微喷头	WXSLⅢ					
	Ⅳ型微喷头	WXSLⅣ					
旋 长 臂 式	Ⅰ型单嘴微喷头	WXSCⅠ-2			9.2～12	124～305	
	Ⅰ型双嘴微喷头	WXTCⅠ-2	长方嘴	100～150	9.2～12	124～305	
	Ⅱ型单嘴铜微喷头	WXTC-1			9.0～12	130～350	
	Ⅱ型双嘴铜微喷头	WXTCⅡ-2			8.0～12	130～580	
旋 转	Ⅱ型三臂铜微喷头	WXTCⅡ-3	长方嘴	100～150	7～11	150～680	
	Ⅱ型四臂铜微喷头	WXTCⅡ-4			7～10	240～650	
缝 隙 式	Ⅰ型塑料微喷头	WFS110°Ⅰ				21～408	
	Ⅱ型塑料微喷头	WFS110°Ⅱ	异形嘴	100～300	1.4～6.8	21～400	
	Ⅲ型塑料微喷头	WFS110°Ⅲ				21～400	
	Ⅳ型塑料微喷头	WFS110°Ⅳ				21～408	
	Ⅰ型铜微喷头	WFS110°Ⅰ					
	Ⅱ型铜微喷头	WFS110°Ⅱ	异形嘴	100～300	1.4～6.8	21～408	
	Ⅲ型铜微喷头	WFS110°Ⅲ					
	Ⅳ型喷头	WFS110°Ⅳ					
	内螺纹水线微喷头	WFSX/WFTX	异形嘴	100～300	3.8～7.5	166～884	
	水线塑料微喷头	WFSL		50～250	1.1～8.4	14～219	

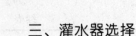

三、灌水器选择

（1）出水量小。

（2）出水均匀、稳定。

（3）抗堵塞性能好。

（4）制造精度高、制造偏差小。

（5）价格便宜、结构简单。

四、灌水器安装方法与要求

1. 安装要求

（1）应选直径小于灌水器插头外径 0.5mm 的打孔器在毛管上打孔。

（2）应按设计孔距在毛管上冲出圆孔，随即安装滴头，严防杂物混入孔内。

（3）微管滴头应用锋利刀具剪裁，管端剪成斜面，按规格分组捆放。

（4）微管插孔应与微管直径相适应，插入深度不宜超过毛管直径的 1/2，并应防止脱落。

2. 滴灌毛管的铺设安装

滴灌带是大田滴灌系统的核心，其铺设与安装质量直接决定了滴灌系统运行的效果。必须按照滴灌带施工的要求和步骤进行施工，保证滴灌带的铺设与安装质量。

（1）滴灌带铺设装置。滴灌带田间铺设装置主要为大田膜下滴灌覆膜、播种、铺管联合作业机。该机器由以下几部分组成：机架部分、滴灌带铺设装置、铺膜装置、播种装置、镇压整形装置和覆土装置。作业时，一次完成膜床整形→铺管→铺膜→膜边覆土→膜上点播→膜孔覆土→镇压等多项工序。机具与滴灌带接触部位应顺畅平滑，转动灵活，不能有毛刺或外加摩擦力，以免对滴灌带造成损伤。滴灌带铺设装置结构如图 5-29 所示。

（2）滴灌带田间铺设。

1）滴灌带田间铺设要求：铺设滴灌带的装置，导向轮应转动灵活，导向环要光滑，最好用塑料薄膜缠住，使滴灌带在铺设中不被刮伤或磨损；滴灌带铺设，不要太紧，留有一定的富余便于自由伸缩，防止铺设过紧造成安装困难，同时，也不能太松，造成不必要的浪费；单翼迷宫式滴灌带铺设时应将流道凸起面向上，内镶式滴灌带要将内镶贴片面（滴孔）向上；滴灌带铺设装置进入工作状态后，严禁倒退；在铺设过程中，对于断开位置及时用直通连接，避免沙子和其他杂物进入，造成后期的管理运行不便；滴灌带连接应紧固、密封，两支管间滴灌带中间应扎紧，末端应封闭，以阻断水流。

2）滴灌带田间铺设步骤：①检查播种机改装是否合适；②将滴灌带架设于滴灌带铺设装置上，流道凸面朝上；③滴灌带与定位轮呈 90°夹角，使播种机在张力均衡状态下自然播种；④机具进入工作状态后，不得倒退。滴灌带田间铺设及安装见图 5-30。

3）膜下滴灌田间铺设滴灌带注意事项：田间铺设滴灌带时，若采用膜下滴灌的技术模式，滴灌带应开沟浅埋，即在滴灌带上方覆 1~2cm 的土，将滴灌带与地膜隔开，一方面避免滴灌带贴膜铺设时吸收热量将地膜烫开，另一方面也避免滴灌带与地膜存在间隙时，产生滴灌带灼伤。

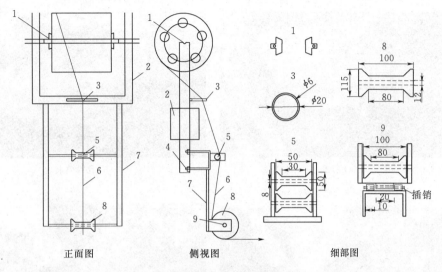

正面图　　　　　　　侧视图　　　　　　　细部图

图 5-29　滴灌带铺设装置示意图

1—轴承；2—带盘架；3—钢筋环；4—螺栓；5—导向轮；

6—滴灌带；7—轮架；8—定位轮；9—连动轴

铺设滴灌带

滴灌带安装

图 5-30　覆膜、播种、铺管联合作业

（3）滴灌带与支、辅管连接。

1）滴灌带与支、辅管连接要求：铺设滴灌带时，在地两边应留有 1.0~2.0m 的伸缩余量；滴灌带与支管、辅管连接的管端应剪成平口；严禁滴灌带与支管、辅管连接时打折。

2）滴灌带与支、辅管连接步骤。滴灌带铺设完毕，将支、辅管按要求安装好后，进行滴灌带与支、辅管的连接，按以下步骤进行：在支管或辅管上打孔，孔眼位置要与滴灌带铺设位置对准，当采用按扣三通连接时，孔眼朝上，将按扣三通承插端按入孔内；当采用旁通连接时，孔口朝向滴灌带铺设的一侧，且与地面平行；孔眼打好后，将旁通、按扣三通插入支管或辅管，将滴灌带与支、辅管连接处用剪刀或小刀剪裁成平口状，将滴灌带与按扣三通或旁通连接。边缝式滴灌带的安装方法：将滴灌带进水口方迷宫凸面朝上，装入按扣三通，紧固；滴水口方迷宫朝下，装入按扣三通，紧固。滴灌带与支管连接可参考滴灌带与辅管连接方法进行，见图 5-31。

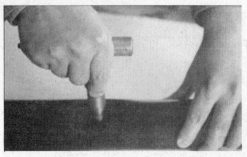
(a) 打孔

(b) 孔眼向上

(c) 安装按扣三通

(d) 安装滴管带

图 5-31 滴灌带与支、辅管连接步骤示意图

3. 微喷头的使用安装型式

不同微喷头可以按照不同的使用方法进行安装，常见的型式有以下三种。

(1) 悬挂式微喷。在温室内布置如图 5-32 所示，这种形式的微喷灌适合于蔬菜、花卉、食用菌、扦插育苗、热带雨林植物，如铁树、发财树、芭蕉等。若考虑施肥，则需增加施肥装置（图 5-32）。

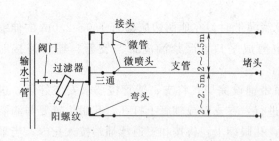

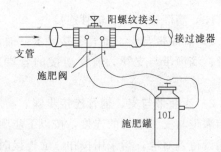

图 5-32 悬挂式微喷灌及施肥装置示意图

(2) 插杆式微喷。如图 5-33 所示，这种型式的微喷灌适合于食用菌类、育苗、果树。育苗则需另加微管，4 件套变成 8 件套；果树需要 8 件套。

(3) 多孔式微喷带。如图 5-34 所示，它是一种管状的雾化微喷设备，是一种激光打

孔的多孔微喷灌聚乙烯带，最大铺设长度为
100m，百米喷水量为 3~10m³/h，喷水宽度为
3.5~10m。一个温室大棚铺设 1~2 条带子即
可，适用于温室大棚及露地草坪、花卉、果树、
蔬菜、根食作物等多种作物。其特点是：①使用
压力低，激光打孔雾化强度高、水滴小、打击强
度小，更适宜作物生长；②安装使用简便，仅用
一个方便直通即可连接带子，减少了配套设备成

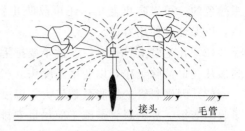

图 5-33　插杆式微喷装置示意图

本；③可一条带子独立使用，也可以加三通、四通，6~8m 间距设长管，增加带子，按
单元轮灌使用。需要进行水力计算以确定水泵，可调节水压来控制喷水的高度和宽度。对
于塑料大棚和日光温室，每套多孔式微喷系统包括喷水带 200m、输水软管 10m、三通 1 个、
弯头 2 只、尾夹 2 只，一次可灌 0.1hm²（1.5 亩）地，可供 2hm²（30 亩）田地使用。

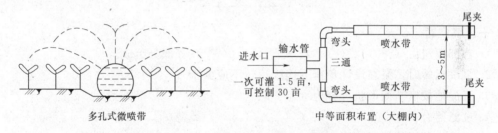

图 5-34　多孔式微喷带安装示意图

4. 温室（大棚）内微喷灌系统的布置

（1）由于温室（大棚）的尺寸长短各不相同，温室宽度一般为 6~8m 不等，大棚宽
度为 8~15m 不等。因此，在大棚内布置微喷系统要根据棚内宽度及所选喷头的喷射半径
来选择铺设一条或两条支管。棚内微喷系统由水源、首部枢纽、输配水管网、微喷灌水器
等四部分组成。微喷灌系统的水源可以是河流、湖泊、池塘、沟渠、井泉等；首部枢纽包
括水泵及动力机、施肥器、过滤器、控制阀门、调压保护设备及量测仪器等。吊管一般选
用 4~5mm，支管可选用 8~20mm，主管可选用 32mm、壁厚 2mm 的 PE 管，微喷头间
距为 2~14m，工作压力为 0.1~1.5MPa（这些应根据微喷头的型号而定）。微喷头喷水
雾化要均匀。

悬挂式的要用螺栓将支管固定在棚长度方向，距地面 2m 的位置上，再把微喷头、吊
管、弯头连接起来，倒挂式安装上微喷头即可，为防止滴漏，可安装防渗漏微型阀。

插杆式的支管铺设在地面上。

（2）微喷系统安装好后，检查供水泵，冲洗过滤器和主管道、支管道，放水 2min，
封住尾部，如发现连接部位有问题应及时处理。发现微喷头不喷水时，停止供水，检查喷
孔，如果是沙子等杂物堵塞，取下喷头，除去杂物，但不可自行扩大喷孔，以免影响微喷
质量，同时检查过滤器是否完好。

5. 安装注意事项

（1）塑料管道的存放不宜裸露在阳光下，以防止老化；暴露在外的塑料管一定要选择

黑颜色的,可以防止老化,还可以防止管道内生长青苔。施工中禁止扭、划、拉、折管道,以保证其使用寿命。

(2)在毛管上打孔时,注意不要把毛管两壁打透或将孔口打大,打完孔要把打下的塑料屑从孔口清除干净,以防堵塞喷头。

(3)因塑料管的线胀系数较大,温度升高时,管子变长(不受束时);温度低时,管子收缩变短。故塑料管道施工应尽量安排在春秋两季,这时温度接近于全年的平均温度,并且昼夜温差较小。即便在夏季施工,回填的时间一定要放在早晚气温比较凉爽的时候进行。

(4)施工时如温度较高,为了补偿温度降低时引起的塑料管线收缩,可以使管子沿沟底适当蜿蜒,留有收缩余地或每隔100m左右设置一个伸缩接头。

习 题 与 训 练

一、填空题

1. 首部枢纽由( )、( )、( )、( )等部分组成。

2. 泵试运转时,泵在设计负荷下连续运转不应少于( )h。

3. 沉淀池按横断面形状可分为( )、( )、( )等类型。

4. 过滤器有( )、( )、( )、( )类型。

5. 微灌中常用的施肥装置有( )、( )、( )、( )类型。

6. 喷头按结构型式和水流性状可以分为( )、( )、( )三类。

7. 喷头按其工作压力及控制范围大小,可分为( )、( )、( )类型。

二、名词解释

1. 水泵

2. 文丘里施肥器

3. 智能灌溉施肥设备

三、简答题

1. 简述水泵的安装要求。

2. 简述水泵的安装步骤。

3. 选择过滤器类型时应参考哪些条件?

4. 过滤系统安装时应满足哪些要求?

5. 简述过滤系统安装步骤。

6. 施肥装置安装的要求有哪些?

7. 简述施肥装置安装时的注意事项。

8. 简述PVC-U黏接管道安装步骤。

9. 简述金属管道安装注意事项。

10. 简述管道冲洗程序和步骤。

11. 喷头安装时的注意事项有哪些?

第六章 节水灌溉设备运行管理

学习目标：

通过学习机井管理、沉淀池管理、机泵、过滤设备、施肥装置和灌水器等设备的操作要求和维护管理要求，能够进行各类节水灌溉设备的运行管理与维护。

学习任务：

（1）了解机井配套设施、机务管理要求，掌握机井的养护与清淤方法。

（2）了解水源、沉淀池（蓄水池）的管理、维护要求，能够正确进行沉淀池（蓄水池）管理与维护。

（3）掌握不同类型水泵的操作要求和运行要求，能进行正确操作，并能进行水泵故障的排除。

（4）掌握动力机的操作要求和运行要求，能进行正确操作。

（5）了解不同类型过滤设备的使用要求，能正确进行各类过滤设备的管理与维护。

（6）了解不同类型施肥装置的使用要求，能正确进行各类施肥装置的管理与维护。

（7）掌握管网、管件及附属设备的运行管理要求，能正确进行管网的运行与维护，并能排除管网故障。

（8）了解不同类型灌水器的维护与管理要求，能正确进行各类灌水器的维护与管理。

节水灌溉系统在运行管理前，首先要清楚系统各部分要达到的运行管理目标，以利于按照系统运行管理质量进行操作。

第一节 节水灌溉工程管理

节水灌溉工程建成以后，为农业抗旱、促进作物增产提供了基础条件。要使工程充分发挥应有的作用和效益，就必须认真做好运行管理与维护工作，以保证工程设施处于良好的状态，以最低成本获得持续稳定的最好的经济效益。低压管道输水灌溉系统的管理主要包括组织管理、用水管理及工程管理等内容。

一、组织管理

实施工程的管理工作，首先应建立健全相应的管理组织，配备专管人员，制定完善的管理制度，实行管理责任制，调动管理人员的积极性，提高他们的责任感，把管理工作落到实处。工程管理一般实行专业管理和群众管理相结合，统一管理和分级负责相结合的管理体制。对于较大的灌区，无论国家所有还是集体所有，都应在上级（当地水利主管部门）的统一领导下，实行分级管理；对于小型或具有移动性的管灌工程系统，可在乡

（村）统一领导下，实行专业承包。

1. 管理组织形式

低压管灌工程的管理组织形式要因地制宜，以有利于工程管理和提高经济效益为原则。

（1）对于村级管理工程，可成立村级管理组织。由村干部、2～3名管理人员组成灌溉专业队，应包括专业电工、业务素质较好的机手等，村干部和机手任正副队长。

（2）对于规模较小的工程，可实行专业户承包。水源、工程设施及机电设备归村所有，专业队看管、养护、使用。行政村或自然村应与专业队签订管理承包合同。

（3）农户建成的灌溉工程，一般面积较小，可由农户自行管理。农户虽然责任心强，但往往缺乏管理知识，可由专业技术人员帮助制定灌溉制度、传授管理维修知识。

（4）地县水利部门要对工程主管人员和专职管理人员进行管理知识的技术培训，提高专职人员的技术素质，并指导他们对工程进行科学管理，及时解决管理运用中存在的问题，总结成功的管理经验，并予以推广。

（5）建立基层水利服务体系，供应低压管灌设施所需的零配件、易损件，规格品种要符合当地需要，起到用户与生产厂家间的桥梁作用。

2. 管理规章制度

工程管理机构内部应建立和健全各项规章制度，明确管理范围和职责。如建立健全工程管理制度，设备保管、使用、维修、养护制度，用水管理制度，水费征收办法，工程运行程序，机电设备的操作规程，考核与奖惩制度等。要把工程运行管理、维修、养护与工程管理人员的经济利益相联系，充分调动管理人员的积极性。

管理人员应做到"三懂"（懂机械性能、懂操作规程、懂机械管理）和"四会"（会操作、会保养、会维修、会消除故障），对管理人员实行"一专"（固定专人）、"五定"（定任务、定设备、定质量、定维修消耗费用、定报酬）的奖惩责任制。管理人员的主要任务如下：

（1）管理、使用灌溉系统及其设备和配套建筑物，保证完好能用。

（2）按编制好的用水计划及时开机，保证作物适时灌溉。

（3）按操作规程开机放水，保证安全运行。

（4）按时记录开停机时间、灌水流量、能耗及浇地亩数等。

（5）合理核算灌水定额、灌水总量、灌溉成本，按时计收水费。

二、用水管理

灌溉用水管理的主要任务，是通过对管道灌溉系统中各种工程设施的控制、调度、运用，合理分配与使用水源的水量，并在田间推行科学的灌溉制度和灌水方法，以达到充分发挥工程作用，合理利用水资源，促进农业高产稳产和获得较高的经济效益的目的。

1. 科学编制用水计划

为了合理指导作物，实现供需水量平衡，提高水的利用效率，灌区应在灌溉季节前参考历年的灌水经验或实验成果，结合当年的天气预报情况、作物种植状况等，编制整个灌区的年用水计划。用水计划的主要内容包括灌区面积、种植比例、灌溉制度、计划供水时间、供水流量及灌溉用水总量等。特别是在水源紧张的情况下，年用水计划应能指导水资源的合理分配和高效利用。

2. 合理确定灌水计划

每次灌水前，应根据年用水计划并结合当时的实际情况，制定灌水计划（作业计划）。灌水计划的内容包括灌水定额、灌水周期、灌水持续时间、各轮灌组的灌水量、灌水时间及灌水次序等。轮灌组的划分一般维持原设计不应变更，但轮灌方式则可根据田间作业及管理要求合理确定，每次灌水时，可根据当时作物及土壤生长墒情的实际情况，对灌水计划加以修正。

3. 建立工程技术档案

为了评价节水灌溉工程的运行状况，提高灌溉用水管理水平和进行经济核算，应建立工程技术档案和运行记录制度，及时填写机泵运行和田间灌水记录表。记录的内容应包括灌水计划、灌水时间（开、停机时间）、种植作物、灌溉面积、灌溉水量、机泵型号、水泵流量、施肥时间、肥料用量、畦田规格、改水成数、水费征收、作物产量等。每次灌水结束后，应观测土壤含水率、灌水均匀度、计划湿润层深度等指标。根据记录进行有关技术指标的相关分析，以便积累经验，改进用水管理工作。

三、工程管理

工程管理的基本任务是保证水源、机泵、输水管道及建筑物的正常运行，延长工程设备的使用年限，发挥最大的灌溉效益。工程管理的主要内容包括工程设施和设备的运行、维修养护，工程的观测、改建，设备设施的完善等。

第二节　机井运行管理与维护

一、机井管理

（一）建立管理组织

机井管理组织，当前有三种形式：一是以村为单位，全村机井统一管理；二是打破村界，成立井片或井灌区统一管理；三是在自流灌区内的机井由灌区管理机构统一建设，统一管理，统一调配水量。这三种组织形式各有利弊，要因地制宜，分别采用。

（二）修建配套设施

1. 机房

机井竣工后应及时修建机房。机房要就地取材，坚固耐久，实用美观；机房周围要填高夯实，防止雨水或灌溉水渗入；机房内要通风干燥，防止机电设备受潮。房顶对准井口处应留一检修孔，以便检查时使用。

2. 出水池

采用明渠灌溉时，须在机房外修一出水池，以便分水、配水。出水池的大小，应根据出水管的管径和数量来决定，一般出水池的长度为管径的6~12倍，宽度以便于30cm的活扳手能工作为依据。出水池可用砖、石砌筑，用水泥砂浆勾缝并抹面，也可用混凝土浇筑。出水口根据渠系布置，留若干分水口，并配合闸门，其底可略低于灌溉渠底。分水口下游要砌护防冲、防渗设施，并修好量水设备，以便精确量水。

3. 井台

机井建成后，应修建井台，其高度一般高于地面0.5~1.0m，井台直径一般为1~2m，以防洪水或渠道跑水流入井水，冲坏井筒或淤积机井。修井台时要内高外低，略向外倾斜，以利排出雨水。

4. 井口加盖封闭

为了防止井内掉入砖、石、瓦块及泥沙等杂物，非运用时期必须加盖封闭，井盖一般用钢筋混凝土预制或用木料制作。

（三）机务管理

机务管理实行机泵人员三固定。

（1）水泵固定。根据机井出水量和静水位的变化情况，选用适宜的水泵，经过一段时间使用后，如无异常现象，就应将水泵固定在井上使用，不要轻易更换或变动。

（2）动力机固定。已经安装好并配套的动力机，经过运转，其功率与水泵的功率相适应后，不要轻易更换或变动。

（3）管理人员固定。不论哪一种形式的管理体制，每眼机井的管理人员都要相对稳定。一般一井由两人管理，明确分工，相互配合。

二、机井养护

1. 日常性维护

机井在使用过程中，如发现水中的含沙量突然增加或水质变咸，应立即停止使用，查清原因，进行处理。如发现水量明显减少和水位变化较大时，应将吸水管提出，检查是否由于井内淤积严重或其他原因造成，处理好后再使用。如发现井孔周围沉陷，则要挖开一段进行检查，然后根据具体情况处理。井内严禁掉入金属、砖石等杂物，机井不用时，将井口盖好加锁。

2. 维护性抽水

机井停用时间长容易发生水量减少现象，在冲积平原粉细砂地区或砂化度较高地区的井，因水中含碳酸盐类或铁离子较多，往往使滤水管堵塞或孔隙锈蚀堵塞。因此，在非灌溉季节，每隔20~40天应进行一次维护性抽水，每次1~2h。抽水时要观测出水状况、井的深度、井孔变化等，如发现坏管等情况，应及时进行修复。

3. 维护性清淤

机井在使用过程中，有时会出现井底淤沙，其原因是多方面的。有的因滤料不合格，颗粒偏大，挡不住泥沙；有的因井管接头处理不好，抽水时泥沙从接头缝隙流入井内；有的是由于抽水洗井不及时、不彻底，井底泥沙来量过多；有的因管理不善，井口未加盖掉进杂物，或者随雨水冲进泥沙，狂风刮进泥沙等。发现井内淤积应立即清除或在非抽水季节清淤。清淤方法视井深及井径大小而有所不同，可采用多种清淤机械或清淤方法清淤。

4. 防止水泵启动涌沙

通常水泵启动后，将机井井管内储存的水抽完（大约经数分钟至 30min），井水中含沙量可能有明显增大，一般称"机井启动涌沙"。由于此时井内外水头差最大，亦即启动滤水速度最大，所以容易扰动含水层中的沙粒。一般在较粗颗粒的含水层中，涌沙现象不明显，而且时间很短（约数分钟），但在细颗粒含水层中，特别是在细粉砂中，不仅涌沙明显，而且时间也长（一般 10～30min），所以一般在水泵出水口加设闸阀，在启动水泵前将闸阀关闭，启动正常后逐渐打开，使井内水位缓缓下降，直到设计动水位后，闸阀才全部打开。这样便可减弱甚至防止"启动涌沙"的产生。

5. 防止井台沉陷

井台沉陷可能有两个方面的原因，一是施工时没有将开口部分回填封闭坚实，使水泵（长轴承）在工作震动的情况下沉陷；另一种是由于井内含沙量较大，在抽水过程中，涌沙过多造成空洞而产生井台下陷。如系前一种情况，应立即拆泵并开挖至一定深度，重新按设计回填夯实封闭；如系后一种情况，则取样检查抽出水中的含沙量。这大多是由机井滤水结构的设计或施工不当而造成，一般修理较困难，应选配较小水泵，以减小出水量和抽水降深，从而降低含沙量。

三、机井清淤

机井出水时，水中允许有低的含沙量，长期使用会淤积，因而，在机井定期的管理维护和修井施工中，清淤工作是不可缺少的重要环节。

机井清淤方法很多，主要有掏沙洗井清淤法、联合洗井清淤法。掏沙洗井清淤法又分为掏沙管清淤、捞沙管清淤、抽沙筒清淤、掏井机清淤；联合洗井清淤法分为单泵循环大降深抽水法、双泵清淤、串联双泵洗井清淤、喷枪清淤、泥浆泵与空压机联合清淤。

此外，常用的洗井清淤方法还有利用空气压缩机洗井清淤、孔内爆破清淤、用泥浆分散剂类的化学药剂清淤洗井等。

第三节 沉淀池（蓄水池）运行管理与维护

一、水源管理

（1）微灌工程用水的水质除应符合 GB 5084—2005《农田灌溉水质标准》的规定外，应满足：①进入微灌网的水应经过过滤净化处理，不含有泥沙、杂草、鱼卵、藻类等物质；②pH 值一般应在 5.5～8.0 范围内；③总含盐量不应大于 2000mg/kg；④含铁量不应大于 0.4mg/kg；⑤总硫化物含量不应大于 0.2mg/kg。

（2）水源工程必须保证按灌水计划的要求按时按量供水。

（3）泵站进水池水位必须保持在最低水位以上。进水池中的杂草和拦污栅上的污物应及时清除。

（4）微灌系统运行前，应对泵站、管路和调蓄水池等进行全面检查，修复已损坏的管道。

二、沉沙池运行管理

（一）运行管理要求

对沉淀池（或蓄水池）等水源工程应经常检查，发现损坏情况及时维修，对其内的沉积物要定期清洗。在灌溉季节结束时应放掉存水，以免因冬季寒冷冻坏水池。

（二）运行管理方法

（1）系统运行前先清除沉淀池中脏物。当水质较混浊时，应关闭沉淀池进水口，待水清后再进入沉淀池，以免沉淀池过滤负担过重，并在沉淀池进水口设置拦污栅。

（2）开启水泵前认真检查沉淀池进出口处过滤网是否干净，有无杂物或泥沙堵塞网眼的现象以及过滤网是否有破损现象，如有需及时更换。

（3）检查沉淀池各级拦污筛筛网边框，使之与沉淀池边壁结合紧密；如有缝隙较大现象应采取措施堵住，若有杂物或泥土堵塞筛网网眼，应及时清洗筛网；对破损的筛网应及时更换。

（4）离心式水泵进水管需用50～80目筛网罩住，筛网直径不小于泵头直径的2倍。水泵开启前，应认真检查筛网是否干净，对有破损的筛网应及时更换。当30～80目筛网被泥糊住，导致筛网两侧水位差达到10～15cm时，应换洗筛网。

换洗方法：将脏网提网提起，将干净的网沿槽放下，脏网需用刷子和清水刷洗干净，停泵后应用清水冲洗无纺布及各级滤网，藻类较多时，需另换一块无纺布，将取下的无纺布晾干后，拍打干净，以备下次换洗用。

（5）检查无纺布是否铺放平展，并用石头压稳，以及无纺布是否干净，如杂物太多，需用清水进行冲洗或更换。无纺布冲洗办法，可用较强压力水流冲洗附在无纺布上的藻类和泥土。

三、沉沙池（蓄水池）维护

定期对蓄水池内泥沙等沉积物进行清洗排除，由于开敞式蓄水池中藻类易于繁殖，在灌溉季节应定期向池中投入硫酸铜（绿矾），使水中的绿矾浓度在0.1～1.0mg/L，防止藻类滋生。

第四节　机泵运行管理

一、水泵运行管理

节水灌溉系统运行的特点是要求系统按设计流量稳定供水。由于轮灌组的不同，产生不同的管路水力状态，使水泵的出口压力变化，要求水泵能适应这种变化，并要在高效区运行。水泵运行时，不宜频繁操作，否则对水泵工作不利，还会使其工作年限缩短。设计中应考虑各轮灌组流量基本均衡，使水泵达到一个较好的工作状况；水泵应严格按照厂家所提供的产品说明书及用户指南的规定进行操作和维护。

（一）离心泵运行操作

1. 启动前准备

（1）检查试验电动机转向是否正确，从电动机顶部望泵为顺时针旋转，试验时间要短，以免使机械密封干磨损。

（2）打开排气阀使液体充满整个泵体，待充满后关闭排气阀。

（3）检查水泵各部位是否正确。

（4）用手盘动水泵以使润滑液进入机械密封端面。

2. 启动操作

（1）合上配电柜内空气开关（该开关设有短路过流保护）；通过面板切换开关和电压表，检查三相电压是否平衡，且均为 380V（如不平衡，可检查三只熔断器是否熔断），否则严禁启动设备。

（2）泵体是否充满水（排气检查），严禁无水运行；若电流检查及水泵充水正常时，可将"手动/自动"切换开关切于"自动"；按"启动"按钮，注意观察配电柜上的仪表变化和水泵的工作状态。

（3）当水泵"启动"运转 10～12s 左右渐平稳时，由时间继电器自动将"启动"转为"运行"工况，此时，若无用水量，压力表应指示为 0.5MPa。"手动"运行时也应遵循这一原则。

（4）如果一次启动失败，则需经过 7min 左右的时间后方可进行第二次启动操作，否则易造成设备损坏。

（5）应时常注意检查电动机温度和异常噪声，如发现异常可按"停止"或"急停"按钮，禁止电动机运转时切断电源。

（6）应注意电压过低运行时，电动机会过载运行（$I_g \leqslant 0.5\%$）。电动机连续运行 4h，宜冷却一段时间再投入运行。

（7）检查轴封漏情况，正常时机械密封泄漏应小于 10mL/h。

（8）检查电动机轴承处，温度应不高于 70℃。

（9）非经专业人员及设备管理人员指导和许可，严禁他人擅自改变设备参数及操作设备。

（10）设备管理人员应熟知设备工作原理及熟练各项操作。

所有以上操作及维护工作都必须严格执行国家有关电气设备工作安全的组织措施和技术措施之规定，确保自身和他人及电气设备不受损害。

（二）潜水泵运行操作

（1）水泵安装后用 500V 遥表测电动机对地电阻不低于 5MΩ。

（2）检查三相电源电压是否符合规定，各种仪表、保护设备及接线正确无误后方可开闸启动。

（3）电动机启动后，慢慢打开阀门使水泵调整到额定流量，观察电流、电压应在铭牌规定的范围内，听其运动声有无异常及震动现象，若存有不正常现象应立即停机，找出原因并处理后方可继续开机。

（4）电动机第一次投入运转 4h 后，停机速测热态绝缘电阻，不小于 0.38MΩ 时，才能继续使用。

（5）若潜水泵反转，电机电流大、流量小，应立即停机，将三相电源任意两相交换，即可正常运行。

（6）电动机停车后，第二次启动要隔 5min，防止电动机升温过高和管内水锤发生。

（三）水泵的维护

（1）在水泵每次停止工作后，应擦净表面水迹，防止生锈。

（2）用机油润滑的新水泵运行 1000h 后，应及时清洗轴承及轴承体内腔，更换润滑油；用黄油润滑的，每年运行前应将轴承及轴承体清洗干净，运行期内定期（一般为四个月左右）给电动机轴承加黄油。机械密封润滑剂应无固体颗粒，严禁机械密封在干磨情况下工作。

（3）离心式水泵运行超过 2000h 后，所有部件应进行拆卸检查，清洗，除锈去垢，修复或更换各种损坏零件，必要时可更换轴承，机组大修期一般为一年。

（4）经常启动设备会造成接触"动/静"触头烧损，应不定期检查并用砂纸打磨，触头接触面严重烧损的，触头应该及时更换。

在灌溉季节结束或冬季使用时，停车后应打开泵壳下的放水塞把水放净，防止锈坏或冻坏水泵。

（四）水泵故障处理

常见的水泵故障处理应注意以下几点：

（1）当发生一般运行故障时，尽可能不要停机，以便在运行过程中检查、观察故障情况，准确分析产生故障的原因。

（2）检查故障时，应有计划、有步骤地进行系统检查，先检查经常发生和容易判断的故障原因，后检查比较复杂的故障原因。

（3）在进行不停机的故障检查时，应注意安全，只允许进行外部的检查，听音、手摸均不得触及旋转部分，以免造成人身事故。

（4）水泵的内部故障只有在不拆卸机件便无法判断的情况下，才可进行解体检查。在拆卸过程中，应测定有关配合间隙等技术数据，供分析故障时使用。

（5）结合对水泵运行故障的分析处理，检查水泵运行管理工作的缺陷，并提出改进措施。

（6）对突然发生的严重水泵运行事故，值班人员应沉着冷静，迅速无误地停止动力机的运转，尽可能地防止事故扩大，并采取有效措施，确保人身、设备安全。

离心泵、潜水泵常发生的各种故障及其原因和处理方法见表 6-1 和表 6-2。

表 6-1 离心泵故障原因与消除方法

常见故障	可能产生的原因	排除方法
水泵不出水	(1) 进出口阀门未打开，进出口管路堵塞，流道叶轮堵塞； (2) 电机运行方向不对，电机缺相转速很慢； (3) 吸入管漏气； (4) 泵没灌满液体，泵腔内有空气； (5) 进出口供水不足，吸程过高底阀漏水； (6) 管路阻力过大，泵型不当	(1) 检查取出堵塞物； (2) 调正电机方向，紧固电机接线； (3) 拧紧密封面，排气气体； (4) 打开泵上盖或打开排气阀，排尽空气； (5) 停机检查，调整； (6) 减少管路弯道，重新造泵
水泵流量不足	(1) 进出口阀门未充分打开； (2) 管道、泵叶轮流道部分堵塞，水垢沉淀阀开度不足； (3) 电压偏低； (4) 叶轮磨损	(1) 充分开启进出口阀门； (2) 去除堵塞物，重新调整阀门开度； (3) 稳压； (4) 更换叶轮
功率过大	(1) 超过额定流量使用； (2) 吸程过高； (3) 泵轴承磨损	(1) 调节流量，关小出口阀门； (2) 降低吸程； (3) 更换轴承
杂音、振动	(1) 管路支承不稳； (2) 液体混有气体； (3) 产生气蚀； (4) 轴承损坏； (5) 电机超载发热运行	(1) 稳固管路； (2) 提高吸入压力排气； (3) 降低真空度； (4) 更换轴承； (5) 冷却稳压
电机发热	(1) 流量过大，超载运行； (2) 碰擦； (3) 电机轴承损坏； (4) 电力不足	(1) 关小出口阀； (2) 检查排除； (3) 更换轴承； (4) 稳压
水泵漏水	(1) 机械密封磨损； (2) 泵体有砂孔或破裂； (3) 密封面不平整； (4) 安装螺栓松懈	(1) 更换； (2) 捍补或更换； (3) 修整； (4) 紧固
压力上不来	(1) 水泵堵塞； (2) 管网球阀超开； (3) 管网漏水泄压	(1) 停机清洗水泵，必要时用筛网将水泵罩住； (2) 检查管网，关闭超开球阀，处理漏水球阀； (3) 更换漏水毛管

表 6-2 潜水泵故障原因与消除方法

常见故障	可能产生的原因	排除方法
水泵不出水或出水不足	(1) 电机没启动； (2) 管路堵塞； (3) 滤水网破裂； (4) 滤水网堵死； (5) 吸水口露出水面； (6) 电泵反转； (7) 泵壳密封环、叶轮	(1) 排除电路故障； (2) 清除堵塞； (3) 修复破裂处； (4) 清除堵塞物； (5) 井供水不足，建议换井； (6) 调换电源线，改变电泵转向； (7) 更换新的密封环、叶轮
电机不能启动并有嗡嗡声	(1) 有一相断线； (2) 轴瓦抱轴； (3) 叶轮内有异物； (4) 电压太低	(1) 修复断线； (2) 修复和更换轴； (3) 清除异物； (4) 调整电压

续表

常见故障	可能产生的原因	排除方法
电流过大和电流表指针摆动	(1) 电机导轴承磨损； (2) 水泵轴瓦和轴配合太紧； (3) 止推轴承磨损，叶轮盖板与密封环相磨； (4) 轴弯曲、轴承不同心； (5) 动水位下降到进水口上端以下	(1) 更换导轴承； (2) 修复和更换水泵轴承； (3) 更换止推轴和推力盘； (4) 制造缺点，送厂检修； (5) 关小阀门，降低流量或换井
电机绕组对地绝缘电阻低	电机绕组及接头电缆有损伤	拆除旧绕组换新绕组，修补接头和电缆
机组转动剧烈震动	(1) 电机转子不平衡； (2) 叶轮不平衡； (3) 电机或泵轴弯曲； (4) 有的连接螺栓松动	(1) ～ (3) 项：水泵退回厂家处理； (4) 项：自检修

二、动力机运行管理

(一) 电动机的运行与维护

1. 运行前的检查

(1) 根据电动机铭牌上规定的额定电压及电源电压，检查电动机的绕组接法是否正确，接线是否牢固，启动设备的接线有无错误。如不注意电动机接线方法，往往误将三角形接线接成星形接线，这样能启动，但不能带负荷，严重时电机发热甚至被烧坏。

(2) 检查电动机外壳接地是否良好，接地螺丝是否松动脱落，接地引线有无中断。

(3) 检查电动机的保护装置是否合格，装接是否牢固可靠，保险丝有无熔断，过流继电器信号指示有无掉牌。

(4) 查看电压表是否正常，一般农用电动机可在额定电压±10％范围内启动和运行。

(5) 测定电动机的绝缘电阻是否符合要求。

(6) 检查轴承中的油质和油是否合乎要求，内部有无杂质。滚动轴承油面以不超过2/3油室为宜，滑动轴承应满足油位指标计的位置。

(7) 检查转动电动机转子转动是否灵活，有无卡阻现象。

(8) 电动机上或周围必须保持清洁，不得堆放杂物、易燃品、爆炸品。

2. 电动机启动时应注意的事项

(1) 电动机启动时，应严格遵守安全操作规程，按顺序开机，不得违章操作。

(2) 启动后，如电动机发出"嗡嗡"的声音，则应立即停机检查，不经检查不得连续再试。更不允许合着开关去检查电机故障。

(3) 电动机启动后，应注意观察电流、电压的变化，如电流、电压表指针有剧烈摆动等异常现象，应立即停机，待查明原因纠正后，再重新开机。

(4) 严格控制电动机的连续启动次数，一般空转不能连续启运 3～5 次，在运行中停机再启动不得超过 2～3 次。

(5) 多台机组的泵站应按次序逐步启动，不能同时启动，以免启动电流过大。

（二）柴油机的运行管理

（1）开动前的检查。检查燃油系统、润滑系统、冷却系统是否正常。在寒冷天气启动时，必须向水箱内加注热水，使机身温度预热到 30℃以上。

（2）用摇把启动时应握紧，不得中途松手，启动后应立即抽出摇把。严禁两人同时握紧摇把启动。

（3）运行中的操作、维护。开机后不得立即带负荷工作，应低速运转几分钟，待机温增至 40℃左右时，逐步提高转速带负荷工作；根据季节，选用合适的柴油、机油；冷却水应保持水质清洁，柴油机在运行中冷却水温度应保持在 60℃以下。

（4）定期保养。柴油机运行 100～150h 后应进行Ⅰ类保养，更换机油，清洗柴油系统，检查气门间隙，紧固机件螺丝。运行 500h 左右应进行Ⅱ类保养。除执行Ⅰ类保养外，还应清洗柴油系统，检查喷油嘴、气缸盖、连杆轴承间隙和转速。运行 1000h 后进行Ⅲ类保养。除执行Ⅰ类、Ⅱ类保养外，还应清除水管中的积垢污物，拆开全部主要部件，加以洗刷检查，如汽缸盖、活塞、活塞销、连杆、连杆轴承、主轴轴承和螺丝等。

（5）柴油机停车。在停车时，应先卸掉负荷，再慢慢地停车。

三、水泵技术管理

1. 长轴水泵

开机前加注预润水，静水位在 50m 以上时，预润水应连续灌注 5min 才能启动水泵。水泵出水后，才能停止预润水，调整填料压盖，使其松紧达到每分钟滴漏 20～40 滴水的程度。水泵叶轮间隙初调时比规定大 1～2mm，正常后，调整到规定数值。水泵运行 1 年后，应进行全面检修。

2. 潜水泵

按照规定，做好启动前的检查，并定期进行保养。开停不宜频繁，两次启动间隔时间应大于 5min；运行中井水含沙量超过规定值后，应停泵进行检查；停灌时，应将潜水泵提出井外，涂油保护，放置库房保管。

3. 离心泵

启动、停车必须遵守操作规程。一般轴温度不应超过 70℃，按规定选用润滑油。

第五节　过滤设备维护管理

一、过滤器使用说明

（一）砂石过滤器

砂石过滤器是利用过滤器内的砂石介质间隙进行过滤的，其砂石层厚度和颗粒级配是经过严格计算的，使用中不能对砂石粒度和厚度进行任意更改。在使用此种过滤器时有以下几点应给予注意。

（1）必须严格按过滤器的设计流量操作（此类过滤器最大流量为 210m³/h），因为过多地超出使用范围，砂床的孔隙将会被压力击穿，形成空洞效应，丧失其过滤效果。

（2）在过滤混浊的水时，污物和泥沙会堵塞砂石的空隙，这等于降低了砂石介质的孔隙度，减缓了水的通过速度，使上游压力增大，所以这时应密切注意压力表的指示情况。当下游压力下降、上游压力上升时，就应进行反冲洗，其反冲洗理论界线为超过原压力差 0.02MPa。

（3）反冲洗操作方法，在系统工作时，先将一组过滤器中的一个过滤器的进水蝶阀关闭，同时打开该过滤器的排污口阀门，使用由另一只过滤器过滤后的水从过滤器下体向上流入介质层（与进水方向相反），进行反冲洗。泥沙、污物可顺排污口排出，直到排出水为净水无混浊物为止（每次可对一组两缺罐进行反冲洗）。反冲洗的时间和次数依当地水源情况自定。反冲洗完毕后可对另一个过滤器进行反冲洗。

对于悬浮在介质表面的污染层，可待灌水完毕后清除；过污的介质，应用干净的介质代替，视水质情况应对介质每年 1～4 次进行彻底清洗；存在有机物和藻类的水，可能将砂石过滤器堵塞，这时应按一定的比例加入氯或酸，把过滤器浸泡 24h，然后反冲洗直到放出清水。

过滤器使用到一定时间（砂粒损失过大，粒度减小或过碎）应更换过滤介质。

（二）网式过滤器

网式过滤器在结构上比较简单，当水中悬浮颗粒的尺寸大于过滤网的孔径尺寸时，就会被截流，但当网上积聚了一定量的污物后，过滤器进出口之间会发生压力差，当进出口压力差超过原压差 0.02MPa 时，就应对网芯进行清洗。使用要求如下。

（1）离心式过滤器通常用作较差水质情况下的前端过滤，因此会产生较多的沉淀泥沙，它下面的集沙罐设有排沙口，使用时要不断地进行排沙。

（2）排沙时首先关闭出水阀打开排污阀，启动水泵进行排水、排沙直到井内出清水为止。然后停止水泵，关闭排污阀，打开出水阀，启动水泵，滴灌系统可以工作。正常工作时要视水质情况，经常检查集沙罐，以避免罐中沙量太多使离心式过滤器不能正常工作。

（3）在进入冬季之前，为防止整个系统冻裂，要打开各级设备所有阀门，把存水排放干净。

二、过滤器运行管理

（一）运行管理要求

过滤器在每次工作前要进行清洗；在节水灌溉系统运行过程中，应严格按过滤器设计的流量与压力进行操作，严禁超压、超流量运行，若过滤器进出口压力差超过 25％～30％，要对过滤器进行反冲洗或清洗；灌溉施肥结束后，要及时对过滤器进行冲洗。

（1）离心式过滤器运行要求。在运行中首先应检查集沙罐，及时排沙，以免罐中积沙太多，使沉积的泥沙堵塞；第二，灌溉季节结束后，彻底清洗集沙罐，进入冬季前，为防止冻坏，将所有阀门打开，把水排放干净；第三，禁止在系统运行时打开压盖和松开螺丝，阀门的开启必须柔和，严禁锤击和使用加力杆。

（2）网式过滤器运行要求。当进出口压力差超过原压差 0.02MPa 时，就应对网芯进行清洗。先将网芯抽出清洗，两端保护密封圈用清水冲洗，也可用软毛刷刷净，但不可用硬物。当网芯内外都清干净后，再将罐体内的污物用清水冲净，由排污口排出；严禁筛网破损使用。

（二）运行操作程序

（1）在系统运行前认真检查过滤器各部位是否正常，抽出筛网过滤器网芯检查，有无沙粒和破损，并对过滤站系统进行冲洗。确认系统首部各阀门此时应处于关闭状态后启动水泵。

（2）水泵开启后运转 3～5min，待系统中空气由排气阀排出，完全排空后打开压力表旋塞，检查系统压力是否在额定的排气压力范围内，当压力表针不再上下摆动，无噪音时，可视为正常，过滤器可进入工作状态。

（3）打开通向各个过滤器进水的阀门，缓慢开启泵与砂石过滤器之间的控制阀，使阀门开启到一定位置，不要完全打开，以保证砂床稳定，提高过滤精度。

（4）缓慢开启砂石过滤器后面的控制阀门与前一阀门处于同一开启程度，使砂床稳定压实，检查过滤站两压力表之间的压差是否正常，确认无误后，将第一道阀门缓慢打开，开启第二道闸阀将流量控制在设计流量的 60%～80%，一切正常后方可按设计流量运行。

（5）在过滤设备运行中，应对其仪表进行认真检查，出现意外事故，应立即关闭水泵检查，对异常声响应查明原因后再工作。

（6）过滤工作完毕后，应缓慢关闭砂石过滤器后的控制阀门，再关水泵以保持砂床的稳定，也可在灌溉完毕后进行反复的反冲洗，直到过滤器冲洗干净，以备下次再用。

三、过滤器的维护

无论哪种形式的过滤器，都需要经常进行检查，网式过滤器的滤网相对而言容易损坏，发现损坏应及时修复或更换。各种过滤器都需要按期清理，保持通畅，下面介绍一下几种过滤器的清理方法。

1. 离心式过滤器

（1）离心式过滤器集沙罐设有排沙口，工作时要经常检查集沙罐定时排沙。

（2）灌溉结束后打开过滤器罐的盖子和罐体底部的排水阀将水全部排净。

（3）将过滤器压力表下的选择钮置于排气位置。

（4）若罐体表面或金属进水管路的金属镀层有损坏，立即清锈后重新喷涂。

2. 网式过滤器

（1）清理时，打开封盖，将网芯抽出清洗，两端保护密封圈用清水冲洗，也可用软毛刷刷净，但不可用硬物刷。

（2）当网芯内外都清干净后，应将过滤器金属壳内的污物用清水冲净，由排污口排出。按要求装配好，重新装入过滤器。

3. 叠片过滤器

叠片过滤器正常工作时，叠片是被锁紧的，当要手动冲洗时，可将滤芯拆下并松开压紧螺母，用水冲洗即可。在过流量相同时，它比筛网过滤器存留杂质的能力强，因而冲洗次数相对较少，冲洗的耗水量也较小。在自动冲洗时叠片式必须能自行松散，因受水体中有机物和化学杂质的影响，有些叠片式往往被粘在一起，不易彻底冲洗干净，需多次冲洗。

入冬前，先把各个叠片式组清洗干净，然后用干布将塑壳内的密封圈擦干放回，开启集沙罐一端的堵头，将膛中积存物排出，然后将水放净，再将过滤器压力表下的选择钮置于排气位置。

4．砂石过滤器

视水质情况应对介质每年进行 1～6 次彻底清洗。对于因有机物和藻类产生的堵塞，应按一定比例在水中加入氯或酸，浸泡过滤器 24h，然后反冲洗直到放出清水，排空备用。同时检查过滤器内石英砂的多少，是否有砂的结块或有其他问题，结块和粘着的污物应予清除，若由于冲洗使砂减少，则需补充相应粒径的沙子，必要时可取出全部砂石式过滤层，彻底冲洗后再重新逐层放入滤罐内。

第六节　施肥设备维护管理

一、施肥设备运行管理

（一）运行管理要求

施肥罐中注入的固体肥料（或药物）颗粒不得超过施肥罐容积的 2/3。

（二）运行管理方法

目前节水灌溉中常用的是压差式施肥罐，其操作步骤如下：

（1）打开施肥罐，将所需施的肥料倒入施肥罐中，注入的固体颗粒不得超过施肥罐容积的 2/3。

（2）打开进水球阀，进水至罐容量的 1/2 后停止进水，并将施肥罐上盖拧紧。

（3）滴施肥时，先开施肥罐出水球阀，再打开其进水球阀，稍后缓慢关两球阀间的闸阀，使其前后压力表相差约 0.05MPa，通过增加的压力差将罐中肥料带入系统管网之中。

（4）滴肥的速度根据灌水小区灌水时间以及罐体容积大小和肥料量的多少，通过调整两球阀间主管道上的闸阀控制。滴施肥约 20～40min 即可完毕，具体情况根据经验以及罐体容积大小和施肥量的多少判定。

（5）滴施完一轮罐组后，将两侧球阀关闭，应先关进水阀后关出水阀，再将罐底球阀打开，把水放尽，再进行下一轮灌组施滴。

二、施肥设备维护

每年灌溉季节结束时对铁制化肥罐（桶）的内壁进行检查，看是否有防腐蚀层局部脱落的现象，如果发现脱落要及时进行处理，以杜绝因肥液腐蚀产生的铁的化合物堵塞毛管滴头。

（1）注肥泵。清水冲净注肥泵，按照相关说明拆开注肥泵，取出注肥泵驱动活塞，用润滑油进行正常的润滑保养，然后拭干各部件后重新组装好。

（2）注肥罐。仔细清洗罐内残液并晾干，清洗软管并置于罐体内保存。每年在施肥罐的顶盖及手柄螺纹处涂上防锈油，若罐体表面的金属镀层有损坏，则清锈后重新喷涂。并注意不要丢失各个连接部件。

第七节　管网运行管理与维护

一、管网运行管理

（一）管网运行要求

（1）每年灌溉季节开始前，应对地埋管道进行检查、试水，保证管道畅通，闸阀及安全保护设备应启动自如，阀门井中应无积水，裸露地面的管道部分应完整无损，量测仪表要盘面清晰，指针灵敏。

（2）定期检查系统管网的运行情况，如有漏水要立即处理；系统管网在每次工作前要先进行冲洗，在运行过程中，要检查系统水质情况，视水质情况对系统进行冲洗。

（3）严格控制系统在设计压力下安全运行；系统运行时每次开启一个轮灌组，当一个轮灌组结束后，必须先开启下一个轮灌组，再关闭上一个轮灌组，严禁先关后开。

（4）系统第一次运行时，需进行调压，可使系统各支管进口的压力大致相等，维持薄壁毛管压力 1kg 左右，调试完毕后，在球阀相应的位置做好标记，以保证在其以后的运行中，其开启度能维持在该水平。

（5）灌溉季节结束时，对管道应冲洗泥沙，排放余水；对系统进行维修，阀门井加盖保护。在寒冷地区，阀门井与干支管接头处应采取防冻措施；地面管道应避免直接曝晒，停止使用时，存入于通风、避光的库房里，塑料管道应注意冬季防冻。

（二）管网运行操作步骤

输配水管网系统的正常运行是节水灌溉系统灌水均匀的保证，其操作步骤如下：

（1）管网系统在通水前，首先要检查各级管道上的阀门启闭是否灵活，管道上装设的真空表、压力表、排气阀等设备要经过校验，干管、支管必须在运行前冲洗干净。

（2）根据设计轮灌方式，打开相应的分干管、支管、辅管或毛管进水口的阀门，使相应灌水小区的阀门处于开启状态。

（3）启动水泵，待系统总控制阀门前的压力表读数达到设计压力后，开启闸阀使水流进入管网，并使闸阀后的压力表达到设计压力；系统运行时，必须严格控制压力表读数，使之符合设计要求压力，以保证系统安全有效的运行。

（4）检查地面管网运行情况，若辅管或毛管出现漏水情况，可先开启邻近一个球阀，再关闭对应球阀进行处理，支管漏水需关闭其控制球阀进行处理。

（5）灌水时每次开启一个轮灌组，当一个轮灌小区结束后，先开启下一个轮灌组的各级阀门，再关闭当前轮灌组的相应阀门，做到"先开后关"，严禁"先关后开"。

（6）灌溉季节结束后，将地埋的干管、分干管等管道冲洗干净，并排掉管内余水。冲洗流速至少 0.5m/s，压力增加到设计需要压力，逐级打开阀门冲洗主、干、支管，直到管道水流清澈。

（7）在运行时，要特别注意系统的压力，防止爆管，要勤检查，发现破损、漏水时要及时更换或补救。

二、管网维护

（一）管道养护技术要求

（1）管道应保持良好的密封性能，不应有存气、进气和渗漏等现象。

（2）维修管道时，管子、管件及其各种接口应安装正确，保证水流畅通。

（3）换用管道时，应严格检查其管径、管壁，并经水压试验合格后方可采用。

（4）管道上的镇墩、支墩、管床处，不应出现危及安全的裂缝、沉降和湿渗等，一旦发现缺陷，应及时处理。

（5）对金属管道应定期做好涂护防锈工作。

（6）管道附近不允许进行爆破，暗管应做标记，便于维护。

（7）对铺设于地表的支管、辅管要及时回收，防止在回收和运输过程中损坏管道。存放时尽量做到按地块、按管道种类分别堆放，要防止老鼠等损坏管道。对于一次性滴灌带，在灌溉季节结束后，要重视其回收工作，以免残留在农田中造成污染。

（8）冬季停机时，应放净管内存水，以防冻裂。

（二）漏水检查与处理

1. 漏水原因

漏水原因可能是暗管质量有问题或使用期太长而破损；暗管接头不严密或基础不平整而引起损坏；因使用不当，产生水击而爆管；闸门、闸阀磨损锈蚀或被污物杂质嵌住无法关闭严密。

2. 检查方法

漏水检查法有直接观察法、听漏法和分区检漏法等。

（1）直接观察法，是指从地面上观察漏水现象，如暗管上部填土有浸湿痕迹或清水渗出，局部管线土面下沉，暗管管线附近低洼处有水渗出等，就说明暗管有破裂。

（2）听漏法，是确定漏水部位的有效方法，是在夜间使用听漏棒将其一端放于管线地面上或闸门、闸阀上，即可从棒的另一端听到漏水声，但听漏时要和夜间出水口给水栓放水灌水声相区别，听漏点间距依据暗管使用年限和漏水发生的可能性凭经验选定。也可以使用半导体检漏仪检漏。

（3）分区检漏法，是按暗管分级、分段或分小区，利用水表、量水计或量水装置量出管道的输水损失量；若超过正常输水损失量，就表明该条、该段或该小区暗管有损坏。

3. 漏水处理

在运行时，若出现接口和局部管段漏水，可采用 4105 或 4755 专用黏合剂堵漏；若暗管有纵向裂缝漏水，则需要更换新管道。

4. 运行时对水压、流量的测定

在输水、灌水阶段，应经常测定各级暗管的水压，以便了解管间系统的工作情况和水压变化动态。

（三）管件与建筑物及附属设备的维修

（1）给水段闸门、闸阀等多为金属结构，要防止生锈和锈蚀，应经常检查维修，在灌水后应注意抹机油，以保证使用灵活、便于开关。每年须涂防锈漆两次。

（2）安全保护装置和引水、取水设备应经常检查维修，以保证地埋暗管安全、可靠和有效运行。

（3）每年灌溉结束后，应对地埋暗管进行一次全面的检查和维修。

三、管道故障排除

管网系统常见故障与排除见表 6-3。

表 6-3　　　　　　　　　　　管网系统常见故障与排除

常见故障	可能产生的原因	排除方法
1. 压力不平衡 （1）第一条支管与最后一条支管压差大于 0.04MPa； （2）毛管首端与末端压差大于 0.02MPa； （3）首部枢纽进口与出口压力差大，系统压力降低，全部滴头流量减少	出地管阀的开启位置欠妥；支（毛）管或连接部位漏水；过滤器堵塞；机泵功率不够；系统管网级数设计欠妥	通过调整出地管闸阀开关位置至平衡，检查管网并处理反冲洗过滤器，清洗过滤网，排污及检修机泵或电源电压，当灌溉面积增加时考虑调整设计，每次滴水前调整各条支管的压力
2. 滴头流量不均匀，个别滴头流量减少	系统压力过小，水质不合要求，泥沙过大，毛管堵塞，毛管过长，滴头堵塞，管道漏水	调整系统压力，滴水前或结束时冲洗管网，排除堵塞杂质，分段检查，更新管道
3. 毛管漏水	毛管有砂眼，迷宫磨损变形	酌情更换部分毛管，播种机铺设毛管导向轮应 90°角，且导向轮环转动灵活，各部分与毛管接触处应顺畅无阻，田管时注意严格管理，保护管网
4. 毛管边缝呲水或毛管爆裂	压力过大，超压运行；毛管制造时部分边缝黏结不牢	调整压力，使毛管首端小于 0.1MPa；更换毛管
5. 系统地面有积水	毛管或支管件部分漏水；毛管流量选择与土质不匹配	检查管网，更换受损部件；测定土质成分流量，分析原因，缩短灌水延续时间

第八节　灌水器维护与管理

一、喷灌维护与管理

建立必要的规章制度，建立岗位责任制，指定专人保管，专人使用喷灌设备，定期保养和维修。

（一）喷头型号及要求

喷头轴承颈处的泄漏量不应超过规定试验压力的规定允许漏量，如喷头流量大于 $0.25m^3/h$ 的喷头，泄漏量不超过 2%；喷头流量不大于 $0.25m^3/h$ 的喷头，其泄漏量不应大于 $0.005m^3/h$。喷头转动应均匀，喷头流量应稳定，分布应合理，射程应符合规定要求。喷头应耐久，累计纯工作时间不得少于 2000h，带换向器的喷头，换向机构的耐久试验时间不得少于 1000h。

（二）喷灌系统使用与管理

（1）在灌水季节开始前要对喷灌系统的喷灌设备进行一次全面的检查，看各部位是否齐全，技术状态是否良好，并进行试运转，逐个校正喷头，如发现损坏或缺少零件，应及时修理或配齐，以便当需要灌水时可以立即喷灌。

（2）在灌水季节，要经常检查喷灌系统和喷灌设备，及时维修和保养。每次喷灌完毕后都要把喷头、机泵擦洗干净，把需要防锈的部位加上适量的机油。

（3）固定式喷灌系统开动时，首先把每个阀门都关上，先开动机泵达到额定转速，再缓缓打开总阀门和要喷灌支管的阀门，以防止管道振动和水锤现象。

（4）喷灌过程中，应随时观察喷头的工作情况，根据水舌粉碎情况和转动速度判断喷头工作是否正常。喷头如果不转，则要及时纠正或立即把支阀门关上，暂时停止喷灌，否则会冲坏作物和土壤。

（5）在多风的地区应经常根据风速风向来改变工作制度和操作方法，以保证灌水均匀度。一般尽量在无风和风小的时候喷灌，减小风对喷灌均匀度的影响。

（三）喷头维护

在喷洒开始时，应缓慢开启放水阀，逐个启动喷头，并逐步调整压力至喷头压力额定值，严禁同时启动所有喷头，停止喷洒时，应逐步缓慢关闭放水阀，不得同时关闭所有喷头。

喷头运转时应做好巡回监视工作，防止喷头堵塞、换向失灵、负压切换失效等故障产生。喷头运转一定时期后，应对其转动部位加注润滑油。气温低于 4℃ 时不应进行喷灌作业。

设备的存放应排列整齐，安置平稳。轮胎或机架应离地，传动皮带应卸下，弹簧应放松，选择通风、干燥、远离热源和避免阳光暴晒的场地存放。

（四）喷头常见故障及排除

喷头的形式较多，下面对摇臂式和蜗轮蜗杆式喷头的常见故障及排除方法进行介绍。

1. 水舌性状异常

旋转式喷头如果工作正常，在无他物（摇臂式的导水器或蜗轮蜗杆的叶轮）阻挡时，水舌在离开喷嘴附近应有一光滑、透明的圆形密实段，在密实段之后水舌才逐渐掺气变白并被粉碎；其射程不应小于标准值的 85%，且应雾化良好，否则为水舌性状异常。其表现形式如下。

（1）水舌刚离开喷嘴，表面就毛糙不透明，但水舌主流仍是圆形的，原因是喷头加工粗糙，有毛刺或损伤。应将喷头磨光或更换喷嘴。

（2）水舌刚一离开喷嘴就散开，没有圆形密实段，其主要原因：①流道内有异物堵塞，应清除异物；②整流器扭曲变形，应修理或更换；③喷嘴内部损坏严重，应予以更换。

2. 水舌性状尚可但射程不够

（1）射程不够，水舌雾化还好，主要原因是喷头转速太快，应调小喷头转速。

（2）射程不够，水舌雾化也差，原因是工作压力不够，应按要求调高压力。

3. 摇臂式喷头转动不正常

（1）摇臂工作正常但喷头不转或转动很慢。原因是：①如果是新安装的，可能是安装时套轴拧得太紧，应适当放松；②空心轴与套轴间隙太小，应加大其间隙；③使用一段时间后转动变慢，可能是空心轴与套轴之间被进入的泥沙阻塞，应拆下清洗干净。

（2）摇臂张角太小。原因是：①摇臂弹簧压得太紧，应适当调松；②摇臂安装过高，导水器不能完全切入水舌，应调低；③摇臂和摇臂轴配合过紧，应加大间隙；④水压不足，应调高。

（3）摇臂张角够大，但敲击无力。原因是导流器切入水舌太深，使摇臂的力量尚未完全作用在喷体上即被冲开，应将敲击块加厚。

（4）摇臂敲击频率不稳定，忽快忽慢。原因是摇臂和轴配合松或摇臂轴松动，应及时修复。

（5）摇臂甩开后不能返回。主要原因是摇臂弹簧太松，应调紧弹簧。

4. 蜗轮蜗杆式（叶轮式）喷头转动不正常

（1）叶轮空转但喷头不转。主要原因：①叶轮轴与小蜗轮之间连接螺栓松脱或销钉脱落，应拧紧；②大蜗轮与套轴之间的定位螺栓松动，应拧紧；③换向齿滑出，应扳动换向拨杆使齿轮啮合。

（2）水舌正常但叶轮不转，喷体也不转。主要原因：①蜗轮蜗杆或齿轮缺油，造成阻力过大，应加润滑油；②定位螺栓拧得太紧，致使大蜗轮产生偏心，应适当松开；③叶轮被异物卡死，应清除；④蜗轮、齿轮或空心轴与套轴之间锈死，应除锈加油后装复。

5. 喷头转动部分漏水

（1）垫圈中进入泥沙，使密封面不密封，应拆下空心轴清洗干净。

（2）喷头加工精度不够，空心轴与套轴的端面不能密合，应修理或更换。

二、微灌灌水器维护与管理

（一）灌水器维护

（1）管道在初次运行时，为了避免污物堵塞灌水器，应打开干管、支管和所有毛管的尾端进行冲洗。为了提高冲洗效果，可以逐条支管依次冲洗，冲洗时间为 15min 左右。冲洗完毕后关闭干管上的排水阀，然后关闭支管排水阀，最后封堵毛管尾端。

（2）微灌过滤器应定期清洗，当过滤器上游、下游压力表的差值超过一定限度（3m）

时，需清洗过滤。冲洗有自动冲洗，也有手工清洗。自动冲洗时应打开冲洗排污阀门，冲洗20～30s后关闭；手工清洗时，必须刷除滤芯筛网上的污物。对滤网过滤器的滤网必须经常检查，发现损坏应及时修复或更换。

（3）系统运行过程中，要经常巡视检查灌水器，必要时要做流量测定，发现滴头堵塞后要及时处理，并按设计要求定期进行冲洗。

（4）田间农业管理人员在放苗、定苗、锄草时应避免损伤灌水器。

（二）微灌系统堵塞预防及处理

加强维修养护、预防堵塞是保证微灌系统正常运行的重要环节。

1. 堵塞预防

在微灌系统的运行管理中，除了前面提到的定期维修清洗过滤器、定期冲洗管道等预防堵塞的措施以外，还应采取如下防御措施：

（1）经常检查灌水器的工作状况并测定其流量。流量普遍下降是堵塞的第一个征兆，如果出现这种现象，要及早采取处理措施。

（2）加强水质监测，定期进行化验分析。注意水中污物的性质，是否有铁化物沉淀或钙盐沉淀的迹象，是否有泥沙固体颗粒或细菌黏液存在，以便采取有针对性的处理和预防措施。

2. 堵塞处理方法

（1）加氯处理法。氯溶于水后，可合成自由有效氯。自由有效氯有很强的氯化作用，可破坏藻类、真菌和细菌等微生物引起的灌水器或毛管堵塞问题，采用氯处理是非常经济有效的办法。另外，自由有效氯易于同水中的铁、锰、硫等元素和它们的氯化物进行化学反应而生成不溶于水的物质，使这些物质从灌溉水中清除掉。

（2）酸处理法。酸处理法通常用于防止水中可溶解性物质的沉淀，或者防止系统中微生物的生长。微灌工程中经常使用磷酸、盐酸和硫酸对水进行处理。酸处理的步骤和注意事项可查阅有关资料。

习 题 与 训 练

一、填空题

1. 机井配套设施一般有（　　）、（　　）、（　　）和（　　）。

2. 机井养护一般有（　　）、（　　）、（　　）、（　　）和（　　）。

3. 在非灌溉季节，水泵每隔（　　）应进行一次维护性抽水，每次时间为（　　）。

4. 机井清淤方法很多，主要有（　　）、（　　）。

5. 掏沙洗井清淤法又分为（　　）、（　　）、（　　）、（　　）。

6. 联合洗井清淤法分为（　　）、（　　）、（　　）、（　　）、（　　）。

7. 离心泵如果一次启动失败，则需经过（　　）左右的时间后方可进行第二次启动操作。

8. 电动机停车后，第二次启动要隔（　　），防止电动机升温过高和管内水锤发生。

9. 离心式水泵运行超过（　　　）后，所有部件应进行拆卸检查，清洗，除锈去垢，修复或更换各种损坏零件，必要时可更换轴承，机组大修期一般为（　　　）。

10. 一般农用电动机可在额定电压（　　　）范围内启动和运行。

11. 柴油机运行（　　　）后应进行Ⅰ类保养，更换机油，清洁柴油系统，检查气门间隙，紧固机件螺丝。运行（　　　）左右应进行Ⅱ类保养，运行（　　　）后进行Ⅲ类保养。

12. 砂石过滤器，当进出口压力差超过原压差（　　　）时，就应对其进行清洗。

13. 施肥罐中注入的固体肥料（或药物）颗粒不得超过施肥罐容积的（　　　）。

14. 管网检漏的方法有（　　　）、（　　　）和（　　　）等。

15. 喷头轴承颈处的泄漏量不应超过规定允许漏量，当流量大于 $0.25 m^3/h$ 的喷头，泄漏量不超过（　　　）；喷头流量小于 $0.25 m^3/h$ 的喷头，其泄漏量不应大于（　　　）。

16. 喷头应耐久，累计纯工作时间不得少于（　　　），带换向器的喷头，换向机构的耐久试验时间不得少于（　　　）。

17. 气温低于（　　　）时不应进行喷灌作业。

二、简答题

1. 农村机井管理有哪几种形式？

2. 机泵人员三固定指的是什么？

3. 机井为什么要进行维护性抽水？

4. 机井清淤的方法有哪些？

5. 简述沉淀池（蓄水池）运行管理内容。

6. 简述水泵的维护内容。

7. 电动机启动时应注意的事项有哪些？

8. 过滤器在什么情况下需要冲洗？

9. 怎样进行砂石过滤器的维护？

10. 简述压差式施肥罐的操作步骤。

11. 简述管网运行操作步骤。

12. 简述微灌系统堵塞预防及处理措施。

第七章 雨水集蓄利用技术

学习目标：

通过学习雨水集蓄利用工程的组成、集雨场产流的计算、水窖、蓄水池的施工要点等内容，能够进行各类水窖、蓄水池的施工。

学习任务：

（1）了解雨水集蓄利用工程的组成和影响集流效率的因素，能合理选择集雨场。

（2）学习集流场产流的影响因素，能够正确计算产流量。

（3）了解蓄水设施的类型、蓄水设施容积的计算，掌握蓄水设施的施工要点，能进行小水窖、小水池的施工。

雨水集蓄利用系统是采取工程措施对雨水进行收集、储存和高效利用的微型水利工程。雨水集蓄利用系统一般由集雨系统、输水系统、蓄水系统和灌溉系统组成。

第一节 雨水集蓄利用技术的认识

一、雨水集蓄利用技术的概念、发展现状与成效

雨水集蓄利用技术是指通过多种方式，调控降雨径流在地表的再分配与赋存过程，将雨水资源存储在指定的空间，进而采取一定的方式与方法，提高雨水资源利用率与利用效率的一种综合技术。它包括两个方面的含义，其一是雨水集蓄技术；其二是集蓄雨水的高效利用技术。该项技术是我国广大干旱地区农业生产发展过程中一项重要的节水技术，并得到广泛应用。

目前，我国雨水集蓄利用技术研究主要集中在干旱半干旱地区生活饮水、集流节灌和生态环境建设等问题上，同时对集蓄雨水补灌地下水及城市集流等问题也展开了研究。我国自 20 世纪 80 年代末期开始对雨水集蓄利用技术进行系统研究，大致经历了试验研究、试点示范、推广应用三个阶段。第一阶段为 1992 年以前，主要是对雨水集蓄利用相关技术进行试验研究，论证雨水集蓄利用工程的可行性和可持续性，建立雨水集蓄利用理论体系。第二阶段为 1992—1996 年，这一阶段主要是开展雨水集蓄利用技术的试点示范工作。第三阶段是 1996 年以后，为各地方推广应用雨水集蓄技术阶段。目前，雨水集蓄利用技术已不单单是一项普通的微型水利工程，而成为干旱缺水地区人民改善农业生产条件，提高粮食单产，保护生态环境，发展经济脱贫致富的主要手段。因此，开展雨水集蓄利用理论和技术研究，为上述工程的科学规划和顺利实施提供相应的理论依据和技术支撑，意义十分重大。

国际雨水集流系统协会和我国 2001 年颁布的 GB 50400—2006《雨水利用工程技术规范》把雨水集蓄利用技术定义为：采取工程措施对降水进行收集、储存和调节利用的微型水利工程（图 7-1）。也就是说它有专门的收集雨水设施设备，有专门的储存雨水工程或设施，有专门的高效利用方式。与传统技术以土壤为雨水储存介质相比，这种工程措施对雨水收集效率和调控能力会更高；可以说雨水集蓄利用技术是人们利用雨水的较高阶段。

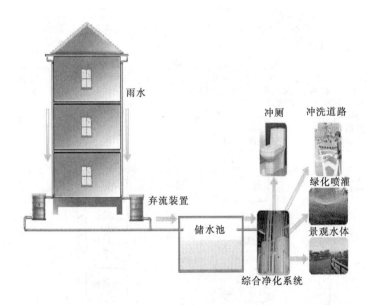

图 7-1　雨水集蓄和高效利用

雨水集蓄利用技术的实质是如何实现两个调控：一是如何调控降雨在地表的产流过程，控制地表径流量；二是如何调控地表径流的汇流过程，即控制地表径流的汇流方式与汇流过程，并将地表径流按照指定用途存储在一定的空间（图 7-2）。

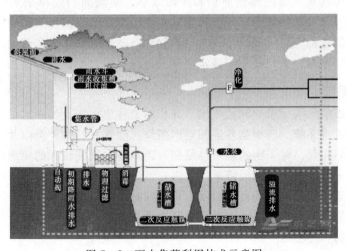

图 7-2　雨水集蓄利用技术示意图

二、雨水集蓄利用系统的组成

雨水集蓄利用系统是采取工程措施对雨水进行收集、储存和高效利用的微型水利工程。雨水集蓄利用系统一般由集雨系统、蓄水系统、输水系统和灌溉系统组成（图7-3）。

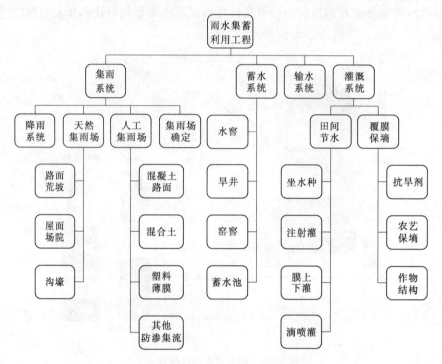

图7-3　雨水集蓄利用系统组成图

（一）集雨系统

集雨系统是雨水集蓄利用工程的水源部分，其功能是为整个系统提供满足供水要求的雨水量，因而必须具有一定的集流面积和集流效率。集流面的建设是集雨系统的主体之一，雨水集流面可分为天然坡面、现有人工建筑物的弱透水表面以及修建专用集流面等三种类型。为了降低造价，应优先采用现有建筑物的弱透水表面作为集流面。此外，为了提高集流效率，减少渗漏损失，要用不透水物质或防渗材料对集雨场表面进行防渗处理。

（二）输水系统

输水系统是指输水沟（渠）和截流沟。其作用是将集雨场上的来水汇集起来，引入沉沙池，而后流入蓄水系统。要根据各地的地形条件、防渗材料的种类以及经济条件等，因地制宜地进行规划布置。对于因地形条件限制，距离蓄水设施较远的集雨场，考虑长期使用，应规划建成定型的土渠。若经济条件允许，可建成U形或矩形的素混凝土渠。

利用公路、道路作为集流场且具有路边排水沟时，截流输水沟（渠）可从路边排水沟的出口处连接，修到蓄水设施。路边排水沟及输水沟（渠）应进行防渗处理，蓄水季节应注意经常清除杂物和浮土。

利用山坡地作为集流场时，可依地势每隔20～30m沿等高线布置截流沟，避免雨水在坡面上漫流距离过长而造成水量损失。截流沟可采用土渠，坡度宜为 $1/30\sim1/50$。截流沟应与输水沟连接，输水沟宜垂直等高线布置，并采用矩形或 U 形素混凝土渠或用砖（石）砌成。

利用已经进行混凝土硬化防渗处理的小面积庭院或坡面作为集流场时，可将集流面规划成一个坡向，使雨水集中流向沉沙池的入水口。若汇集的雨水较干净，也可直接流入蓄水设施，可不另设输水渠。

（三）蓄水系统

蓄水系统包括蓄水工程及其附属设施，其作用是存储雨水，并根据灌溉用水需求进行调节。通常采用的蓄水工程主要有水窖、水窑、地表式水池、塘坝、水罐以及河网系统等六种。水窖和水窑属于地下埋藏式蓄水设施。地表式水池是修建在地面上的水池，可以是开敞或是有顶盖的。塘坝是我国丘陵区普遍采用的蓄水设施，一般利用天然低洼地进行建造。水罐是预制的盛水容器，容积较小。河网是我国江南地区历史上形成的，曾经是当地居民重要的生活和生产用水的水源。附属设施主要包括沉沙池、拦污栅与进水暗管、消力设施和窖口井台，其作用分别为沉降进窖水流中的泥沙含量；拦截水流中的杂物；减轻进窖水流对窖底的冲刷；保证取水口不致坍塌、损坏，同时防治污物进窖。

（四）灌溉系统

灌溉系统包括首部提水设备、输水管道和田间的灌水器等节水灌溉设备，是实现雨水高效利用的最终措施。由于各地地形条件、雨水资源量、灌溉的作物和经济条件的不同，可选择适宜的节水灌溉形式。

三、影响集流效率的主要因素

影响集流效率的因素主要有四个：降雨特性、集流面材料、集流面坡度和集流面前期含水量。

1. 降雨特性对集流效率的影响

由水文学中的降雨、径流及产流机理分析可知，随着每次降雨量和降雨强度的增加，集流效率也增大，因此当小雨量、小雨强的过程多时，其集流效率也较低，若降水量小于某一值时，可能不产流，而且集流面的吸水性、透水性越强，降雨特性对集流效率的影响越明显。

2. 集流面材料对集流效率的影响

集流面材料的吸水率和透水性直接与集流效率相关。试验结果表明，以混凝土、完整裸露塑料膜和水泥瓦的集流效率较高，可达 $70\%\sim90\%$，而土料集流效率一般在 30% 以下。常见几种集流面集流效率的大小依次为裸露塑料薄膜、混凝土、水泥瓦、机瓦、塑膜覆砂、青瓦、三七灰土、原状土夯土、原状土。施工质量好坏对集流效率也有重要影响。

3. 集流面坡度对集流效率的影响

一般来说，集流面坡度较大，集流效率也较大。一般较大集流面坡度可减小降雨集流过程中的水层厚度，增加径流速度，缩短汇流时间，因而可提高集流效率。坡度对土质集流面的集流效率影响更大，为提高集流效率，一般建议土质集流场纵坡宜不小于 $1/10$。

集流面面积对集水效率的影响。当其他条件相同时，集水区面积越大，尤其是汇流路径越长，入渗以及滞留的水量就会越多，从而使集流效率越低。而且集流面积对吸水性、透水性强的集流面的集水效率影响会更严重。

4. 集流面前期含水量对集流效率的影响

集流面前期含水量较高时，当次降雨的集流效率就高。集流面前期含水量对有吸水性、透水性的集流面的集流效率亦有影响，集流面在降雨前含水量越高、吸水性越弱，降雨集流效率越高。特别对土质集流影响明显，而对混凝土集流面影响较小。

第二节 集雨场产流技术

一、集雨场产流的概念

雨水集蓄工程一般由集雨系统、输水系统、蓄水系统和灌溉系统组成。其中集雨系统主要是指收集雨水的集雨场地。首先应考虑具有一定产流面积的地方作为集雨场，没有天然条件的地方，则需人工修建集雨场。所谓集雨场产流，就是集雨场上的各种径流成分的生成过程，也就是集雨场下垫面对降雨的再分配过程。当降雨开始时，由于降雨强度小于集雨场下垫面的下渗能力，降落在地面的雨水将全部渗入土壤。随着降雨历时的增加，当降雨强度等于下垫面的下渗能力时，地面开始积水，有一部分填充低洼地带或塘堰，称为填洼。当降雨强度大于下垫面的下渗能力时，超出下渗能力的部分水分便形成地面径流。集雨场产流过程见图 7-4。

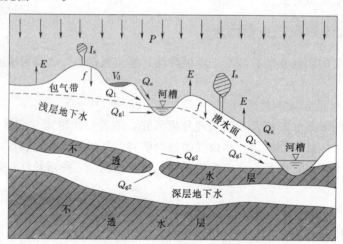

图 7-4 集雨场产流图

E—蒸发量；I_s—植物截流；f—下渗；V_d—填洼量；Q_s—地表径流；
Q_1—壤中流；Q_{g1}—地下径流（浅层）；Q_{g2}—地下径流（深层）

二、影响集雨场产流的主要因素

影响集流效率的因素主要有下垫面因素、降雨蒸发、土壤前期湿润情况等。

1. 下垫面因素对集雨场产流的影响

降水落至地面后，在形成径流的过程中受到地面上流域自然地理特征（包括地形、植被、土壤、地质）和河系特征（河长、河网密度、水系形状等）的影响，这些影响因素统称下垫面因素。

2. 降雨蒸发对集雨场产流的影响

在天然流域降水后，一部分降水落在河槽水面上就直接形成河网中径流，其他部分降水，首先消耗于植物截流、填洼、蒸发和下渗。当雨强小于下渗强度时，雨水全部渗入土中，参与土壤水储存和运动；当雨强大于下渗强度时，超过下渗率的降雨（超渗雨）就形成地面径流。如果地面下渗水量经过透水性强的土层继续下渗时，并且表层下渗强度大于弱透水层的下渗强度时就产生壤中流。当降水继续下渗时地下水面可能升高，这时稳定下渗强度大于弱透水层的下渗强度，于是产生地下径流。各种径流产流的基本规律为：供水是产流的必要条件，供水强度大于下渗强度是产流的充分条件。由于每次降水的气象因素和下垫面因素各异，所以产流方式也不相同。

3. 土壤前期湿润情况对集雨场产流的影响

一般来说，植物截留量、雨期蒸发量、填洼量一般较小；而下渗量一般较大，且变化幅度也很大，它从初渗到稳渗，在时程上具有急变特性，空间上也具有多变的特性。下渗量的时空变化一般表现为：同一种土壤情况下，土壤干燥时，下渗能力强；土壤湿润时，下渗能力小。由此可见，下渗对地面径流的产生影响很大。

三、集雨场产流的计算

1. 产流计算的相关参数

影响产流计算的因素主要有三个：全年集水效率、集水面面积和保证率等于 P 的全年降水量。

集水效率是集水区设计的重要参数，它与集流面材料性质、降雨特性、集水面前期含水量和集流面的坡度有关，施工质量对集流效率的影响也比较明显。不同的地区在不同的保证率降水条件下的集水效率差异很大。康绍忠等将集水效率的计算分为三类：①能获得次降水量、次平均降水强度以及集水面前期含水量资料的集水效率计算公式；②能获得次降水量、次平均降水强度的集水效率计算公式；③仅能获得次降水量的集水效率计算公式。

集水面面积对集雨场产流的影响可由式（7-1）确定：

$$S = 1000 \frac{W}{P_P E_P} \tag{7-1}$$

式中　S——某一种集水面面积，m^2；

　　　W——某一种集水面所需年总集水量，m^3；

　　　P_P——用水保证率等于 P 时的降水量，mm；

　　　E_P——用水保证率等于 P 时的集水效率。

2. 计算公式

不同降雨量地区全年可集水量参数指标是雨水集蓄利用技术的重要参数，雨水集蓄利用工程的规划和设计离不开全年可集水量的确定。单位集流面全年可集水量用式（7-2）计算：

$$W = E_y R_P P_0 / 1000 \qquad\qquad (7-2)$$

式中　W——单位集流面全年可集水量，m^3/m^2；

　　　E_y——某种材料集水面全年集水效率（以小数表示）；

　　　R_P——保证率等于 P 的全年降雨量，mm；可从水文气象部门多年平均降雨量等值线图查得。对雨水集蓄来说，一般取 50%（平水年）和 75%（中等干旱年）；

　　　P_0——多年平均降水量，mm，可根据气象资料确定。

第三节　蓄水设施工程技术

一、储水设施的类型

蓄水系统包括储水设施及其附属设施，其作用是存储雨水。各地群众在实践中创造出不同的存储形式，北方地区最常见的是建水窖和蓄水池。各地应根据地形地貌特征、经济条件、施工技术和当地材料来选型。

（一）水窖

水窖按其修建的结构不同可分为传统型土窖、改进型水泥薄壁窖、盖碗窖、窑窖、钢筋混凝土窖等；按采用的防渗材料不同又可分为胶泥窖、水泥砂浆抹面窖、混凝土和钢筋混凝土窖、人工膜防渗窖等。由于各地的土质条件、建筑材料及经济条件不同，可因地制宜选用不同结构的窖形。

在建窖中，对用于农田灌溉的水窖与人畜饮水窖在结构要求上有所不同。根据黄土高原群众多年的经验，人饮窖要求窖水温度尽可能不受地表和气温的影响，窖深一般要达到6～8m，保持窖水不会变质，能够长期使用，而灌溉水窖则不受深度的限制。

适合当前农村生产的几种窖形结构分述如下。

1. 水泥砂浆薄壁窖

水泥砂浆薄壁窖（图7-5）是由传统的人饮窖经多次改进、筛选成型。窖体结构包括水窖、旱窖和窖口窖盖三部分。水窖位于窖体下部，是主体部位，也是蓄水的位置所在，形似水缸；旱窖位于水窖上部，由窖口经窖脖子（窖筒）向下逐渐呈圆弧形扩展，至中部直径（缸口）后与水窖部分吻接。这种倒坡结构，受土壤力学结构的制约，其设计结构尺寸是否合理直接关系到水窖的稳定与安全；窖口窖盖是起稳定上部结构的作用，防止来水冲刷，并连接提水灌溉设施。

水泥砂浆薄壁窖近似"坛式酒瓶"。窖深7～7.8m，其中水窖深4.5～4.8m，底径3～3.4m，中径3.8～4.2m，旱窖深2.5～3.0m，窖口径0.8～1.1m。窖体由窖口以下50～80cm处圆弧形向下扩展至水窖中径部位，窖台高30cm。蓄水量一般在40～50m³

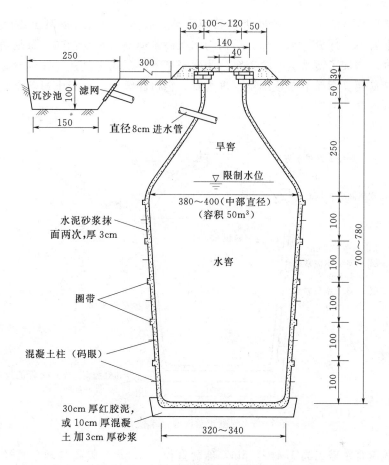

图7-5 水泥砂浆薄壁窖（单位：cm）

左右。

水泥砂浆薄壁窖的防渗处理分窖壁防渗和窖底防渗两部分。为了使防渗层与窖体土层紧密结合并防止防渗砂浆整体脱落，沿中径以下的水窖部分每隔1.0m，在窖壁上沿等高线挖一条宽5cm、深8cm的圈带，在两圈带中间，每隔30cm打混凝土柱，品字形布设，以增加防渗砂浆与窖壁的连续性和整体性。

窖底结构以反坡形式受力最好，即窖底呈圆弧形，中间低0.2～0.3m，边角亦加固成圆弧形。在处理窖底时，首先要对窖底原状土轻轻夯实，增强土壤的密实程度，防止底部发生不均匀沉陷。窖底防渗可根据当地材料情况因地制宜选用，一般可分为：

（1）胶泥防渗。可就地取材，是传统土窖的防渗形式。首先要将红胶泥打碎过筛、浸泡拌捣呈面团状，然后分两层夯实，厚度30～40cm，随后用水泥砂浆墁一层，作加固处理。

（2）混凝土防渗。在处理好的窖底土体上浇筑C19混凝土，厚度10～15cm。

此窖型适宜土质比较密实的红、黄土地区，对于土质疏松的沙壤土地区和土壤含水量过大地区不宜采用。

2. 混凝土盖碗窖

混凝土盖碗窖（图7-6）形状类似盖碗茶具，故名盖碗窖。混凝土盖碗窖的窖体包括水窖与窖盖窖台两部分。水窖部分结构与水泥砂浆薄壁窖基本相同，只是增大了中径尺寸和水窖深度，增加了蓄水量。窖盖窖台为薄壳型钢筋混凝土拱盖，在修整好的土模上现浇成型，施工简便。帽盖上布置圈梁、进水管、窖口和窖台。混凝土帽盖布置少量钢筋铅丝，形同蜘蛛网状。

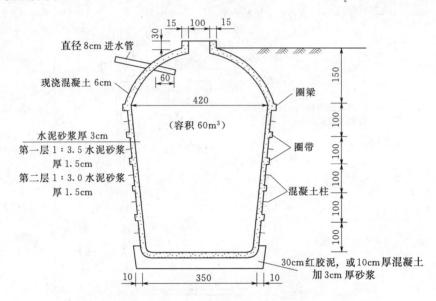

图7-6 混凝土盖碗窖（单位：cm）

混凝土盖碗窖窖盖矢高1.4～1.5m，球台直径为4.5m，矢高与球台直径的比值一般为0.31～0.33。窖深6.5m（不含底防渗层厚度），壁厚6cm，底径3.2～3.4m，中径4.2m，窖口径1.0m。蓄水量在60m³左右。

此窖型适宜于土质比较松软的黄土和砂石壤土地区。打窖取水、提水灌溉和清淤等都比较方便，质量可靠，使用寿命长，但投资较高。

3. 素混凝土肋拱盖碗窖

素混凝土肋拱盖碗窖是在混凝土盖碗窖的基础上，将钢筋混凝土帽盖改进为素混凝土肋拱帽盖，省掉了30kg钢筋和20kg铅丝，其他部分结构尺寸与混凝土盖碗窖完全一样。

素混凝土肋拱帽盖厚度为6cm，是在修整好的半球状土模表面上由窖口向圈梁辐射形均匀开挖8条宽10cm、深6～8cm的小槽，窖口外沿同样挖一条环形槽，帽盖混凝土浇筑后，拱肋与混凝土壳盖形成一整体，肋槽部分混凝土厚度由拱壳的6cm增加到12～14cm，即成为混凝土肋拱，起到替代钢筋的作用。素混凝土肋拱盖碗窖的适应性更强，便于普遍推广。

4. 混凝土拱底顶盖圆柱形水窖

该窖型是甘肃省常见的一种水窖形式（图7-7），主要由混凝土现浇弧形顶盖、水泥砂浆抹面窖壁、三七灰土翻夯窖基、混凝土现浇弧形窖底、混凝土预制圆柱形窖颈和进水管等部分组成，其技术数据见表 7-1。

表 7-1 混凝土拱底顶盖圆柱形水窖技术数据表

容积/m³	直径/m	壁厚/m	窖深/m	挖方/m³	填方/m³	混凝土/m³	砂浆/m³	水泥/m³	砂/m³	石子/m³	水/m³
15	2.2	3.0	3.9	20.5	3.60	1.12	0.82	0.63	1.60	0.78	0.9
20	2.4	3.0	4.4	26.8	4.60	1.29	1.01	0.75	1.89	0.90	0.9
25	2.6	4.7	4.7	32.9	5.27	1.47	1.16	0.85	2.16	1.03	1.1
30	3.0	3.0	4.2	37.9	5.20	1.70	1.22	0.93	2.27	1.19	1.4

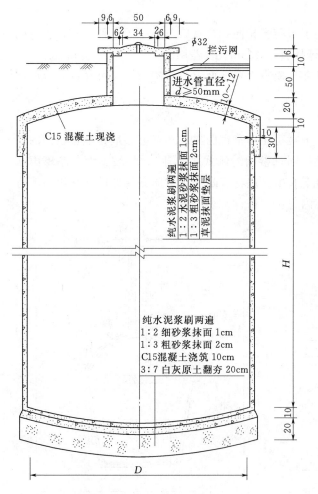

图 7-7 混凝土拱底顶盖圆柱形水窖（单位：cm）

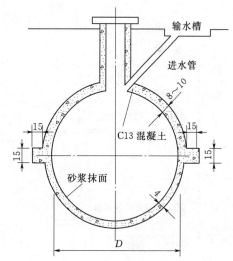

图 7-8 混凝土球形窖（单位：cm）

5. 混凝土球形窖

该窖型为甘肃省的一种水窖型式（图 7-8），主要由现浇混凝土上半球壳、水泥砂浆抹面下半球壳、两半球结合部圈梁、窖颈和进水管等部分组成。其技术数据见表7-2。

表 7-2　　　　　　　　　　　　　混凝土球形窖技术数据表

容积/m³	直径/m	壁厚/m	挖方/m³	填方/m³	混凝土/m³	砂浆/m³	水泥/m³	砂/m³	石子/m³	水/m³
15	3.1	4.0	33.3	16.9	1.60	0.15	0.58	0.85	1.07	0.9
20	3.4	4.0	42.3	20.5	1.87	0.19	0.69	1.01	1.24	0.9
25	3.6	4.0	51.0	22.6	2.13	0.21	0.78	1.15	1.41	1.0
30	3.9	4.0	59.6	23.5	2.36	0.24	0.86	1.28	1.56	1.2

6. 砖拱窖

这种窖型是为了就地取材，减少工程造价而设计的一种窖型（图 7-9），适用于当地烧砖的地区。

砖拱窖的水窖部分结构尺寸与混凝土盖碗窖相同，窖盖属盖碗窖的一种型式，为砖砌拱盖。矢高 1.74m，窖口直径 0.8m，球体直径 4.5m。窖盖用砖错位压茬分层砌筑。

砖拱窖施工技术简易、灵活，既可在土模表面自下而上分层砌筑，又可在打开挖窖体土方后再分层砌筑窖盖。

7. 窑窖

窑窖按其所在的地形和位置可分为平窑窖和崖窑窖两类。平窑窖一般在地势较高的平台上修建，其结构形式与封闭式蓄水池相同（参阅封闭式蓄水池）。将坡、面、路壕雨水引入窑窖内，再抽水（或自流）浇灌台下农田。崖窑窖是利用土质条件好的自然崖面或可作人工剖理的崖面，先挖窑，然后在窑内建窖，俗称窑窖（图 7-10）。

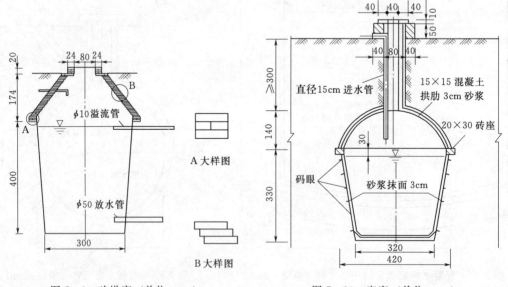

图 7-9　砖拱窖（单位：cm）　　　　　图 7-10　窑窖（单位：cm）

窑窖的组成包括土窑、窖池两大主体。土窑根据土质情况、来水量多少和蓄水灌溉要求确定尺寸大小，窑宽控制在 4～4.5m，窑深 6～10m，窑窖拱顶矢跨比不超过 1:3，由窑口向里面开挖施工。整修窑顶后用草泥或水泥砂浆进行处理。当拱顶土质较差时，要设置一定数量的拱肋，用 C19 混凝土浇筑，以提高土拱强度。窑池在土窑下部开挖，形似水窑，唯深度稍浅，窑池深 3～3.5m，池体挖成后再进行防渗处理。为了保持窑窖的稳定与安全，窑上崖面土体厚度应大于 3m。窑深 6～10m，矢高 1.4m，跨度 4.2m，池深 3～3.5m，容积分别为 60m³、80m³、100m³。

窑窖受地形条件限制，只能因地制宜推广。

8. 土窖

传统式土窖因各地土质不同，窖型样式较多，归纳起来主要有两大类，即瓶式窖和坛式窖（图 7 - 11）。瓶式窖脖子小而长，窖深而蓄水量小；坛式窖脖子相对短而肚子大，蓄水量多。当前除个别山区群众还习惯修建瓶式窖用来解决生活用水外，现在主要多采用坛式土窖。

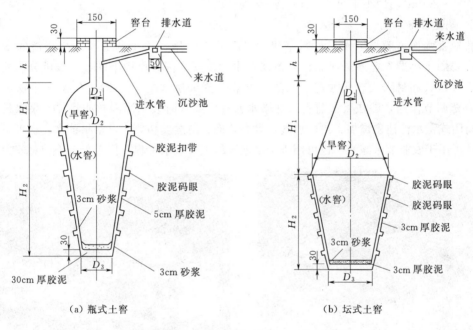

（a）瓶式土窖　　　　　　　　　　　（b）坛式土窖

图 7 - 11　土窖（单位：cm）

土窖窖体由水窖、旱窖、窖口窖盖三部分组成。土窖的口径 80～120cm，窖深 8.0m，其中水窖深 4.0m，旱窖深 4m，中径 4m，底径 3～3.2m，蓄水量 40m³。但大部分土窖结构尺寸均小于标准尺寸，口径只有 60cm 左右，水窖深和缸口尺寸均较小，蓄水量也只有 15～25m³，个别窖容量达 40m³。

旱窖部分为原状土体，不作防渗处理，也不能蓄水。水窖部分采用红胶泥防渗或水泥砂浆防渗。

（1）红胶泥防渗。在水窖部分的窖壁上布设码眼，用拌和好的红胶泥锤实，码眼水平间距 2.5cm，垂直间距 22cm，品形布设。码眼成外小内大的台柱形，深 10cm，外口径 7cm，内径 12cm，以利于胶泥与窖壁的稳固结合。窖底用 30cm 红胶泥夯实防渗。窖壁红胶泥防渗层厚度必须保证在 3cm 以上。

（2）水泥砂浆抹面防渗与水泥沙浆薄壁窖相同，不同之处就是旱窖部分不做防渗处理。

土窖适宜于土质密实的红土、黄土地区。红胶泥防渗土窖更适合干旱山区人畜饮用。

（二）蓄水池

蓄水池按其结构形式和作用可分为涝池、普通池和调压蓄水池等。

1. 涝池

在黄土丘陵区，群众利用地形条件在土质较好、有一定集流面积的低洼地修建的季节性简易蓄水设施（图 7-12）。在干旱风沙区，一些地方由于降水入渗形成浅层地下水，群众开挖长几十米、宽数米的涝池，提取地下水发展农田灌溉。

涝池形状多样，随地形条件而异，有矩形池、平底圆池、锅底圆池等。涝池的容积一般为 $100\sim200m^3$，最小不小于 $50m^3$。

2. 普通蓄水池

普通蓄水池一般是用人工材料修建的具有防渗作用，用于调节和蓄存径流的蓄水设施，主要用于小型农业灌溉或兼作人畜饮水用。按其结构、作用不同，一般可分为两大类型，即开敞式和封闭式。开敞式蓄水池是季节性蓄水池（图 7-13），只是在作物生长期内起补充调节作用，即在灌水前引入外来水蓄存，灌水时放水灌溉，或将井、泉水长蓄短灌。封闭式蓄水池池顶增加了封闭设施，具有防冻、防蒸发功效，可常年蓄水，也可季节性蓄水。可用于农业节水灌溉，也可用于干旱地区的人畜饮水工程，但工程造价相对较大。

图 7-12 涝池　　　　　　　　图 7-13 蓄集雨水灌溉时所用的蓄水池

普通蓄水池根据其地形和土质条件可修建在地上或地下，其结构型式有圆形、矩形等。蓄水池深常为 $2\sim4m$，其容积一般为 $50\sim100m^3$，特殊情况下蓄水量可达 $200m^3$。防渗措施也因其要求不同而异，最简易的是水泥砂浆面防渗。

3. 调压蓄水池

调压蓄水池是指在降雨量多的地方，为了满足低压管道输水灌溉、喷灌、微灌等所需要的水头而修建的蓄水池。调压蓄水池的选址应尽量利用地形高差的特点，设在较高的位置以实现自压灌溉。

（三）土井

土井一般指简易人工井，包括土圆井、大口井等。它是开采利用浅层地下水，解决干旱地区人畜饮水和抗旱灌溉的小型水源工程。

适宜打井的位置，一般在地下水埋藏较浅的山前洪积扇、河漫滩及一级阶地，干枯河床和古河道地段，山区基岩裂隙水、溶洞水及铁、锰和侵蚀性二氧化碳高含量的地区。

二、储水设施的容积计算（以水窖为例）

水窖是一种地下埋藏式蓄水工程。在雨水集蓄利用工程中，水窖是采用较普遍的蓄水工程型式之一，在土质地区和岩石地区都有应用。在土质地区的水窖多为圆形断面，可分为圆柱形、瓶形、烧杯形、坛形等，其防渗材料可采用水泥砂浆抹面、黏土或现浇混凝土；岩石地区水窖一般为矩形宽浅式，多采用浆砌石砌筑。根据形状和防渗材料，水窖型式可分为：黏土水窖、水泥砂浆薄壁水窖、混凝土盖碗水窖、砌砖拱顶薄壁水泥砂浆水窖等。其主要根据当地土质、建筑材料、用途等条件选择。根据调查资料，表 7-3 列出不同水窖型式所适宜的土质条件和结构的主要尺寸。

表 7-3   各类水窖适用条件

水窖型式	适用条件	总深度/m	旱窖直径/m	最大直径/m	底部直径/m	最大容积/m³
黏土水窖	土质较好	0.8	4.0	4.0	3~3.2	40
薄壁水泥砂浆水窖	土质较好	7~7.8	2.5~3.0	4.5~4.8	3~3.4	55
混凝土或砌砖拱顶薄壁水泥砂浆水窖（盖碗窖）1	土质稍差	6.5	1~1.5	4.2	3.2~3.4	63
混凝土或砌砖拱顶薄壁水泥砂浆水窖（盖碗窖）2	土质稍差	6.7	1.5	4.2	3.4	60

集雨灌溉工程由集雨场、储水建筑物、输水和灌溉系统四部分组成。集雨场包括荒坡、道路或较为开阔的平缓地面。人工集雨场就是利用有适宜坡度的空地进行人工硬化的过程，布设人工防渗层，以增加集流量。储水建筑物主要有旱井、水窖、蓄水池、小塘坝等。灌溉系统目前基本上采用滴灌（含坐水种）、渗灌、微灌、土壤注射灌、管灌、膜下沟灌等高效节水措施。

1. 窖址选择

选择窖址要保证有一定的集水场面积，如山坡、路旁、场院、开阔地等，以便蓄水时有充足的水源。窖址要求土质坚硬，远离沟边，避开大树、陷穴、砂砾层等土质不良的地方。生产窖（用于农田补充灌溉）靠近农田，便于灌溉。生产窖应考虑输水方式的要求，有条件的地方应尽可能将水窖修建在高于农田 10m 左右的坡台上，以便进行自压输水灌溉。

2. 集雨场设计

（1）集雨场的选择。首先选择雨后易产生径流的道路、荒坡、场院等自然集水场。在人口居住集中，无法满足上述条件的地方，可将坡度较大的旱坡地除去杂草夯实，亦可在地表铺防渗物，建成人工集水场。

（2）集雨场面积的确定。依据当地降水量、降水强度、集水场地面径流数来确定集水场的面积：

$$S = \frac{V}{M_{24}^P N} \qquad (7-3)$$

式中 S——集雨场面积，m^3；

V——计划修建水窖的容积，m^3；

M_{24}^P——代表频率为 P 的最大 24h 降水量，mm，该数值可根据当地水文资料求得。水窖设计，建议采用设计频率 $P=10\%$（即 10 年一遇）；

N——集雨场地面径流系数，据试验取荒坡 0.3，土质路面、场院、人工集水场 0.45，沥青路面、水泥场院 0.85～0.9。

3. 蓄水建筑容积的确定

（1）旱井。干旱缺水地区常见的旱井蓄水量一般在 30～70m^3，井深 6～8m，底直径为 3.5～5.5m，井口直径为 0.8～1.2m，防渗面采用两种材料：一是黏土和生石灰防渗面；二是水泥砂浆防渗面。井筒采用人工开挖方式。开挖时随时注意井壁的扩展速度和壁面的平整、光滑、局凸的起伏度不大于 3cm。

（2）水窖容积的确定。合理计划修建水窖容积是水窖工程设计中的关键，主要依据天然来水量的多少确定水窖容积。水窖容积要与天然来水量相一致，即

$$V = W \qquad (7-4)$$

其中

$$W = \frac{1}{1000} H_{24}^P F N \qquad (7-5)$$

式中 V——水窖容积，m^3；

W——天然来水量，m^3；

H_{24}^P——代表频率为 P 的最大 24h 降水量，mm；

F——水平投影集水面积，m^2；

N——集雨场地面径流系数。

（3）水窖窖体几何尺寸的确定。圆形直立水窖是在干旱地区传统的人畜饮水窖的基础上改造而成的，适合在拉运砂料方便、土壤质地较坚实、离地面 7m 之内无砂砾层、地下水位大于 10m 的地方修建，水窖容积在 30～80m^3 为宜。根据力学原理，水窖窖体在保证蓄水和空窖时都能保持相对稳定，水窖的断面采用窖盖为拱形，窖体为圆柱形的几何形状（图 7-14）。实践证明，这种构型的水窖稳定状况良好。水窖容积可按下式计算：

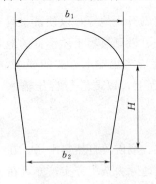

$$V = \frac{\pi}{12}(b_1^2 + b_2^2 + b_1 b_2)H \qquad (7-6)$$

式中 V——水窖容积，m^3；

b_1——窖体上口直径，m；

b_2——窖体下口直径，m；

H——窖体深度，m。

图 7-14 圆形直立水窖示意图

水窖的容积是由窖体的上口直径、下口直径及窖体深度三者而定。其三者的大小依土质状况、因地制宜的原则来确定。对渗透性小的黏土上下口径一般为 4～4.5m；黄土、黑壤土等

最大宽度在 3.5～4.0m；窖深要根据地形、土质、施工的难易程度灵活掌握，一般窖深以 5.0～6.0m 为宜（表 7 - 4）。

表 7 - 4 水 窖 几 何 尺 寸 规 格

类型	上口直径 /m	下口直径 /m	深度 /m	容积 /m³
Ⅰ	4.5	4.0	5.5	78.25
Ⅱ	4.0	3.5	5.5	60.98
Ⅲ	3.5	3.0	5.5	45.87
Ⅳ	3.0	3.5	5.0	29.93

（4）小蓄水池（配水池）的确定。其主要作用是调节流量，调配水量依靠自然高差进行灌溉，在无电力供应条件下利用柴油机泵与之与套进行微灌，坐水点种。蓄水池用圆形结构，具有良好的受力性能，对地表不均匀沉陷的适应能力强，应用广泛。容积一般为 100～200m³，内径为 6～12m，池高 3～2m，池壁材料用钢筋砖或砌石。

三、储水设施的施工防渗技术

集雨灌溉过程中最重要的设施应该是集水面与蓄水设施，蓄水设施的结构、大小、形状，防渗层的施工质量等决定了蓄水装置的使用寿命、蓄水量的大小，它是整个集雨灌溉系统中使用效率最高的设备。下面详细介绍蓄水装置的制作技术。

（一）旱井

（1）红黏土抹面防渗施工方法。早年人们修建的旱井费工费时，但省钱。在黄土塬峁地带，人工打一竖井，开口小下面大，很像一个坛子或是瓶子，当开挖成形后，用小手锤将井壁土面打成不平的褶面，在井壁上每隔 20cm 左右打入一个 12cm 左右长的小木楔，土壁外留出 2～3cm，然后在木楔头上拴牢麻绳，绳头留 4～5cm，最后在井面内由下而上连续不断地抹一层厚 3cm 左右的红黏土，稍干后即可蓄水使用。

（2）黏土和生石灰抹面防渗施工方法。用黏土和生石灰按 5：1 的比例加水拌和后，闷浸 24h 成二合泥（灰土），二合泥含水量控制在 35% 左右，在井内挖好脚手架后，按先井壁、后井底、井壁由下到上的顺序抹挂二合泥，厚度为 2～3cm，一边抹一边用手锤（木锤或皮锤）反复捣实，一般 48h 内捣 7～9 次，直到表面起亮无水珠浸出为止。井底铺泥 15cm，用木夯夯实，直到其表面泛亮为止。

（3）水泥砂浆面防渗施工方法。井壁内层抹面黏土（砸碎并过筛）和长草加水拌和，闷浸 1～2 天，用其抹第一层面。要整平、锤实、压平，厚度为 3cm，最后用水泥净浆挂面即成。手工拌和水泥砂浆时，应将水泥及砂拌均匀，然后加水拌和均匀，水灰比为 0.5：0.55。井底采用混凝土（厚约 5cm）铺垫或用胶泥做铺垫（厚 8～10cm），其上用水泥砂浆防渗。井建好后，用 15 天左右的时间洒水养护，之后封闭井口等待进水。

（二）水窖

根据各地土壤状况的不同以及多年积累的实践经验，水窖的结构有圆形直立式水窖、圆形瓶状水窖、混凝土球形水窖等。

1. 圆形直立式水窖制窖技术

圆形直立式水窖制窖的流程包括制盖、开挖窖体、筑底、抹壁、刷浆、护养等工序。

（1）制盖。窖址选择确定后，铲除表层浮土，整修成直径为 5～6m 的圆形水平平面。然后在平面的中央定中心，划一直径为 3～4.5m 的圆（直径大小由土质状况等条件而定），沿圆的外边挖一宽 0.3～0.4m、深 0.8～1.0m 的环形土槽。在圆内做半球状土模型，顶部（圆心）留直径为 0.8m、高 6cm 左右的土盘。紧靠半球状土模型的边线挖一宽 5cm、深 30cm 的环状小槽。用 4 根长 4.5～5m 的 8 号或 12 号钢筋弯成圆弧形，在土模型上摆放成"井"字形，然后用 8 号铁丝在土模型的顶部的土盘周围和土模型环形小槽的外边际各放一道铁丝圈，两圈之间用 24～30 根铁丝连接，呈辐射状分布，铁丝与钢的交叉处用细铁丝扎紧，使铁丝与钢筋接成一个整体网架。然后用混凝土铸造，混凝土的比例，石料与水泥为 4：1。混凝土配好以后，先浇筑土模型外沿环状小槽窖盖的外缘，筑造厚度为 10cm。自下而上筑造，厚度逐渐减少，至窖盖顶部以 4～5cm 为宜。要求钢筋与铁丝整体网架应置于混凝土中间，留出顶部土盘，作为出土口。筑造时一次性完成，筑造结束 24h 后，用水泥浆刷一次，盖草、洒水，护养 7～10 天。

（2）挖窖体。窖盖护养期满，从窖盖顶部的窖口开始取土。先从窖盖内取土，找到窖盖边缘再向下取土。取土时每下挖 50cm，在窖壁上沿等高线挖一道宽 5cm、深 5cm 的楔形加固槽。

（3）抹壁。窖体挖成后，清除窖壁和加固槽内的浮土，在加固槽固定一圈 8 号铁丝，洒水弄湿窖壁。先用砂灰混凝土将加固槽填平，然后用 1：3 水泥浆自窖底而上抹壁两次，每次抹壁厚度为 1～1.5cm。

（4）筑底。先用石料与水泥 4：1 混凝土浇筑窖底厚 8cm，再用 1：3 水泥浆抹 3～4cm。

（5）刷浆。抹壁、筑底结束 24h 后，应及时刷浆，进行防治处理。防治浆由 42.5 级水泥与石膏粉混合配制而成，比例为 3：1。每间隔 24h，刷浆一次，共刷三次。刷浆结束后封闭窖口，待 24h 后，开始洒水护养 10～15 天后即可蓄水。

2. 圆形瓶状水窖的制窖技术

圆形瓶状水窖的窖顶、窖底均为圆拱形混凝土结构，水窖直径 2.4～2.8m，深 4.5～5.5m，蓄水量 20～30m³，每眼水窖对应补灌面积 0.13～0.2hm²。根据不同地质条件有混凝土和草泥，水泥砂浆抹面两种结构型式，受力部位（顶盖）无需配置钢筋，相应的有开敞式和封闭式两种施工方式。水窖结构形式简单，受力条件好，造价低廉，施工简便。规划时按照因地制宜、因水施策的原则，有水源的地方可用管道引蓄沟溪小水，施行"两亩一窖（池）"；无水源的地方修建集流场、沉沙池蓄雨水。

（1）施工放线。窖址选好后，按设计要求用皮尺（或线绳）、白灰放线，界定工作面，通过圆心拉两条相互垂直的直线，标明尺寸界线，大致定位以备开挖时随时检测，控制校正。

（2）土模制作。土模是用来原地制作水窖顶盖的，在放好线的地方，挖去表层熟土（约 0.3m）后，以窖半径在坑内进行二次放线制作土模，为方便施工可按设计要求，制作一把坡度尺，配合水平尺控制土模坡度，土模成形后表面需大致修整光洁，周边齿槽一次成形（图7-15）。

（3）顶盖混凝土浇筑及养护。土模制作好后即可浇筑混凝土，浇筑之前先在土模表面喷洒少许水使其湿润，以减少土壤对混凝土中水分的吸收，之后铺上编织袋（或牛皮纸、塑料纸）衬护以利脱模，同时在土台根部及齿槽四周作标记控制厚度（一般10cm），待准备工作完成后即可开始浇筑顶盖混凝土。混凝土水灰比控制在0.65，配合比按水泥∶砂∶石子＝1∶3.2∶4.4（体积比）控制，水泥与天然级配混合料的质量比为1∶7［1袋水泥，7背篓混合料（约60kg）］。浇筑时6人一组，2人在坑内铺料，同时用钢钎、手锤和铁锹等工具振捣，4人在坑外拌料，沿圆周方向依次进料。浇筑时选浇齿槽，分两次浇满，然后呈螺旋式

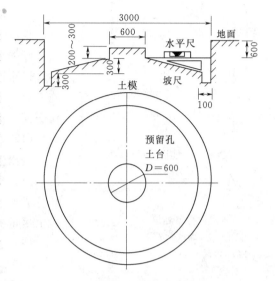

图7-15　土模制作示意图（单位：mm）

方向分批浇筑顶盖混凝土，连续拌和浇筑。2～3人（空雨靴或胶鞋，既防蚀又方便）在坑内沿圆周逆（或顺）时针方向连续碎步踏行，并配合工具拍打混凝土表面，人工振捣密实，直至浇至设计厚度，最后用铁锹、抹子修坡整形后拌制M7.5水泥砂浆抹面处理。待混凝土初凝后用麦草切向覆盖并洒水养护，一周内每天洒水不少于4次，3天后可在窖口局部取土通风，1周后养护减为每天2次，取土范围逐渐扩大，每3周每天养护1次即可。然后全面开始在顶盖齿槽范围内人工取土，同时放线控制圆周开挖精度误差。为提高出土效率，加快开挖速度，挖至窖口以下2.0m时，可设置滑轮组架运土，以提高出土效率、减轻劳动强度。操作时上下各2人进行作业，完成开挖约需1周时间。窖体应尽量挖得标准，以简化防渗处理工作量，窖底处理成形，以提高承载力，改善受力条件。

（4）窖壁处理（图7-16）。水窖开挖成形后，可在窖中取土拌和长草泥（留窖底部分余土拌和），用木抹子抹面处理窖壁，泥垫层厚3cm，一次完成（若水窖土体为非黏性黄土，直接用水泥砂浆抹面）。待稍干后拌制1∶3水泥砂浆（中砂粒径为0.25～0.50mm）抹第一道面，厚2cm；然后拌制1∶2水泥砂浆（细砂粒径0.10～0.25mm）抹第二道面，厚1cm，按从上到下顺序一次完成，构成防渗层。最后用纯水泥浆均匀涂刷两遍窖壁，为提高防渗效果，可在砂浆中添加防水剂或防水粉。值得注意的是，抹面时需处理好顶盖与窖壁结合部的防渗，以防水窖超蓄造成渗漏损失，影响安全。

（5）窖底及窖口处理。窖底先用3∶7灰土夯筑，表面用1∶2水泥砂浆抹面处理，浇筑时最好从窖口用铁桶或溜槽进料，以防混凝土拌和物离浆，影响浇筑质量。开始时由2～3人边铺料边用双脚沿圆周方向连续碎步踏行，并配合铁锹、折板人工振捣，最后与顶盖混凝土一样修坡整形抹面处理，窖底混凝土可不洒水养护，捂住窖口即可。一周后可少量蓄水，同时安装窖台、窖盖预制件，预制件尽量统一标准，以保证窖盖质量。这种形

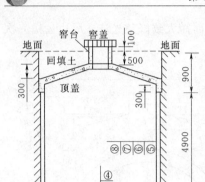

图 7-16　窖壁处理（单位：mm）
1—原土夯实；2—3∶7 灰土垫层（20cm）；
3—C45 混凝土（15cm）；4—M10 水泥砂
浆抹面（2cm）；5—草泥抹面（3cm）；
6—M10 细砂浆抹面；7—M10 粉砂浆
抹面；8—素水泥浆刷两遍

式的水窖也可采用混凝土结构，敞开式开挖施工，开挖周期较长。

3. 混凝土结构水窖的制作技术

现以 20m³ 水窖为例作介绍。在地质结构比较松散易碎的地方，采用上述几种方法修建水窖，窖壁结构难以牢固。针对此类地质结构，可采用敞开式开挖施工混凝土窖壁结构。窖壁、窖底制作完后再搭架制作土模，浇筑顶盖混凝土，施工顺序与前者相反。

（1）基坑。窖址选好后按设计尺寸放线，2.0m 内可直接出土，2.0m 以下则可搭接长梯人工背运或用绳吊运土，也可搭架二次转运出土，一般需 10 天左右可开挖成形，开挖过程中亦要放线控制基坑垂度和圆度，力求尽量标准，窖底处理方法同前。

（2）窖壁、窖底处理。基坑开挖后用组合木模（或钢模）支撑，一般制作两套为一副，第一节高 1.0m，周转使用（也可采用砖内模方法浇筑混凝土，但比较麻烦），每 7～10 眼水窖配一副模板，每次浇筑一圈，分层浇筑，混凝土窖壁厚 10cm，用钢钎、手锤人工振捣，浇筑完并初凝后拆模，再用 1∶2 水泥砂浆抹面，窖底处理方法同前，最后制作土模浇筑顶盖混凝土。

（3）土模支撑方式。水窖顶盖与封闭式施工顺序相反，需先在窖内搭架构成了一个平面才能制作土模。土模平面一般由骨架层、辅助层和铺土层三部分组成，支撑可采用立式架和平架两种方式。立式架又分为井字架、叉字架、独立架三种，垂直支撑间通过斜杆用长铁钉固定连接，形成静定结构。几种常见的支撑型式如图 7-17 所示，具体分析如下：

1）井字架。特点是拆架方便，施工简单，可直接用绳子从窖口吊出，不损坏木料，不影响窖壁防渗体；缺点是用料较多，土模铺助层平面需预留进入孔，支撑工作量较大。

2）叉字架。特点是拆架较方便，可直接从窖口吊出，不损坏木料，不影响窖壁，但用料也较多，稳定性较差，亦需预留进入孔，支撑工作量也较大。

3）独立架。特点是拆架简单，不影响窖壁防渗结构，且用料相对较少，但支撑难度较大，稳定性不易掌握，亦需预留进入孔。

4）平架。特点是无需垂直支撑，用料较少，简单快捷，无需预留进入孔；缺点是横木两端伸入窖壁，拆架时影响窖壁结构，损坏木料，必须注意防渗处理。因此，常用的支撑形式有井字架和平架两种，效果较好。

（4）土模制作。在支撑好的平面上，周边用纺织袋装土固边，然后填土，用坡尺控制拱坡做土模，最后用草泥抹边；中心做一圆土台或直接放置与窖口直径相近的圆形容器（如木盆、洗衣盆等）作模预留窖口，土模表面应压实拍光，以防顶盖混凝土变形，影响质量，待准备工作完成后即可开始浇筑顶盖混凝土。

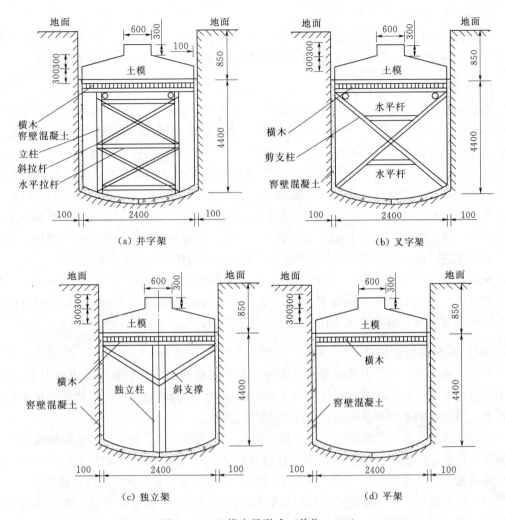

图 7-17 土模支撑形式（单位：mm）

（5）浇筑顶盖混凝土，安装窖口预制件。顶盖混凝土浇筑方法同前，浇筑完毕养护两周后即可拆架并回填土。窖台、窖盖通常采用 C15 混凝土薄壁预制构件，厚 6cm，可加工组合木模或钢模预制，拆模养护 14 天后即可安装。

4. 水泥面窖的制作技术

这种形式的水窖形似"酒坛"，窖口直径为 0.8～1.0m，中径为 4m，底径为 3.2～3.5m，深 6m 左右。修建时为使水泥砂浆涂抹的壁面与土层紧密结合、防止脱落，在中径以下每隔 1m 沿窖壁水平挖一个宽 5cm、深 8cm 左右的土槽，在两圈带（土槽）中间采用修土窖的做法，每隔 30cm 打一混凝土柱，长 15～20cm，以使水泥砂浆面与土壁结合紧实。抹面水泥砂浆采用 42.5 级普通水泥，水灰比以 0.5：0.55 为宜，砂浆不宜过湿过软，以免砂浆水分被干土大量吸收。砂浆面前若土壁过干，可用喷雾器将土窖面稍稍喷湿，以免砂浆水分被干土大量吸收。砂浆面抹好后，要注意每天喷 1～2 次，自然养护 7 天，才可使用。

5. 砖拱窖的制作技术

砖拱窖的结构尺寸与混凝土盖窖大致相同，所不同的只是拱盖、窖体均采用机制 50 号红砖，1：4 水泥砂浆砌砖，1：2 水泥砂浆抹面，砌砖厚 24cm，咬砖错茬砌砖法。

（三）蓄水池

地基挖好后，夯实原土。对于填方地基，要求其干容重不少于 1.6g/cm³。其基础可采用 30cm 三七灰土土垫层，并且夯实。池底采用 C15 素混凝土，厚度在 10～15cm 为宜。钢筋砖池壁，砌体为 M7.5 水泥砂浆，砌机砖（MU100 号）结构，砖要预先浸透水，饱和度达到 80％左右，采用"挤浆法"砌筑。灰缝的砂浆要求饱满厚度一致，竖向灰缝应错开，不允许有通缝。距池底高度每隔 30cm 设 2 根直径 6～8mm，间距 25～30cm 的加固钢筋，以保证其稳定。为了保证防水层的抗渗性能，砂浆必须分层涂抹。刚性防水层采用砂浆的配合比为 1：2.5～1：3，水灰比 0.5：0.55。施工时先将抹面层洗净润湿，涂刷一层水泥净浆，再抹上一层 5mm 厚的砂浆，初凝前用木抹子面压实，防水层要铺设 4～5 层。外壁采用两层抹面，施工时必须注意提高砂浆的密实性，做好各层之间的结合，并加强养护以达到预期的效果。为保护蓄水池池基，在池子周围设宽 1.0m、厚 8～10cm 的 M10 水泥砂浆散水。湿陷性黄土区的蓄水池散水尤为重要。

（四）水窖的辅助设施

（1）引水沟渠。对于因地形限制远离径流集水场的水窖，需要有一固定的引水沟渠。位于路边的水窖可利用路边水渠作为引水沟渠。以山坡作为集水场时，可依坡势修建挡水墙挡水，挡水墙的走向与等高线夹角以 45°为宜。

（2）沉沙池。集水场蓄积雨水后，经引水沟渠引至沉沙池，利用沉沙池可降低径流水中的泥沙含量。沉沙池一般修建在离水窖进水口 2～3m 处，池深一般为 0.6～0.8m，池长与池宽的比例约为 2：1，其池长与池宽的具体尺寸因集水量及水中的含沙量而定。

（3）引水暗管。引水暗管可以是衬砌暗渠或口径为 15cm 以上的管道，将沉沙池和水窖相连，要求引水暗管不宜直接与窖壁相连，宜突出窖壁 0.3m 左右，以免进入水窖的水流冲刷窖壁。

（4）拦污与消力设施。在引水暗管与水窖相连的末端，最好设置一箩筐，或用 8 号铁丝扎成网状结构安置于引水暗管的末端，可起到拦污与消力的作用。

（5）窖台。窖台修建成圆形或方形，离地面 0.5m 左右。窖口最好设置盖板，防止污物入窖。从水窖总的投资看，水窖容积越大，相应每年每立方米的投资费用越小，但水窖容积过大，则窖盖载重量过大，窖的防渗性能减弱，因而在实际生产中，窖的容积一般不宜超过 80m³。水窖容积过小，接纳雨水有限，满足不了补灌的需要，一般不宜小于 30m³。

（五）水窖的运行管护

水窖的日常管护是水窖使用寿命的关键，下雨前及时清理进窖的水路，下雨时要及时引水入窖，水窖蓄满水后要立即封闭进水口，以防止蓄水水位超过窖体防渗层面而引起坍塌。要定期检查维修，定期清淤，雨前必须保证水窖状态完好。采用胶泥防渗材料的水窖不允许将水用干，必须留少量水于窖底，以保持窖内湿润，防止窖壁开裂而造成防渗层脱落。

·习 题 与 训 练·

一、填空

1. 雨水集蓄利用技术包括两个方面的含义：其一是（　　）；其二是（　　）。该项技术是我国广大干旱地区农业生产发展过程中一项重要的节水技术，并得到广泛应用。

2. 雨水集蓄利用系统一般由（　　）、（　　）、（　　）和（　　）组成。

3. 集流面的建设是集雨系统的主体之一，雨水集流面可分为（　　）、（　　）和（　　）三种类型。

4. 输水系统是指（　　）和（　　）；其作用是将集雨场上的来水汇集起来，引入沉沙池，而后流入蓄水系统。

5. 通常采用的蓄水工程主要有（　　）、（　　）、（　　）、（　　）、（　　）和（　　）等6种类型。

6. 灌溉系统包括（　　）、（　　）和（　　）等节水灌溉设备，是实现雨水高效利用的最终措施。

7. 影响集流效率的因素主要有四个，即（　　）、（　　）、（　　）和（　　）。

8. 影响产流计算的因素主要有三个，即（　　）、（　　）和（　　）。

9. 水窖按其修建的结构不同可分为（　　）、（　　）、（　　）、（　　）和（　　）等；按采用的防渗材料不同又可分为（　　）、（　　）、（　　）和（　　）等。

10. 蓄水池按其结构形式和作用可分为（　　）、（　　）和（　　）。

二、判断题

1. 对于因地形条件限制，距离蓄水设施较远的集雨场，作为输水系统考虑长期使用，应规划建成截流输水沟。（　　）

2. 利用山坡地作为集流场时，可依地势每隔10～30m沿等高线布置截流沟，避免雨水在坡面上漫流距离过长而造成水量损失。（　　）

3. 水窖和水窑是属于地下埋藏式蓄水设施。（　　）

4. 由水文学中的降雨、径流及产流机理分析可知，随着每次降雨量和降雨强度的增加，集流效率会逐渐减小。（　　）

5. 一般来说，集流面坡度较大，集流效率也较大。（　　）

6. 封闭式蓄水池是季节性蓄水池，只是在作物生长期内起补充调节作用，即在灌水前引入外来水蓄存，灌水时放水灌溉，或将井、泉水长蓄短灌。（　　）

三、多选题

1. 蓄水系统中附属设施主要包括（　　），其作用分别为沉降进窖水流中的泥沙含量。

A. 沉沙池　　　　B. 拦污栅　　　　C. 窖口井台　　　　D. 输水沟

2. 影响集流效率的因素主要有（　　）。

A. 下垫面因素　　B. 降雨蒸发　　　C. 土壤前期湿润情况　　D. 地下水埋深

3. 旱井施工防渗的方法（　　）。

A. 红黏土抹面防渗施工方法　　　B. 黏土和生石灰抹面防渗施工方法

C. 水泥砂浆面防渗施工方法　　　D. 黏土和熟石灰抹面防渗施工方法

四、单选题

1. （　　）是雨水集蓄利用工程的水源部分，其功能是为整个系统提供满足供水要求的雨水量，因而必须具有一定的集流面积和集流效率。

A. 输水系统　　　B. 蓄水系统　　　C. 集雨系统　　　　D. 灌溉系统

2. 为了降低工程造价，应优先采用（　　）作为集流面。

A. 现有建筑物的弱透水表面　　　B. 修建坡面

C. 天然集流面　　　D. 其他

3. （　　）是我国丘陵区普遍采用的蓄水设施，一般利用天然低洼地进行建造。

A. 水窖　　　B. 蓄水池　　　C. 塘坝　　　　D. 水罐

4. 常见几种集流面集流效率的大小依次为（　　）。

A. 裸露塑料薄膜、混凝土、水泥瓦、机瓦、塑膜覆砂、青瓦、三七灰土、原状土夯土、原状土

B. 混凝土、水泥瓦、机瓦、塑膜覆砂、青瓦、三七灰土、原状土夯土、原状土、裸露塑料薄膜

C. 裸露塑料薄膜、混凝土、水泥瓦、机瓦、塑膜覆砂、青瓦、三七灰土、原状土、原状土夯土

D. 裸露塑料薄膜、水泥瓦、混凝土、机瓦、塑膜覆砂、青瓦、三七灰土、原状土夯土、原状土

5. 当雨强小于下渗强度时，雨水全部渗入土中，参与土壤水储存和运动；当雨强大于下渗强度时，超过下渗率的降雨（超渗雨）就形成（　　）。

A. 壤中流　　　B. 地面径流　　　C. 地下径流　　　　D. 超径流

6. 下渗量的时空变化一般表现为：同一种土壤情况下，土壤干燥时，下渗能力（　　）；土壤湿润时，下渗能力（　　）。

A. 强；大　　　B. 小；强　　　C. 强；小　　　　D. 弱；小

五、简答题

1. 雨水集蓄利用技术的实质和概念是什么？

2. 雨水集蓄利用系统中各部分的作用是什么？

3. 分析降雨特性对集流效率的影响。

4. 简述集雨场产流的过程。

5. 集流面面积对集雨场产流的影响与哪些因素有关？

6. 集雨场产流如何进行计算？试分析各参数的含义。

7. 适合当前农村生产的窖形结构有哪些？

8. 简述水窖规划与设计中水窖容积计算的步骤。

9. 如何进行圆形瓶状水窖的制窖技术？

第八章 灌区信息化管理技术

学习目标:

通过学习信息化项目建设管理、招投标管理、施工组织管理、质量管理和工程验收等内容。掌握信息化建设与管理的技能,包括业务流程,涉及的业务信息处理,数据管理和运行维护,设施管理维护等。

学习任务:

(1) 了解施工组织管理的标准和依据;了解质量目标和管理体系;了解工程验收规范和要求。

(2) 掌握招投标的流程和废标条件和处理办法;掌握施工的程序和方法;掌握质量控制措施和质量控制过程。

(3) 熟悉信息化建设、运行和事务管理的业务流程;熟悉信息化设施管护内容和原则;了解数据管理的内容;掌握信息处理的过程和措施。

(4) 掌握信息化运行维护机制、售后服务和系统运行维护;掌握岗位责任制、运行管理制度和信息化设备运行与检修制度。

灌区信息化建设包括规划、设计和施工的完整过程,无论哪一个环节都需要有效的管理。管理的内容包括规划和设计方案的编制、审查、招标投标、施工组织与管理、监理、验收等。同样,信息化系统建成后,如何有效地使用和运行是信息化建设作用能否充分发挥的重要衡量标准。有效使用和持续运行靠的是积极的维护措施、资金投入和技术力量的引进及培养。运行维护包括设备设施的管护、问题的发现和解决、人员培训、制度职责的制定和履行,同时要大力推广应用,积极筹备费用,保证需求变更和信息技术发展情况下系统的更新和升级,保持生命力。

第一节 灌区信息化建设管理

灌区信息化建设管理首先要参照《水利部信息化建设管理暂行办法》(水利部水办〔2003〕第 369 号),再结合灌区的实际情况和特点,结合试点灌区所取得的经验,制定信息化建设管理的有效办法。

一、项目建设管理

项目建设管理包括规划和设计方案的编制、审查、招标投标、施工组织与管理、监理、验收等。如项目组织、范围、时间、费用、质量、沟通、采购、风险、综合计划及合同管理、档案管理、资金筹措等。

1. 项目建设管理组织的确定

根据《水利部信息化建设管理暂行办法》第八条关于各单位应当加强水利信息化建设的组织领导，明确水利信息化建设主管部门，负责管辖范围内水利信息化建设的管理工作的要求，并确定主要负责人、管理人员、技术人员、财务人员等。在定技术人员的时候，应结合信息化系统的日常运行维护工作统筹考虑。

"××灌区信息化建设管理办公室"应根据各自的职责分工，从项目的前期设计方案编制、审查、招投标、施工组织与管理、监理、验收及合同管理、档案管理、资金筹措等方面对信息化项目建设全面负责。

2. 前期工作

灌区信息化主要包括信息化规划，立项阶段的项目建议书、可行性研究和初步设计方案的编制和审查。

各单位的信息化项目建议书、可行性研究和初步设计应由本单位信息化主管部门负责初审，并经单位同意后报上级单位审批。

拟列入国家基本建设投资年度计划的大型灌区改造工程，在限额之内（3000万元）的可直接编制应急可行性研究报告并申请立项。

根据规划及上级单位批复的内容，"××灌区信息化建设管理办公室"应及时组织人员编制初步设计（实施）方案，并组织专家进行审查，为下一步的招投标工作做好准备。

二、招标投标管理

为规范灌区信息化建设的招标投标活动，保证工程质量，发挥投资效益，强化项目监督管理，灌区信息化建设的招标投标应参照《中华人民共和国招标投标法》和《水利工程建设项目招标投标管理规定》（水利部〔2001〕第14号），参照国家发展和改革委员会等七部委的2003年第30号文《工程建设项目施工招标投标办法》等有关规定执行。

三、施工组织管理

灌区信息化建设的内容包括：信息采集（水雨情、水质、地下水、墒情等）、调度控制（水闸、泵站）、安防（视频监控）、通信网络、应用软件、调度控制中心建设等。

1. 准备工作

（1）按照招标文件要求，并根据施工设计方案的实施计划安排，将所采购的设备运输到指定地点，并开箱检验。

（2）在设备安装调试前，承包人应派专业技术人员到达现场，按照设计（施工图）要求检查所有预埋件、预布置线路和其他构件，检查机房、电源、防雷接地系统等现场安装条件是否满足要求，并向监理工程师提交检查记录。若现场存在不符合设备安装条件，又不在工程承包范围内时，须及时向监理工程师或灌区信息化建设管理办公室书面提出处理意见。

（3）在安装调试开始前，承包人必须将安装调试的时间、方法、步骤等详细计划提交监理工程师或灌区信息化建设管理办公室。

2．施工程序

（1）在监理工程师签发开箱检验合格证明后，根据监理工程师指令单进行货物的安装调试。

（2）安装工作应严格按照招标文件、监理工程师指令单及招标方批准的承包人按设计进行施工。

（3）安装工作应在监理工程师和招标方代表在场的情况下，严格按照设备（含软件）的使用手册、相关标准及合同规定进行安装、调试。

（4）认真做好安装调试过程记录，并形成安装调试报告。安装调试报告主要说明安装的具体内容、遇到的问题及解决方案、需注意的事项、安装和调试结果等，安装原始记录作为附件。

（5）涉及设备制造商之间的协调时，应及时向监理工程师提供相邻制造商之间交换的图纸、规范和资料。

（6）设备安装位置应与当地管理部门达成一致意见，经当地管理部门签字确认。

（7）信号电缆一般采用地下埋设或电缆沟敷设，并用 DN15 镀锌钢管铺设。无人、车行走的地段，埋深不小于 0.4m；有人、车行走的地段，埋深不小于 0.6m。室内可用 PVC 管或线槽板。管线敷设垂直度误差 ±0.5%，总误差不超过 20mm；水平度误差 ±0.2%，总误差不超过 20mm。

（8）跨越公路的电缆可采用直径不小于 8mm 的钢缆作为空中架设的承载体或采用地下埋设方式。空中架设不低于规定限高，并在架设电缆下挂有标示其高度的标牌。地埋深度不小于 0.8m。

（9）按照相关技术标准完成各监测设备的接地和工情监测站的避雷接地系统。避雷接地电阻不超过 4Ω。接地体、避雷线及引下线的连接必须用焊接，焊接搭接长度不小于 100mm，焊接处应做防腐处理。

四、质量管理

为了确保项目建设质量，信息化建设管理办公室应安排专人负责建设过程的质量管理及控制，并建立对承包人提供的设备和施工的质量控制体系。在项目招投标过程中必须要求投标单位具有相应资格，且根据具体情况制定关于该项目的质量控制措施。

要求承包人建立有效的质量保证体系、质量保证措施、质量控制过程、设计联络会及设备运输储存方案，以确保项目建设质量。信息化建设管理办公室应负责整个过程的监督。

（一）质量检验保证体系

项目建设过程应严格按照 ISO9001 的质量管理和质量保证标准。承包人应有一整套完善的质量保证体系。

（二）质量保证措施

针对具体项目的特点，承包人应制定如下质量保证措施，以确保工程建设成功。

（1）承包人应建立工程项目部，全面负责项目的实施及质量保证。

（2）承包人应根据 ISO9001 的要求，严格按照《过程控制程序》《采购控制程序》《软件开发规定》《最终检验程序》《交付控制程序》《服务控制程序》等质量管理文件实施仪器设备制造、采购、软件开发、系统联调、检验、运输、现场安装、调试、维护及验收等工作。对仪器设备的出厂检验，制造厂家应出具报告书，在合同规定时间内提交给业主。

（3）按照制定的质量方针，坚持以预防为主及严格控制所有过程的要求，在项目实施过程中实行全面、全过程的质量控制，跟踪监督，杜绝产品和施工质量不合格现象发生。

（4）做好技术培训及售后服务工作，保证运行人员掌握系统操作和维护技术，确保建成后的系统能长期稳定运行。

为了能按合同要求完成工程施工，要根据合同文件、项目监理提供的有效设计文件及图纸，制定系统监测仪器设备的采购、运输、储存、检验、调试、维护、文件管理及不合格项目的处理等各个环节的质量控制方法、标准和制度。建立质量体系组织机构，规定所有从事施工工作的人员的责任、权限和相互关系，并形成文件，报项目监理批准。在整个项目实施过程中，承包方都要加强全员质量教育，强化质量意识，保证质量保证体系的有效执行。

（三）质量控制过程

承包人应该按 ISO9001 质量管理体系的标准制定严格的质量控制手段，从设备的采购、集成、调试直至检验均应按照质量保证体系进行。

在项目实施过程中，项目组应建立质量保证体系，设置专门的质量检查机构，配备专门的质量检查人员，并建立完善的质量检查制度；还应根据质量管理体系的要求进行严格的过程质量控制；从系统总体设计、信道组网、土建、设备生产、软件研制，到设备安装调试、运行的全过程实行分段控制，验收交接，从而确保系统质量符合建设要求。

项目组应严格按合同书中技术条款的规定和监理工程师的质量检查报告，详细做好质量检查记录，编制工程质量报表，随时提交监理工程师审查。

五、工程监理

灌区信息化项目的监理，参照原信息产业部《信息系统工程监理暂行规定》（信部信〔2002〕570 号）执行。可以直接委托监理单位承担监理任务，也可以采用招标方式选择监理单位。鉴于目前水利信息化项目金额较少且缺少专业监理队伍，可由水利工程监理根据施工设计及相关文件对信息化项目实施同步监理工作。监理内容主要有：设计监理、物资设备供应监理、投资控制、质量控制、进度控制、合同管理和监理信息管理等。

六、工程验收

（一）检验方案

1. 安装调试检验

（1）安装调试检验须得到监理工程师同意后方可进行，承包人应对检验设备及操作方法全面负责。

（2）按照招标文件和合同要求的工程量清单，对系统配置设备、软件逐项进行检测和试运转，检测内容及步骤按施工设计报告内容进行，证明本系统提供的设备和软件已满足规范和设计要求。

（3）准备工程安装质量检查记录以及系统的缺陷和事故处理等资料。

（4）承包人应提供满足本项目招标文件技术规格要求的证明材料，还要提供相应的文件和资料，并经监理工程师确认。

（5）安装和检验时发现问题，在征得监理工程师同意后应及时处理，处理后应补充检验。

（6）安装调试检验合格后，监理工程师签发安装调试检验合格证，系统进入试运行。

2. 试运行检验

（1）试运行检验由承包人负责，监理工程师监督并协助，用户单位配合，按照招标文件和合同要求的工程量清单，并参考施工设计报告内容及步骤对系统设备进行检验。

（2）按照招标文件和合同要求的工程量清单，对系统配置设备、软件逐项进行检测和试运转，检测内容及步骤按施工设计报告内容进行，按各项技术指标、设备功能、使用范围等进行检验。

（3）证明本系统提供的设备和软件已满足规范和设计要求。

（4）试运行检验通过后，监理工程师签发试运行检验合格证。

3. 质量保证期检验

质量保证期满7天前，由买方会同监理工程师、承包人一起对工程运行情况进检验。检验合格，由监理工程师签发质量保证期合格证。

（二）验收

1. 验收条件

（1）试运行检验合格。

（2）项目按合同规定全部完工。

（3）质量符合要求。

系统满足以上全部条件后，才能进行合同完工验收。

2. 验收准备

验收前10天，承包人应将完工报告及有关资料报监理工程师，监理工程师同意后方可向业主申请。验收应准备以下技术资料：

（1）与本工程有关的全部文件资料，包括施工设计及图纸、安装记录、测试报告、检验报告、各种文档、竣工资料及图纸（一式六份纸质件，同时提供电子文档）。

（2）资料必须准确、清楚、完整，满足系统安装、调试、运行、维护的需要，并与移交时的系统一致。

（3）文档包括安装手册、测试手册、维护手册、系统操作手册、软件手册等技术文件，所提供的文件除原版外，还需提供相关的中文资料和电子资料。

（4）在正式运行前提供以 DVD-ROM 为介质的完整安装系统，包括应用软件、运行所必需的附加软件、与应用软件有关的电子文档和数据库等。

（5）提供完整的应用软件的源代码及注释。

3. 验收工作

验收工作内容如下：

（1）检查工程是否已按合同完建。

（2）进行工程质量鉴定并对工程缺陷提出处理要求。

（3）检查工程是否已具备安全运行条件。

（4）对验收遗留问题提出处理要求。

第二节 灌区信息化管理

本节主要从灌区建设与管理的业务流程入手，分析灌区管理信息的组成、类型，以及信息流（数据流）的输入输出和处理过程。并在此基础上全面、概括地描述灌区信息化建设的模型与架构、功能划分与集成方式、数据组织、分布和共享机制等。以此为依据，分节详细介绍信息采集、通信、计算机网络、监控系统、信息存储与管理、应用系统等功能的具体内容。

一、灌区管理的业务内容

灌区管理的业务内容决定了信息化建设的内容，并直接影响信息化技术方案的比选与确定，灌区业务内容主要包括建设管理、运行管理和事务管理三个方面。

（一）建设管理

现阶段，我国灌区建设管理主要涉及五个方面内容，即灌区续建配套与节水改造项目规划、投资计划下达及招投标、已建和在建工程管理、工程改造和项目批复文件管理。从信息化角度分析，这五个方面的工作均涉及与之有关的信息获取、查询和管理的工作。

（二）运行管理

灌区运行管理涉及的业务内容主要是与灌溉（有的灌区还涉及工业、生活、发电、生态、供水和防汛）水资源调配有关的水情、工情等监测信息和建筑物运行等信息的获取、存储、管理和运用（水资源调配方案决策、计划制定和水利工程建设实施等）。

（三）事务管理

灌区的事务管理主要分为与水资源调配有关的业务管理和涉及办公行政事务的政务管理两个方面。灌区的业务管理一般受当地水利局或省（自治区、直辖市）水利厅直接领导，由灌区管理局（处）直接负责。灌区管理局（处）下设管理处（所、段）、管理所（站）等，具体负责各渠系、渠段，以及相应建筑物的维护管理、水资源调配方案的制订和执行等。

1. 灌溉水资源调配业务管理

灌区最主要的业务管理职责和任务就是灌溉水资源的调配。灌溉水资源调配包括以下过程，即根据用水计划制定配水计划。配水计划经水量平衡后得到切合实际的配置方案，最后建立各分水建筑物的各时段过流控制过程。

灌区用水坚持以农业灌溉为主，兼顾工业和城镇生活用水。发电服从灌溉、用水服从安全，实行计划用水、科学用水、节约用水的原则。

2. 电子政务管理

办公政务管理建设的最终目的是实现灌区日常事务管理自动化，同时为领导决策和机关工作人员日常工作提供信息服务，提高办公效率，减轻工作负担，节约办公经费，从而实现办公无纸化、资源信息化、决策科学化。

3. 公众服务

大型灌区是我国农业经济的基础设施，也是一个信息密集型行业。灌区水管理信息包括水雨情信息、汛旱灾情信息、水量水质信息、水环境信息、水工程信息等。信息及知识越来越成为水资源生产活动的基本资源和发展动力，信息和技术咨询服务业越来越成为整个灌区水资源结构的基础产业之一。

灌区公众服务系统采用 WWW（world wide web，有许多互相链接的超文本组成系统，通过互联网访问）服务形式。主要通过信息网站实现信息的发布和为公众提供服务。近几年，水利系统已建设了近百个信息网站，为水利宣传、政务公开、提高办公效率、为公众服务起到了很大的促进作用。而大型灌区目前还未建设基于 WWW 的服务系统，为了信息交流和为用水户服务，有必要在灌区信息化建设中充分考虑公众服务系统的建设，使灌区信息真正进入互联网世界。

二、灌区管理业务涉及的信息及其处理

灌区管理业务涉及的信息是从其业务工作需求中抽象归纳出来的，针对这些信息的处理过程就是信息化管理的过程。

（一）灌区管理涉及信息

与灌区有关的信息基本上可分为数字、文字、图形、图像、视频和音频六种。

按照信息在灌区灌溉用水管理、工程建设维护管理、工程运行监控管理、日常行政事务管理中的作用，灌区的信息可以进一步具体地分为五类。

1. 基础数据

灌区基础数据指那些用来描述灌区基本情况，信息更新周期比较长的资料，又可以分为灌排信息、用水户信息和灌区管理信息三方面的数据。

2. 实时数据

灌区实时数据指那些在灌区运行过程中，为了用水管理和设施管理的需要而监测得到的实时数据，包括灌区气象数据、实时水雨情（包括雨情、水源水情、渠道水情、闸坝水情、田间水情等）、土壤墒情及地下水位监测数据、水质、作物生长状况、实时工险情，以及水闸、水泵的控制数据。

3. 多媒体数据

灌区多媒体数据包括灌区管理所需的不同种类的数字视频、数字图形、图像、数字音频等数据。

4. 超文本数据

灌区超文本数据为表现、展示灌区管理运行现状的各种超文本数据，包括与灌区管理

有关的法律法规、业务规范规程规定、灌区主要工程的调度规则和调度方案、灌区通报简报等新闻发布内容以及有关的经验总结等数据。

5. 空间基础数据

灌区空间基础数据指与灌区空间数据有关的基础地图类数据，灌区所有的数据几乎都具有空间信息的属性，但不是所有的这些数据都是空间基础数据，只有当有较多其他的空间信息需要依赖某一空间数据定义时，该空间数据才成为空间基础数据。这些数据包括遥感影像图、灌区电子地图等。

各类数据均包括历史数据。随着时间的推移，积累的数据会越来越多，这些数据对灌区建设与管理是非常宝贵的资源和财富，因此，无论是存储管理还是应用上，都要落实安全、有效的措施。

灌区涉及的信息很多，在灌区信息化建设过程中，这些信息都需要以适当的方式进行采集并数字化。例如，用水户的社会经济资料需要通过相应的统计部门收集并以表格的形式录入计算机的数据库中完成数字化；灌区工程的竣工图需要拍照或扫描制成数字图形或图像；渠道实时水情的采集需要建设一套水情自动遥测系统，通过水位传感器、遥测终端和通信系统将它传输到水情监测中心，灌区植被覆盖信息的采集除了传统的实地调查方法外，还可以采用遥感技术实现。

（二）信息处理过程

1. 工程建设信息处理

（1）信息获取。工程建设数据主要分为历史数据和进度数据两类。历史数据包括已建成工程的立项、批复、竣工验收等国家级、省（自治区、直辖市）级文件，以及设计、施工、竣工等的数据、文本及图纸资料。进度数据则是针对在建工程，紧密依附于具体工程实施的时间进度，随时输入保存，并供查询分析和应用。无论是历史数据还是进度数据的获取，都应该提供两种方式，一种是把数据提交到灌区数据中心，集中输入；二是由数据所在地的机构通过计算机联网在线输入到数据中心。

（2）信息查询。应该提供有线或无线的 Internet 接入方式，实现不受时间和空间限制的信息查询和浏览，保证信息运用的时效性。

（3）信息管理。续建配套与节水改造项目建设与项目所在地的地理位置、地形、地质，还与已有工程关系密切，如果能够以地理信息系统 GIS 为基础，以载有渠系、水利工程建筑物的地图为操作界面。进行信息查询、维护和管理，乃至建设和改造方案的比选和决策，则会大大提高系统的可操作性和易操作性，方便应用，也容易被灌区管理者和广大用水户所接受。

2. 运行管理信息处理

（1）信息获取。灌区运行管理信息获得主要是通过对灌溉、生活、工业等用水信息收集，以及雨情、水情、工情、水质、墒情等数据的采集来实现。

1）雨情信息。雨情信息是降水径流预报和防汛保安的主要信息源。其主要作用：一是根据实时雨情信息预报洪水，以保证水库和渠道及建筑物的安全；二是根据雨情信息分析灌区需水量和来水量，以实现水量的科学配置；三是依靠暴雨时的雨情监测，为区域防汛排洪提供辅助决策依据。因此，雨情监测站（雨量站）点的设置要考虑不同区域（水源地、渠系、灌域）的地理气候条件和管理机构的分布位置两个因素。前者参照有关水文规范，如 SL 556—2012《水利水电工程水文自动测报系统设计规范》中对遥测雨量站布设的要求，恰当布置雨量监测站点。后者则按就近纳入相应管理机构管理的原则设置。

根据灌区常年人工观测的经验及相关水文规范要求，监测的雨最分辨率要求达到0.1mm，雨量传输设备要保证数据的及时传送，特别是汛期暴雨期间。现场还要有自记存储设备。现场自记存储设备除了按测量时段存储数据和记录时间外，还必须按时自报、上传至数据中心，上传频率能随时修改设定。

2）水情信息。灌区的水情信息主要指水位和流量信息。水位包括水库、渠道水位和管界交接断面水位，以及需调节闸门的控制闸（节制闸、分水闸等）的闸前和闸后水位流量，包括水库的入库流量以及灌区内的渠道流量、过闸流量、管界的交接核算流量等。

3）工情信息。主要监测灌区建筑物是否发生变形、位移、渗漏等影响安全的信息。这些信息是工程正常运行的重要保证。一般情况下，水利工程建筑的结构变化是一个漫长的过程，即使在线监测。其实时变化也不明显。但是，长系列的工情信息有助于分析建筑物的渐变过程和发现潜在的安全问题，以便及时采取工程措施，保障建筑物安全。因此，可以结合灌区续建配套和节水改造，在重要的建筑物中埋设在线工情监测装置，其他建筑物的工情可以采用移动监测方式。

4）现场信息。为保证工程的安全运行，除了要获取上述工情信息外，对于一些重要建筑物和设施的运行现场还要进行数据形式或可视形式的监视。需要监视的信息包括闸门、泵站的水泵及电动机组、水电站的水轮发电机组等的运行工况及现场场景。闸位信息是闸门远动或遥控的过程参数或目标参数，是确保闸门安全运行的必要的现场信息。灌区中重要的分水闸、节制闸、泄洪闸的闸位信息都应及时上传。闸位的精度达到±1cm 即可满足运行管理要求。对于泵站和水电站，现场运行数据主要由模拟量和开关量组成，包括电量、非电量、状态及过程信息。

现场视频监视是可视化监控的有效手段。由于视频信息传输对通信链路的带宽、速率要求均很高，相应的投资也比较大，因此，视频信息一般只传输到现地监控中心，如水库管理所、闸管所、泵站和水电站的控制室，供值班人员监控运行情况。一旦发现异常，可以就近迅速到达现场实施处理。为了帮助事故分析、责任排查，视频监视信息应按照档案管理规则存储管理和维护，制定入库周期。及时传输到灌区信息系统中，供上级管理部门领导和管理人员使用。

5）其他信息。除了上述信息外，影响灌区运行管理的信息还有气象、墒情、农作物种植结构以及生长形势等信息。其中，气象信息，如反映区域降雨现状和趋势的预报数据或卫星云图等，可以通过气象部门获取。由于墒情、农作物种植结构以及生长形势与信息的面上分布的特点，通过仪器设备广泛采集较为困难，可以借助空间遥感影像分析，或考虑在灌溉试验站建立模拟现场，把在模拟现场采集的数据，依据"关系""辐射"到各个相应灌域。

（2）反馈控制。灌区运行信息获取的最主要运用就是对建筑物的控制，主要包括闸门、水泵机组和水轮发电机组的控制。其中，闸门控制分为两种，一种是需要调节闸位

（启闭高度）的进水闸、分水闸、节制闸和泄洪闸；另一种是无需调节的闸位，只要全开或全关的小型涵闸。需要调节的闸门应该能够根据流量目标参数实现过流量控制和闸位目标参数实现自动或者计算机控制调节。无需调节的闸门则根据上级调度指令实行人工手动或电动启闭。受通信与调节方式的限制，灌区的闸门调节允许适量的时间延迟，达到目标值的全过程时间不超过 15min 即可。

泵站控制主要实现电机与辅助设备的现地和远程操作。其操作一般分三个层面，即远方调度层、集中监控层和现地操作层。远方调度层设在灌区管理局，对各泵站（也包括水闸）运行状态进行监视和下达调度控制指令。集中监控层设在各泵站现地管理中心，主要完成对现地控制单元进行监控，获取并处理各种运行参数，形成各种报表，上传有关泵站运行状态数据，对水泵机组下达上级调度指令，控制其运行。现地操作层设在泵房，完成对现地设备的人工/自动监测和自动/手动控制。

（3）信息传输。在灌区运行过程中，无论是获取到的信息，还是闸门和水泵的控制指令，都要通过通信链路作为载体实现传输。根据灌区的管理机制，以处、所、站为例（有的灌区可能是处、段、所或局、处、所等），信息传输一般可以分为四层三级。四层是灌区管理处、管理所、管理站和测控点；三级是管理处到管理所为一级，管理所到管理站为二级，管理站到测控点为三级。出于信息共享、分布式管理以及通信技术的原因，信息也可以越级或多路传输。

灌区控制灌溉面积大、渠系延伸长、测控布点多，因此，从经济、技术、可操作性等方面出发。要考虑不同层链路的不同技术方案。如雨情、水情数据的传输要求就可以低于视频信息的传输；底层链路的带宽、速率要求就相对低于高层链路；需要传输控制指令的链路就要求有较高的可靠性和时效性等。因此，在技术方案设计时要区别对待，予以具体分析，确定合适的方案。

对于大部分灌区，在其区域范围内电信无线公网基本覆盖，而且信号质量较好。因此，在电信部门提供数据传输业务以及信道租用费用可以接受的情况下，信息采集点首先要考虑利用 GPRS 或 GSM 方式传输数据，既方便，又节省建设费用。闸门控制信号以及视频监视信息的传输只是在闸门与现地控制室之间，距离较短，可以采用敷设光缆的方式，既可靠，投资费用也不高。视频确有需要传输到远程的管理局（处），也应首先考虑租用公网，最后才考虑自建光纤或扩频微波等通信链路。信息分中心和信息中心之间，可以通过公网接入。借助国际互联网作为桥梁实现信息的双向传输，具体方式是信息分中心和信息中心可以就地接入当地的电信宽带网络，通过电信宽带网络实现互联。这种方式同样也可以节省巨大的自建通信网络费用，而且不需要自己维护和管理，电信公网的趋势必然是覆盖面越来越宽，因此将成为灌区通信的主要方式。

三、数据管理

数据库一旦出现故障，轻则影响系统运行，重则数据丢失，导致不可挽回的损失。所以，数据库的日常管理就显得非常重要。

数据库日常管理包括以下主要内容：

（1）数据库的运行状态监控：启动是否正常，连接是否正常，是否有死锁等。

（2）数据库日志文件和数据库备份监控：自动备份是否正常，备份文件是否可用。异地备份是否正常，备份文件是否可用。

（3）数据的增长情况监控：对数据库的空间使用情况、系统资源使用情况进行检查，发现并解决问题。由于数据的不断增长，数据文件占用的空间不断增大，同时，系统资源的使用情况也会不断变化，所以要经常跟踪检查，并根据情况进行调整。

（4）数据库健康检查：对数据库对象的状态做检查。

（5）对数据库表和索引等对象进行分析优化。

四、运行维护

组织保障及机构建设是信息化系统正常工作的必要保障，而必要的维护资金投入才能使系统长期保持生命力，持续发挥作用。

（一）运行维护机制

在项目招投标时应确定免费保修期。并具体规定服务响应时间，回访次数。保修期内的系统维护由承包方负责，但是管理使用单位必须安排专人管理运行系统，并通过培训掌握系统的操作和使用。保修期外的系统维护可以通过委托承包方代维的方式解决。在项目编制概算时，应考虑到保修期后的维护费用，一般按照项目合同额的8%～10%计算。

为了确保系统维护的质量，应在项目招投标时对培训、售后服务作出明确、具体的规定。

1. 培训目的及要求

运行维护工程人员通过培训，能够熟练地进行日常维护运行工作，能熟练地排除设备故障，熟练地管理设备，并能分析软件、硬件故障的位置和原因。高级工程技术人员除熟悉设备的操作维护外，还应掌握软件系统的基本原理与总体概念。掌握各个设备之间的接口标准，具备组织维护和管理能力。管理人员经培训可以负责全面的技术管理工作。要求系统维护人员经培训后能够熟练地掌握维护软件及硬件的技术，并能及时排除大部分设备故障。培训时间安排在系统安装前和安装调试期间；培训对象是系统运行管理人员及系统检修技术人员。

2. 培训计划和内容

承包方在合同签订后30天内，应提交详细的培训计划、培训内容，列出详细的课程安排及时间表。承包方负责提供详细的培训教材以及熟悉本专业并具有工程、实践及教学经验的教师名单。

在需要和可能的情况下，业主可派出工程师在承包方参与应用软件的开发工作，承包方应对发包人参与应用软件开发的工程师进行指导。指导的内容包括操作系统、系统编程语言、编程技术、实时执行程序和其他与应用软件开发有关的专业知识。承包方对所开发的全部软件负责。

培训课程的内容、课时和要求应根据信息化建设的项目由业主单位与承包单位共同安排。

（二）售后服务与系统维护

为了实施好信息化项目，保证系统能在现场长期、稳定、可靠地运行，不仅需要可靠的产品质量，也需要良好的技术服务。承包方应对信息化系统提供包括仪器设备的维修、软件的升级等在内的全方位的技术服务保障。承包方应从以下几个方面做好技术服务工作。

1. 售后服务

（1）保证提供的设备是全新的，软、硬件是先进的，且符合合同条款及技术条款要求；保证其货物在正确安装、正常使用和正常保养的条件下，在其预计使用寿命期内均具有满意的性能。在规定的质量保证期内，承包方对由于设计、工艺或材料的缺陷而引发的故障或损坏负责，在此期间，承包方应免费提供维修、保养及更换易损件的服务。

（2）承包方对采购的合同设备、软硬件设施及自主开发的软件系统的质量终身负责，并实行系统终身维护（保修）和良好的售后服务。

（3）承包方要充分准备备品、备件，并针对所承担的工程专门建立备品、备件库，一旦系统设备出现故障，在接到通知后应在最短的时间内提供系统所需的备品、备件。

2. 系统维护

（1）质量保证期技术服务。

1）质量保证期内，承包方应负责对运行中出现的故障进行处理。

2）质量保证期检验由业主方负责，监理工程师协助，按系统正常的运行规范、操作规程、安全规章对系统各部分进行全面运行检验。

3）运行中出现故障时，由业主方通知承包方。承包方接到通知后应在规定时间内派技术人员赶到现场检查处理。若承包方未能按时派员到现场，业主方有权自行处理，所发生的费用由承包方负责。

（2）后续技术支持服务。质量保证期结束后，承包方应继续提供技术支持服务。运行中一旦出现故障，由业主方通知承包方。承包方应在接到通知后的规定时间内派技术人员赶到现场检查处理。费用应根据具体情况签订维护合同。

（3）服务优惠措施。

1）承包方每年应进行一次定期回访服务和不定期的多次售后其他服务。

2）承包方自备系统维修和试验必需的专用工具和仪器。

3）质量缺陷保证期结束后，在系统的使用维护方面应以优惠的价格向业主提供技术支持，其方法及优惠条件如下：

a. 免费向用户发送系统软件最新的升级版本。

b. 系统设备维修只收取元器件的成本费。

c. 系统设备更换以及系统扩充的设备价格不超过投标单价。

4）业主若要选购与系统有关的配套设备，承包方应主动提供设备接口要求的技术条件和资料。

五、规章制度

建立行之有效的运行、管理和维护的各项规章制度，才能保证系统的正常运行，才能使信息化建设成果充分发挥作用。应制定的规章制度包括岗位责任制度、运行管理制度、设备管理与检修制度、非运行期值班制度等。

（一）岗位责任制

信息化系统应有专人负责，可根据项目规模大小来确定运行管理人员，一般应设组长、技术人员、运行人员等岗位。

1. 组长岗位责任制

（1）对信息化系统的正常运行负全面领导责任，贯彻上级的各项决议，积极开展各项工作。

（2）深入调查研究，做好思想政治工作，充分调动职工积极性，表彰先进，树立典型，执行考核和奖惩制度。

（3）应切实抓好安全生产，及时制定各个时期的工作计划和保证安全生产的措施。

（4）带领本组人员进行安全运行，掌握设备的运行状态，保证运行和检修质量，对本组人员安全和设备安全负责。

（5）带头执行各项规程、规章制度，有责任向上级领导汇报运行情况，接受和执行调度指令，做好各项记录。

（6）不断解放思想和开拓进取，努力完成工程管理工作，不断提高管理水平，充分发挥工程效益。

2. 技术人员岗位责任制

（1）在组长领导下负责信息化系统的技术工作，及时发现、汇报、解决技术问题。

（2）编制年度工作计划，维护预算及阶段工作计划，编写故障、事故分析报告及技术小结和年度总结等。

（3）及时收集运行、维护、事故、检查、观测等技术资料，分析整理，按类归档，同时建立、健全技术档案。

（4）深入班组了解设备运行和检修情况，审查分析各项记录，检查督促各项规章制度的执行。

（5）努力学习，不断进行知识更新，积极推广新技术，配合灌区领导及职能部门对职工进行业务辅导，不断提高灌区信息化的技术管理水平。

（二）运行管理制度

1. 信息化小组例会制度

（1）信息化小组例会参会人员由灌区分管领导、信息化小组负责人、技术人员等组成。

（2）建议定期由信息化小组负责人组织例会。

（3）例会主要研究分析各项工作情况，同时提出下一步的工作计划。

（4）例会纪要和决定由信息化小组负责人上报灌区分管领导并经批准后具体落实，并做好记录，作为资料存档。

2. 运行值班制度

（1）严格执行有关规章制度，不迟到，不早退，不得擅自离开工作岗位，如遇特殊情况离开岗位，必须征得负责人的同意，方可离开。

（2）值班人员应集中思想，认真操作，认真值班，不做与值班工作无关的事，负责接待参观，不可睡觉、离岗，更不准酒后上班。

（3）值班人员要认真负责，确保设备运行安全。设备发生异常现象时，要及时发现，认真检查分析，及时处理。设备检修时要精心操作，认真作业，确保检修质量。

（4）严格执行规章、规程，认真操作，杜绝违章事故的发生。

（5）运行记录应按时填写，并要求记录清楚、正确、详细，不应伪造数据。

（6）值班室、控制室等工作场所严禁吸烟。

3．巡视检查制度

（1）值班人员在正常运行中在控制室通过监控界面实时了解各设备的运行状态是否正常，位置信号是否正确。

（2）值班人员还应对运行设备进行有目的的认真的巡视检查，以便掌握设备的运行情况，做到定时、定项目、定路线进行巡视检查。

（3）每检查完一处设备后，应填写相应的信息，以此作为是否巡查过的凭证。

（4）雷雨季节、高温季节或设备故障处理后，以及遇到异常情况时，应做特殊巡视检查。

（5）巡视检查中，发现设备异常情况及缺陷应做好视频捕获及现场记录，并及时汇报。

4．运行人员的分工和职责

（1）信息化系统运行期间，管理机构要设总值班员和值班员若干人，负责接受调度指令和所监控的建筑物的安全运行管理，发生事故时领导工作人员进行事故处理。总值班员一般由信息化领导担任。

（2）值班员接受总值班员或灌区领导的调度指令，签发操作命令单和检修工作单，检查现场情况。在保证安全运行的条件下，排除值班时间内发生的故障，并及时向总值班员或灌区领导报告。

（3）值班员在值班时间内，按总值班员的分配，集中精力做好安全值班工作，定期按指定的路线进行巡回检查，并做好各种记录。发现异常情况和事故苗头，立即报告总值班员。

（4）所有当班人员，上班前不得饮酒，当班时不得擅离岗位，不得做与当班无关的工作，衣着整齐，思想集中，做好安全运行及保卫工作。

（5）技术员负责检查各运行班安全运行工作，并做好有关技术工作（如运行资料的搜集整理，协助当班人员进行故障或事故处理等）。

5．事故处理

（1）在运行时间内发生人身、设备、建筑物等事故时，值班员应及时向灌区领导报告。同时，应立即组织人员抢救，控制事故的发展。

（2）当出现的事故未扩大，也不危及安全运行的情况下，应采取一切可能方法，保证设备运行。

（3）在事故处理时，必须有值班人员在运行岗位上，保证运行设备的安全。只有接到总值班员命令，或对人身和设备有直接危险时，方可停止设备运行或离开工作岗位。

（4）当班人员应把事故情况和处理经过认真记录在运行日志上。

（三）设备管理与检修制度

1. 设备检修制度

（1）召开例会，讨论检修项目，确定检修负责人及检修人员，明确现场安全员，并对检修人员进行分工。

（2）检修负责人全面负责组织工作，提出检修全过程的要求，全面掌握质量，安排检修时间及进度，落实安全措施。

（3）技术人员严格检查检修质量，主动配合检修人员解决技术问题，提出改进意见，监督安全措施的落实。

2. 设备检修验收制度

（1）检修项目按其检修质量由技术主管会同检修人员把关验收，电气设备还需经试验室试验，各项测量和测验项目均在合格范围内，检修人员与技术主管双方确认无误，签字并注明时间，检修工作方可结束。

（2）运行期间的小修项目技术主管人员组织验收检修质量，并投入试运转。

3. 设备缺陷管理制度

（1）应设立《设备缺陷登记簿》。设备责任人应将发现设备缺陷的内容、程度、类别及消除措施、存在问题、时间等，分别详细登记于《设备缺陷登记簿》上。

（2）发现设备缺陷时，应仔细核对缺陷的部位、内容、程度、环境、运行状况等，校对无误后采取必要措施，防止其发展与扩大。

（3）事故性缺陷、重大缺陷除立即向上级主管部门汇报外，事故性缺陷应尽快处理，重大缺陷要限期处理，一般性缺陷可结合定期检修或在合适时机修复处理。

（四）非运行期值班制度

非运行期值班是指除开机运行以外时间的 24h 值班。非运行期值班制度包括以下内容：

（1）值班人员应做好以下工作：

1）负责安全保卫，及时关闭门窗。

2）提供生活用水和消防用水。

3）对主要设备的电源定期巡视检查，杜绝一切发生火灾的可能性。

（2）值班人员要对监控系统、带电的设备等进行巡回检查，发现问题及时向主管部门汇报。

（3）值班人员应坚守岗位，负责值班电话的接传，做好停送电源及值班记录，搞好值班环境卫生，严格履行交接班手续。

（4）对擅自离岗或履行职责不力造成的后果负责。

六、设施管护

（一）管护内容

按照相关规定，系统设备设施的管养维护工作可分为养护、岁修、抢修和大修四种。

（1）养护。对经常检查发现的缺陷和问题，随时进行保养和局部修补，以保持工程及设备完整清洁，操作灵活。一般结合汛前/供水前、汛后/供水后进行检查。

（2）岁修。根据汛后全面检查发现的工程损坏和问题，对工程设施进行必要的整修和局部改善。对于影响安全度汛的问题，应在主汛期到来前完成。

（3）抢修。当工程及设备遭受损坏，危及工程安全或影响正常运用时，应立即采取抢护措施。

（4）大修。当工程发生较大损坏或设备老化，修复工程量大，技术较复杂，应有计划进行工程整修或设备更新。

（二）管护原则

管养维护工作应本着"经常养护，及时修理，养修并重"的原则进行，并应符合下列要求：

（1）岁修、抢修和大修工程，应以恢复原设计标准或局部改善原有工程结构为原则，制定的修理方案，应根据检查和观测成果，结合工程特点、运用条件、技术水平、设备材料和经费承受能力等因素综合确定。

（2）抢修工程应做到及时、快速、有效，防止险情发展。

（3）应根据有关规定明确各类设备的检修、试验和保养周期，并定期进行设备等级评定。

（4）应建立设备维修保养卡制度，建立单项设备技术管理档案，逐年积累各项资料，包括设备技术参数、安装、运用、缺陷、养护、修理、试验等相关资料。

（5）应根据工程及设备情况，备有必要的备品、备件。

（三）管护责任制

管养维护实行项目责任制、项目管理卡制度、合同管理制度、报账制度和竣工验收制度。

（1）汛后检查结束后，根据结果编制次年的岁修养护、防汛急办和大站维修等工程维修计划。工程养护修理计划应依据相关定额编制，并按规定时间向上级汇报。

（2）工程管养维护计划批准下达后，尽快组织实施。凡影响安全度汛或保证供水的项目在汛前或供水前完成，其余项目于年底前完成。需跨年度施工的，应报上级批准。

（3）工程管养维护项目实行项目负责人制度，根据批准的计划，认真编制施工方案，并按照批准的方案组织实施，保质、保量、按时完成。

（4）工程管养维护经费实行"专款专用"，项目和经费计划需要调整的应报上级单位批准。

（5）工程施工期间，按月报送工程进度、施工情况及下月工作计划。

（6）管养维护工作应做详细记录并及时进行整理。完工后，进行技术总结。项目经费达规定的数额以上，验收时需由上级单位派员参加。

七、软件维护

灌区信息化系统主要由前端的传感器、采集控制装置、中控室计算机网络设备及系统应用软件组成。信息化时代，信息技术发展速度很快，硬件设备更新换代频繁，软件开发功能也越来越强大，这就对信息化系统的软件维护提出了更高的要求。

系统建成运行后，运行管理人员应根据软件使用说明书充分了解软件功能及各模块、界面内容，在使用过程中最大限度发挥信息化系统的作用。应检查保护好系统软件、应用软件的光盘、硬盘备份文件；掌握好系统的重新安装配置方法，在系统瘫痪后能自主按照说明书将系统重新恢复。

维护内容主要包括：定期查杀病毒、定期检查应用软件功能及性能、定期备份系统数据。

八、人才培养

灌区信息化系统是利用先进的技术科学提高灌区效益的手段，因此领导应从认识上重视在该方面人才的培养，在系统建设过程中安排专人负责，系统建成后以该人员为主组建专门的运行管理维护队伍，并应根据需求补充新生力量。

人才培养应从以下几个方面入手：

（1）安排人员参加每年的灌区信息化培训班，了解最新的信息及兄弟单位成功的运行维护经验，提高管理水平。

（2）引进素质较高的年轻人进入该队伍，充实新生力量，为管理的延续性提高保障。

（3）建立合理的考核激励制度，鼓励该队伍结合本灌区的特点，在充分利用信息确保信息化系统的基础上，提出新颖的、能够发挥更大效益的技术创新点，确保信息化系统的生命力。

习 题 与 训 练

一、填空题

1. 灌区信息化主要包括（　　），立项阶段的（　　）、（　　）和（　　）的编制和审查。

2. 灌区信息化建设的内容包括（　　）、（　　）、（　　）、（　　）、（　　）、（　　）建设等。

3. 灌区信息化系统主要由前端的（　　）、（　　）、（　　）及（　　）组成。

4. 信息化系统应有专人负责，可根据项目规模大小来确定运行管理人员，一般应设（　　）、（　　）、（　　）等岗位。

5. 监理内容主要有（　　）、（　　）、（　　）、（　　）、（　　）、（　　）和（　　）等。

6. 信息化验收条件是（　　）、（　　）、（　　）。

7. 灌区管理的业务内容决定了信息化建设的内容，并直接影响信息化技术方案的比选与确定，灌区业务内容主要包括（　　）、（　　）和（　　）三个方面。

8. 灌区的事务管理主要分为（　　）和（　　）两个方面。

9. 灌区用水坚持以农业灌溉为主，兼顾工业和城镇生活用水。发电服从灌溉、用水服从安全，实行（　　）、（　　）、（　　）的原则。

10. 灌区水管理信息包括（　　）、（　　）、（　　）、（　　）、（　　）等。

二、名词解释

1. 养护

2. 岁修

3. 抢修

4. 大修

三、简答题

1. 简要阐述信息化建设的施工程序。

2. 信息化建设质量保证措施有哪些？

3. 验收工作内容包括哪些？

4. 阐述信息化运行管理信息处理。

5. 如何进行事故处理？

6. 信息化设备管养维护工作要求。

附录：节水灌溉工程设计示例

设计示例一 低压管道输水灌溉工程

一、基本情况

某井灌区主要以粮食生产为主，地下水丰富，多年来建成了以离心泵为主要的提水设备、土渠输水的灌溉工程体系，为灌区粮食生产提供了可靠保证。由于近几年来的连续干旱，灌区地下水位普遍下降，为发展节水灌溉，提高灌溉水利用系数，灌区规划改离心泵为潜水泵提水，改土渠输水为低压管道输水。

井灌区内地势平坦，田、林、路布置规整，单井控制面积12.7hm^2，地面以下1.0m土层内为中壤土，平均容重1480kg/m^3，田间持水率为24%。

工程范围内有水源井一眼，位于灌区的中部。根据水质检验结果分析，该井水质符合农田灌溉水质标准，可以作为该工程的灌溉水源。据多年抽水测试，该井出水量为55m^3/h，井径为220mm，采用钢板卷管护筒，井深20m，静水位埋深7m，动水位埋深9m，井口高程与地面齐平。

二、井灌区管灌系统的设计参数

(1) 灌溉设计保证率：75%。
(2) 管道系统水的利用率：95%。
(3) 灌溉水利用系数：0.85。
(4) 设计作物耗水强度：5mm/d。
(5) 设计湿润层深：0.55m。

三、灌溉工作制度

(1) 净灌水定额计算：

$$m = 1000\gamma_s h(\beta_1 - \beta_2)$$

式中：$h=0.55$m，$\gamma_s=14.8$kN/m^3，$\beta_1=0.24\times0.95=0.228$，$\beta_2=0.24\times0.65=0.156$，代入公式计算得 $m=554.4$m^3/hm^2。

(2) 设计灌水周期：

$$T = \frac{m}{10E_d}$$

式中：$m=554.4$m^3/hm^2，$E_d=5$mm/d，代入公式得 $T=11.09$d，取 $T=11$d。

(3) 毛灌水定额：

$$m_{毛} = \frac{m}{\eta} = \frac{554.4}{0.85} = 652.2 (m^3/hm^2)$$

四、设计流量及管径确定

（1）系统设计流量：

$$Q_0 = \frac{\alpha m A}{\eta T t} = \frac{1 \times 554.4 \times 12.7}{0.85 \times 11 \times 18} = 41.8(m^3/h)$$

因系统流量 Q_0 小于水井出水量（55m^3/h），故取水泵设计流量 $Q = 50 m^3/h$，灌区水源能满足设计要求。

（2）管径确定：

$$D = 18.8\sqrt{\frac{Q}{v}} = 18.8 \times \sqrt{\frac{50}{1.5}} = 108.54 (mm)（选取 \phi 110 \times 3mmPE 管材）$$

（3）工作制度。灌水方式考虑运行管理情况，采用各出口轮灌；各出口灌水小时数为：

$$t = \frac{mA}{\eta Q} = \frac{554.4 \times 0.5}{0.85 \times 50} = 6.5(h)$$

（4）支管流量。因各出水口采用轮灌工作方式，单个出水口轮流灌水，故各支管流量及管径与干管相同。

五、管网系统布置

1. 管网布置原则

（1）管理设施、井、路、管道统一规划，合理布局，全面配套，统一管理，尽快发挥工程效益。

（2）依据地形、地块、道路等情况布置管道系统，要求线路最短，控制面积最大，便于机耕，管理方便。

（3）管道尽可能双向分水，节省管材，沿路边及地块等高线布置。

（4）为方便浇地、节水，长畦要改短畦。

（5）按照村队地片，分区管理，并能独立使用的原则。

2. 管网布置注意事项

（1）支管与作物种植方向相垂直。

（2）干管尽量布置在生产路、排水沟渠旁成平行布置。

（3）保证畦灌长度不大于120m，满足灌溉水利用系数要求。

（4）出水口间距满足 GB/T 20203—2006《农田低压管道输水灌溉工程技术规范》的要求。

3. 管网布置

管网布置示意图见附图1-1。

六、设计扬程计算

（1）水力计算简图见附图 1-2。

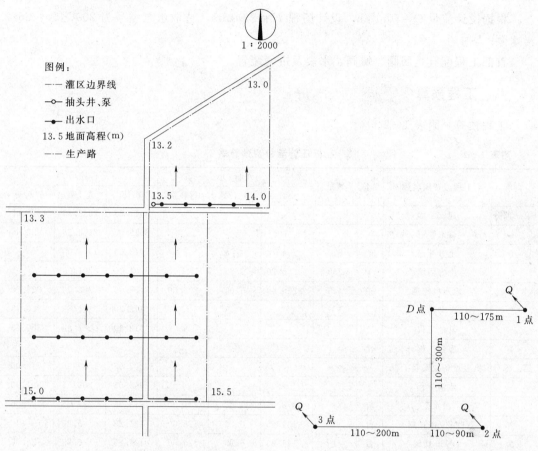

附图 1-1　管网平面布置示意图　　　　附图 1-2　管道水力计算简图

（2）水头损失计算：

$$h-1.1h_f$$

$$h_f=f\frac{Q^m}{d^b}L$$

式中：（聚乙烯管材的）摩阻系数 $f=0.948\times10^5$，$Q=50\mathrm{m^3/h}$，流量指数 m 取 1.77，管道内径（$\phi110\times3$，PE 塑料管材）$d=110-3\times2=104\mathrm{mm}$，管径指数 b 取 4.77。

（3）设计水头计算。水头损失分三种情况，见附表 1-1。

附表 1-1　　　　　　　　　水头损失及设计水头计算结果

序号	出水点	$h=1.1h_f$	$H=Z-Z_0+\Delta Z+\sum h_f+\sum f_j$
1	D 点～1 点	4.44	$9+(14-13.5)+4.44=13.94$
2	D 点～2 点	9.89	$9+(15.5-13.5)+9.89=20.89$
3	D 点～3 点	12.68	$9+(15-13.5)+12.68=23.18$

由此看出，出水点 3 为最不利工作处，因此，选取 23.18m 作为设计扬程。

七、首部设计

根据设计流量 $Q=50\text{m}^3/\text{h}$，设计扬程 $H=23.18\text{m}$，选取水泵型号为 200QJ50 - 26/2 潜水泵。

首部工程配有止回阀、蝶阀、水表及进气装置。

八、工程预算

工程预算见附表 1-2。

附表 1-2   低压管灌投资预算表

内容	工程或费用名称	单位	数量	单价/元			合计/元		
				小计	人工费	材料费	小计	人工费	材料费
第一部分	建筑工程						3511.30	2238.35	1272.95
一	输水管道						3099.00	2176.50	922.50
1	土方开挖	m³	350	4.78	4.78		1673.00	1673.00	
2	土方回填	m³	350	0.86	0.86		301.00	301.00	
3	出水口砌筑	m²	4.5	250.00	45.00	205.00	1125.00	202.00	922.50
二	井房						412.30	61.85	350.45
三	其他工程						412.30	61.85	350.45
1	零星工程	元							
第二部分	机电设备及安装工程						33307.95	1589.95	31718.00
一	水源工程						5660.55	269.55	5391.00
1	潜水泵	套	1	4978.05	237.05	4741.00	4978.05	237.05	4741.00
2	DN80 逆止阀	台	1	131.25	6.25	125.00	131.25	6.25	
3	DN80 蝶阀	台	1	131.25	6.25	125.00	131.25	6.25	125.00
4	启动保护装置	套		420.00	20.00	400.00	420.00	20.00	400.00
二	输供水工程						27647.40	1320.40	26327.00
1	泵房连接管件	套	1	507.15	24.15	483.00	27647.40	1320.40	26327.00
2	输水管	m	1350	18.21	0.87	17.34	24583.50	1174.50	23409.00
3	出水口	个	26	89.25	4.25	85.00	2320.50	110.50	2210.00
4	管件	个	5		2.25	45	236.25	11.25	225.00
第三部分	其他费用	元					2618.77	272.27	2346.50
1	管理费（2%）	元	36819.25				736.39	76.57	659.82
2	勘测设计费（2.5%）	元	36819.25				920.48	95.70	824.78
3	工程监理质量监督检测费（2.5%）	元	36819.25				920.48	100.00	920.48
	第一至第三部分之和						39396.60		
第四部分	预备费						1969.83		
	基本预备费（5%）	元	39396.60				1969.83		
	总投资						41366.43		

设计示例二 喷 灌 工 程

一、基本资料

1. 地理位置和地形

某小麦喷灌地块长 470m，宽 180m，地势平坦，有 1/2000 地形图。

2. 土壤

土质为砂壤土，土质肥沃，田间允许最大含水率 23%（占干土重），允许最小含水率 18%（占干土重），土壤容重 $\gamma=1.36g/cm^3$；土壤允许喷灌强度 $[\rho]=15mm/h$，设计根区深度为 40cm，设计最大日耗水强度 4mm/d，喷灌水利用系数取 0.8。

3. 气候

暖温带季风气候，半干旱地区，年平均气温 13.5℃。无霜期大致在 200～220d 之间，农作物可一年两熟。日照时数为 2400～2600h，多年平均降水量 630.7mm，一般 6—9 月的降雨量占全年降水量的 70% 以上。灌溉季节风向多变，风速为 2m/s。

4. 作物

种植小麦和玉米，一年两熟，南北方向种植。其中小麦生长期为 10 月上旬至 6 月上旬，约 240d，全生长期共需灌水 4～6 次。

5. 水源

地下水资源丰富，水质较好，适于灌溉。地块中间位置有机井一眼，机井动水位埋深 24m，出水量 50m³/h。

6. 社会经济情况和交通运输

本地区经济较发达，交通十分便利，电力供应有保证，喷灌设备供应充足。

二、喷灌制度拟定

1. 设计灌水定额

利用下式计算，式中各项参数取值为：$\gamma=1.36g/cm^3$，$h=40cm$，$\beta_1=23\%$，$\beta_2=18\%$，$\eta=0.8$。则

$$m=10\gamma h(\beta_1-\beta_2)/\eta=10\times1.36\times40\times(23-18)\%\div0.8=34(mm)$$

2. 设计喷灌周期

利用下式计算，式中 $ET_a=4mm/d$，则

$$T=\frac{m}{ET_a}\eta=\frac{34}{4}\times0.8=6.8d$$

取设计喷灌周期为 7d。

三、喷灌系统选型

该地区种植作物为大田作物，经济价值较低，喷洒次数相对较少，确定采用半固定式喷灌系统，即干管采用地埋式固定 PVC 管道，支管采用移动比较方便的铝合金管道。

四、喷头选型与组合间距确定

1. 喷头选择

根据 GB 50085—2007《喷灌工程技术规范》，粮食作物的雾化指标不得低于 3000～4000。

初选 ZY-2 型喷头，喷嘴直径 7.5/3.1mm，工作压力 0.25MPa，流量 3.92m³/h，射程 18.6m。该类型喷头的雾化指标为：

$$W_d = \frac{1000H}{D} = \frac{1000 \times 25}{7.5} = 3333$$

满足作物对雾化指标的要求。

2. 组合间距确定

本喷灌范围灌溉季节风向多变，喷头宜作等间距布置。风速为 2m/s，取 $K_a = K_b = 0.95$，则 $a = b = K_a R = 0.95 \times 18.6 = 17.67$(m)，取 $a = b = 18$m。

3. 设计喷灌强度

土壤允许喷灌强度 $[\rho] = 15$mm/h，按照单支管多喷头同时全圆喷洒情况计算设计喷灌强度。

$$C_\rho = \frac{\pi}{\pi - (\pi/90)\arccos(a/2R) + (a/R)\sqrt{1 - (a/2R)^2}} = 1.692$$

$$K_w = 1.12v^{0.302} = 1.12 \times 2^{0.302} = 1.381$$

$$\rho_s = \frac{1000q}{\pi R^2} = \frac{1000 \times 3.92}{\pi \times 18.6^2} = 3.61(\text{mm/h})$$

$\rho = K_w C_\rho \rho_s = 1.381 \times 1.692 \times 3.61 = 8.44$ (mm/h)，$[\rho] = 15$mm/h，$\rho < [\rho]$，设计喷灌强度满足土壤允许喷灌强度的要求。

五、管道系统布置

喷灌区域地形平坦，地块形状十分规则，中间位置有机井一眼。基于上述情况，拟采用干、支管两级分支。干管在地块中间位置东西方向穿越灌溉区域，两边分水，支管垂直干管，平行作物种植方向南北布置。

平面布置详图见附图 2-1。

六、喷灌工作制度拟定

（1）喷头在一个喷点上的喷洒时间：

$$t = \frac{abm}{1000q} = \frac{18 \times 18 \times 34}{1000 \times 3.92} = 2.81(\text{h})$$

（2）喷头每日可工作的喷点数：

$$n = \frac{t_r}{t + t_y} = \frac{12}{2.81} = 4.27(\text{次})，取 n = 4 \text{ 次}$$

这样每天的实际工作时间为 $4 \times 2.81 = 11.24$h，即 11h14min。

（3）每次需要同时工作的喷头数：

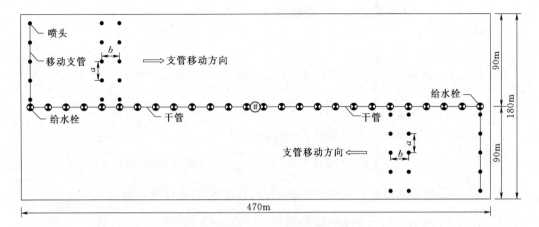

附图 2-1　喷灌系统平面布置图

$$n_p = \frac{N}{nT} = \frac{260}{4 \times 7} = 9.3(\text{个}), \text{取} \ n_p = 10 \ \text{个}$$

（4）每次需要同时工作的支管数：

$$n_支 = \frac{n_p}{n_{\text{喷头}}} = \frac{10}{5} = 2(\text{根})$$

（5）运行方案：根据同时工作的支管数以及管道布置情况，决定在干管两侧分别同时运行一条支管，每一条支管控制喷灌区域一半面积，分别自干管两端起始向另一端运行。

七、管道水力计算

1. 管径的选择

（1）支管管径的确定：

$$h_w + \Delta Z \leqslant 0.2 h_p$$

$$h_w = f \frac{Q_支^m}{d^b} LF$$

喷灌区域地形平坦，h_w 应为支管上第一个喷头与最末一个喷头之间的水头损失。

式中，$f = 0.861 \times 10^5$，$Q = 3.92 \times 4 = 15.68 \text{m}^3/\text{h}$，$m = 1.74$，$b = 4.71$，$L = 72 \text{m}$，$F = 0.499$，$\Delta Z = 0$，则

$$h_w = f \frac{Q_支^m}{d^b} LF = 0.861 \times 10^5 \times \frac{15.68^{1.74}}{d^{4.71}} \times 72 \times 0.499 \leqslant 0.2 \times 30$$

解上式得到 $d = 45.12 \text{mm}$。

选择规格为 $\phi 50 \times 1 \times 6000 \text{mm}$ 薄壁铝合金管材。

（2）干管管径确定。根据系统运行方式，干管通过的流量为 $Q = 3.92 \times 5 = 19.6(\text{m}^3/\text{h})$，主干管通过的流量为 $Q = 3.92 \times 10 = 39.2(\text{m}^3/\text{h})$。

$$D_干 = 13 \sqrt{Q} = 13 \times \sqrt{19.6} = 57.55(\text{mm})$$

$$D_{主干} = 13 \sqrt{Q} = 13 \times \sqrt{39.2} = 81.39(\text{mm})$$

据此，选择干管时为了减少水头损失，确定采用规格为 $\phi 75 \times 2.3 \text{mm PVC}$ 管材，承

压能力 0.63MPa；主干管选择 DN80 焊接钢管。

2. 管道水力计算

（1）沿程水头损失。

1）支管沿程水头损失。支管长度 $L=81\mathrm{m}$，则

$$h_{支f}=f\frac{Q_{支}^m}{d^b}LF=0.861\times10^5\times\frac{19.6^{1.74}}{48^{4.71}}\times81\times0.412=6.14(\mathrm{m})$$

2）干管沿程水头损失。干管长度 $L=225\mathrm{m}$，则

$$h_{干f}=f\frac{Q_{干}^m}{d^b}L=0.948\times10^5\times\frac{19.6^{1.77}}{70.4^{4.77}}\times225=6.36\ (\mathrm{m})$$

3）主干管沿程水头损失。DN80 焊接钢管，长度按 35m 计算，则

$$h_{主干f}=f\frac{Q_{主干}^m}{d^b}L=6.25\times10^5\times\frac{39.2^{1.9}}{80^{5.1}}\times35=4.59(\mathrm{m})$$

沿程水头总损失 $\sum h_{f}=6.14+6.36+4.59=17.09(\mathrm{m})$

（2）局部水头损失：

$$\sum h_{j}=0.1\sum h_{f}=1.71(\mathrm{m})$$

八、水泵及动力选择

（1）设计流量：

$$Q=Nq=10\times3.92=39.2(\mathrm{m^3/h})$$

（2）设计扬程：

$$H=h_{p}+\sum h_{f}+\sum h_{j}+\Delta=25+17.09+1.71+25=68.00(\mathrm{m})$$

式中：Δ 为典型喷头高程与水源水位差，喷头距地面高取 1m，动水位埋深 24m。

（3）选择水泵及动力。根据当地设备供应情况及水源条件，选择 175QJ40-72/6 深井潜水电泵，其性能参数见附表 2-1。

表 2-1

水 泵 性 能 参 数 表

额定流量 /(m³/h)	设计扬程 /m	水泵效率 /%	出水口直径 /mm	最大外径 /mm	额定功率 /kW	额定电流 /A	电机效率 /%
40	72	70	80	168	13	30.1	80

参　考　答　案

第 一 章 参 考 答 案

一、填空题

1. 工程类节水，农艺类节水，用水管理类节水，政策类节水

2. 植株蒸腾，棵间蒸发，深层渗漏

3. 气象条件，土壤水分状况，作物种类及其生长发育阶段，土壤肥力，农业技术措施，灌溉排水措施

4. K 值法，α 值法

5. 作物需水量

6. 作物需水量，深层渗漏

二、选择题

1. D；2. B；3. D；4. A、D

三、判断题

1. √；2. ×；3. ×；4. ×；5. √；6. ×；7. ×；8. √；9. ×；10. √；11. √；12. √

四、名词解释

1. 节水灌溉：是指用尽可能少的水投入，取得尽可能多的农作物产量的一种灌溉模式。目的是提高灌溉水的利用率和水分生产率。节水灌溉包括：水资源有合理开发利用、输配水系统的节水、田间灌溉过程节水、用水管理节水、农艺节水增产等。

2. 作物需水临界期：作物日需水量最多，对缺水最敏感，影响产量最大的时期。

3. 灌溉制度：是根据作物需水特性和当地气候、土壤、农业技术及灌水技术等条件，为作物高产及节约用水而制定的适时适量的灌水方案。它包括作物播种前（或作物移栽前）及其全生育期内的灌水次数、每次的灌水时间、灌水定额以及灌溉定额。

五、简答题

1. 答：节水灌溉是根据作物需水规律及当地供水条件，为了有效地利用降水和灌溉水获取农业的最佳经济效益、社会效益和生态环境效益而采取的多种灌溉措施。节水灌溉是一个相对的概念，不同的农业发展阶段，不同的技术水平，不同的农业生产水平，其含义是随之而变的，不同国家、不同的地区有不同的节水标准。节水灌溉应从整个灌溉过程着手，凡是能减少灌溉水损失，提高灌溉水使用效率的措施、技术和方法均属于节水灌溉的范畴。节水灌溉的根本目的是提高灌溉水的利用率和水分生产率，实现农业节水、高产、优质、高效。

2. 答：（1）水资源总量多，但人均少。（2）降水量时空分布不均。（3）人口、耕地、

水资源极不匹配。(4)水资源可利用量有限、北方地区潜力不大。

3.答:从三个方面论述:①水资源短缺;②水资源时间分布不均;③水资源空间分布不均。因此,解决我国农业发展的缺水问题,根本出路在于节水农业用水量约占全社会用水量的70%以上,并且目前我国农业灌溉用水利用率不足50%,发展节水灌溉技术不仅可以有效地缓解目前城市水资源供需紧张的矛盾,也是农业可持续发展的必由之路。

4.答:渠道防渗、喷灌、滴灌、微喷灌、渗灌等。

5.答:农田水分消耗的途径主要有植株蒸腾、棵间蒸发和深层渗漏。植株蒸腾对旱作物来说是必需的,植株蒸腾、棵间蒸发和深层渗漏对水稻来说都是必需的。

6.答:作物需水量是指作物全生育期或某一生育阶段正常生长所需要的水量。它包括植株蒸腾、棵间蒸发和构成作物组织的水量,由于构成作物组织的水量较少,实际上常忽略不计,因此作物需水量就是作物的腾发量。

7.答:作物的灌溉制度是指作物播种前(或作物移栽前)及其全生育期内的灌水次数、每次的灌水时间、灌水定额以及灌溉定额。其是根据作物需水特性和当地气候、土壤、农业技术及灌水技术等条件,为作物高产及节约用水而制定的适时适量的灌水方案。

8.答:(1)总结群众丰产灌水经验。(2)根据灌溉试验资料制定灌溉制度。(3)按水量平衡原理分析制定作物灌溉制度。

第二章参考答案

一、填空题

1.土料防渗,水泥土防渗,石料防渗,膜料防渗,混凝土防渗,沥青混凝土防渗;设置防渗层,改变渠床土壤渗漏性质

2.城门洞形,箱形,正反拱形,圆形

3.防渗材料的冻融破坏,渠道基土冻融对防渗结构的破坏,渠道中水体结冰造成防渗工程破坏

4.鼓胀及裂缝,隆起架空,滑塌,整体上抬

5.渠床水分,渠床土质,温度,压力,人为因素

6.回避冻胀法,削减冻胀法,优化结构

二、名词解释

1.渠道防渗工程技术:是指为减少渠道渗漏损失而采取的各种工程技术措施。

2.最优含水量:指土料在较小的压实功能下获得较大的密实度时的土壤含水量。

3.三合土:土、砂、石灰按一定比例混合而成的,灰:砂土=1:4~1:9,土重占砂土总重的30%~60%。

4.四合土:在三合土的配合比基础上,再掺入25%~35%的卵石或碎石。

三、判断题

1.×;2.×;3.√;4.√;5.×;6.√;7.√

四、简答题

1.答:确定步骤:①根据选定的素土、砂石料、石灰的颗粒级配,按不同的配合比进行

配合，制成试块，并测出各种配合比条件下的最大干容重的最优含水量；②对其试块进行强度、渗透、注水等试验；③选用密实、强度高，而渗透系数最小的配合比作为设计配合比。

2. 答：（1）回避冻胀法，具体包括避开较大冻胀的自然条件，埋入措施，置槽措施，架空渠槽。（2）削减冻胀法，具体包括置换，隔垫保温，压实，防渗排水。（3）优化结构，具体可采用弧形渠底梯形断面或 U 形渠道。

第三章参考答案

一、填空题

1. 管道，水源及首部枢纽，输水配水管网系统，田间灌水系统

2. 树状网，环状网

3. 机压式，自压式

4. 移动式，固定式，半固定式

5. 干管，分干管，支管，分支管

6. 固定管，移动管

7. 连接件，控制件

8. 同径和异径三通、四通，弯头，堵头，异径渐变管，快速接头

9. 阀门，进排气阀，给水栓，逆止阀，安全保护装置

10. 移动式，半固定式，固定式

11. 续灌，轮灌，随机方式

12. 进（排）气阀，安全阀，调压阀，逆止阀，泄水阀

13. 测量放样，管沟开挖与基底处理，管道铺设与安装，管件附属设备施工，管道试压，管沟回填

二、选择题

1. B；2. C；3. B

三、名词解释

1. 低压管道输水灌溉技术：是以管道代替渠道，利用低能耗机泵或由地形落差所提供的自然压力水头将灌溉水加压，然后通过输配水管网，将灌溉水由出水口送到田间进行灌溉，以满足作物的需水要求。既减少了土渠输水过程中的渗漏损失，又便于灌溉用水管理。管道系统工作压力一般不超过 0.2MPa。农民常形象地称为"田间自来水"，是发展面积较大的一种节水工程形式。

2. 给水装置：是低压管道输水系统的田间灌水装置。通常所说的给水装置是指给水栓或出水口。

3. 给水栓：与地面移动软管连接的出水口通常称为给水栓。

4. 出水口：是指把地下管道系统的水引出地面直接灌溉农田，它不连接地面移动软管。

5. 沿程水头损失：由于水在流动过程中为克服与管壁的摩擦阻力而消耗损失的水头，它是随着流动的长度而增加的。

6. 局部水头损失：因管道内部形状改变（如用弯头改变输水方向，用三通进行分流

等），迫使水流也因此改变流动外形造成的损失。

四、简答题

1. 答：①节水；②节能；③省地；④省工；⑤增产；⑥安全、经济、适应性强。

2. 答：由水源及首部枢纽、输水配水管网系统和田间灌水系统等三部分组成。

3. 答：（1）移动式：其特点是成本低，见效快，适应性强。因此，抗旱时多采用这种临时性技术措施。但管道易破损、寿命短。（2）固定式：这种管网系统，要求末级固定管道间距小，单位面积占有的固定管道长度小，工程投资较大。但这种管网系统标准较高，其节水效益显著，适于经济条件较好的地区采用。（3）半固定式：这种形式的支管间距较大，分水口间距亦大，固定管道则用量较少，它借助于移动的配水管，将水均匀分布到田间。其投资比固定式一次性投资少，但灌水时由于经常移动田间配水管（软管），劳动强度比固定式为大。

4. 答：常用的方法有：①采用田间移动软管输水，采用退水管法（或脱袖法）灌水；②采用田间输水垄沟输水，在田间进行畦灌、沟灌等地面灌水方法。

5. 答：（1）能承受设计要求的工作压力。管材允许工作压力应为管道最大工作压力的1.4倍。且大于管道可能产生水锤时的最大压力。（2）管壁薄厚均匀，壁厚误差应不大于5％。（3）地埋管材在农机具和外荷载的作用下管材的径向变形率不得大于5％。（4）便于运输和施工，能承受一定的沉降应力。（5）管材内壁光滑、糙率小，耐老化，使用寿命满足设计年限要求。（6）管材与管材、管材与管件连接方便，连接处同样满足相应的工作压力、满足抗弯折、抗渗漏、强度、刚度及安全等方面的要求。（7）移动管道要轻便，易快速拆卸、耐碰撞、耐摩擦，具有较好的抗穿透及抗老化能力等。（8）当输送的水流有特殊要求时，还应考虑对管材的特殊要求。

6. 答：按管道材质可分为塑料管材、金属管材、水泥类管材和其他材料管四类。

7. 答：要求给水栓：①结构简单、灵活，安装、开启方便；②止水效果好，能调节出水流量及方向；③紧固耐用，防盗、防破坏性能好；④造价低廉。

8. 答：（1）逆止阀。只允许管道水体单向流动的部件。（2）进气阀。安装在高处的管道自动进气部件，在负压时能自动补气。（3）排气阀。安装在管线驼峰或最高处，用于管道充水时排除管内空气的装置。（4）泄水阀。安装在管线末端或最低处，用于泄水检修、冲洗和安全保护的装置。（5）安全阀。是一种压力释放装置，安装在管路较低处，起超压保护作用。即当管内压力超出设定值时，能迅速开启排出管中水流，从而限制管内压力过高，保证管道安全。

9. 答：（1）在原有农业区划和水利规划的基础上，综合考虑与规划内沟、渠、路、林、输电线路、引水水源等布置的关系，统筹安排、全面规划、充分发挥已有水利工程的作用。（2）近期需要与远景发展规划相结合。如果管道系统有可能改建为喷灌或微灌系统，规划时，干支管应采用符合改建后系统压力要求的管材。（3）系统运行可靠。做到严把质量关，确保整个管道输水灌溉系统的质量。（4）运行管理方便。（5）综合考虑管道系统各部分之间的联系，取得最优规划方案。

10. 答：（1）确定适宜的引水水源和取水工程的位置、规模及形式。（2）确定田间灌溉标准，沟畦的适宜长、宽，给水栓入畦方式及给水栓连接软管时软管的适宜长度。（3）论证管网类型、确定管网中管道线路的走向与布置方案。确定线路中各控制阀门、保护装置、给水栓及附属建筑物的位置。（4）拟定可供选择的管材、管件、给水栓、保护装置、控制阀门等设施的系列范围。

11. 答：主要设计参数有：（1）灌溉设计保证率，应不低于75%。（2）管道灌溉系统水利用系数。井灌区不应低于0.95，渠灌区管道系统水利用系数应不低于0.90。（3）田间水利用系数。应不低于0.85。（4）灌溉水利用系数。井灌区不低于0.80，渠灌区不低于0.70。（5）规划区灌水定额。根据当地试验资料确定，无资料地区可参考邻近地区试验资料确定。

12. 答：（1）井灌管网常以单井控制灌溉面积作为一个完整系统。渠灌区应根据作物布局、地形条件、地块形状等分区布置，尽量将压力接近的地块划分在同一分区。（2）规划时首先确定给水栓的位置。（3）在已确定给水栓位置的前提下，力求管道总长度最短。（4）管线尽量平顺，减少起伏和折点。（5）最末一级固定管道的走向应与作物种植方向一致，移动软管或田间垄沟垂直于作物种植行。在山丘区，干管应尽量平行于等高线、支管垂于等高线布置。（6）管网布置要尽量平行于沟、渠、路、林带，顺田间生活路和地边布置，以利耕作和管理。（7）充分利用已有的水利工程，如穿路倒虹吸和涵管等。（8）充分考虑管路中量水、控制和保护等装置的适宜位置。（9）尽量利用地形落差实施重力输水。（10）各级管道尽可能采用双向供水。（11）避免干扰输油、输气管道及电信线路等。

13. 答：首部枢纽布置时要考虑水源的位置和管网布置方便。（1）一般首部枢纽不宜放在远离灌区的水源附近，否则会使管理不方便，而且经过处理的水质，经远距离输送后可能再次被污染。水源远离灌区时，先用输水管道（渠道）将水引至灌区内或边缘，再设首部枢纽。（2）当采用井水灌溉时，井和首部枢纽尽量布置在灌区的中心位置，以减少水头损失，降低运行费用，也便于管理。

14. 答：（1）如机井位于地块一则，控制面积较大且地块近似成方形，常采用"圭"字形和Ⅱ形，这些布置形式适合于井出水量60～100m³/h，控制面积150～300亩，地块长宽比约等于1的情况。（2）如机井位于地块一侧，地块呈长条形，可布置成一字形、L形、T形，适合于井出水量20～40m³/h，控制面积50～100亩，地块长宽比不大于3的情况。（3）当机井位于地块中心时，常采用图"H"形布置形式。这种布置形式适合于井出水量40～60m³/h，控制面积100～150亩，地块长宽比不大于2的情况。当地块长宽比大于2时，宜采用长"一"字形布置形式。

五、计算题

解析：由于井的出水量80m³/h小于灌溉设计流量85m³/h，因此管道的设计流量为

$$80\text{m}^3/\text{h}, \quad d = 18.8\sqrt{\frac{Q}{V}} = 18.8\sqrt{\frac{80}{1.2}} = 154\,(\text{mm}).$$

第四章参考答案

一、填空题

1. 长畦改短畦，宽畦改窄畦，大畦改小畦

2. 畦长，畦宽，入畦单宽流量

3. 小畦灌，长畦分段灌，宽浅式畦沟结合灌，水平畦灌

4. 水源工程，水泵及动力，输配水管网系统，喷头

5. 干管，支管；输水，配水

6. 喷头

7. 机压式，自压式，提水蓄能式；定喷式，行喷式；管道式，机组式

8. 固定式，移动式，半固定式

9. 进水口直径 D，喷嘴直径 d，喷射仰角 α

10. 点喷灌强度，平均喷灌强度，组合喷灌强度

11. 水源工程，首部枢纽，各级输配水管道，喷头

12. 固定式，半固定式，移动式

13. 管间式滴头，管上式滴头

14. 长流道式消能滴水器，孔口消能式滴水器，涡流消能式滴水器，压力补偿式滴水器，滴灌管或滴灌带式滴水器

15. 水源工程，首部枢纽，输配水管网，灌水器及控制，量测，保护装置

16. 首部枢纽

17. 输配水管网

18. 过滤设施，水泵，施肥（药）装置，安全保护，量测控制设备

二、判断题

1. ×；2. √；3. ×；4. √；5. √

三、名词解释

1. 喷灌：是用压力管道输水，再由喷头将水喷射到空中，形成细小的水滴，均匀地喷洒在农田上湿润土壤并满足作物需水要求的一种先进的灌溉方法。喷灌所需压力可以由水泵加压或利用地形自然落差获得。

2. 射程：是指在无风条件下，喷头正常工作时喷洒湿润半径，一般以 R 表示，单位为 m。

3. 喷灌强度：是指单位时间内喷洒在单位面积上的水量，以水深表示，单位为 mm/h 或 mm/min。

4. 滴灌：即滴水灌溉，是利用安装在末级管道（称为毛管）上的滴头，或与毛管制成一体的滴灌带将压力水以水滴状湿润土壤，在灌水器流量较大时，形成连续细小水流湿润土壤。

5. 膜下滴灌技术：将作物覆膜栽培种植技术与滴灌技术集成为一体的高效节水、增产、增效技术。滴灌利用管道系统供水、供肥，使带肥的灌溉水成滴状，缓慢、均匀、定时、定量地灌溉到作物根系发育区域，使作物根系区的土壤始终保持在最优含水状态；地膜覆盖具有保墒、提墒、灭草、增加地温、减少作物棵间水分蒸发的作用。将两者优势集成，再加上作物配套栽培技术，形成了膜下滴灌技术。

四、简答题

1. 答：小畦灌的优点：（1）节约水量，易于实现小定额灌水。（2）灌水均匀，灌溉

质量高。(3) 减轻土壤冲刷和土壤板结,减少土壤养分淋失。(4) 防止深层渗漏,提高田间水的有效利用率。

长畦分段灌的优点:(1) 节水;(2) 省工;(3) 适应性强;(4) 易于推广;(5) 便于田间耕作。

2. 答:小畦灌的技术要素:小畦灌灌水技术的要点是确定合理的畦长、畦宽和入畦单宽流量。小畦灌"三改"灌水技术的畦田宽度,自流灌区为 2～3m,机井提水灌区以 1～2m 为宜。地面坡度在 1/400～1/1000 范围时,单宽流量为 3～5L/s,灌水定额为 300～675m³/hm²。畦长,自流灌区以 30～50m 为宜,最长不超过 80m;机井和高扬程提水灌区以 30m 左右为宜。畦埂高度一般为 0.2～0.3m,底宽 0.4m 左右,田头埂和路边埂可适当加宽培厚。

长畦分段灌的技术要素:畦宽可以宽至 5～10m,畦长可达 200m 以上,一般均在 100～400m 左右。但其单宽流量并不增大,确定入畦灌水流量、侧向分段开口的间距(即短畦长度与间距)和分段改水时间或改水成数。

3. 答:优点:(1) 省水。(2) 省工,喷灌所需的劳动量仅为地面灌溉的 1/5。(3) 节约用地,一般可增加耕作面积 7%～10%。(4) 增产。大田作物可增产 20%,经济作物可增产 30%,蔬菜可增产 1～2 倍。(5) 适应性强,喷灌对各种地形的适应性强,特别是在土层薄、透水性强的沙质土,非常适合使用喷灌。

缺点:(1) 投资较高。(2) 能耗较大:喷灌所需压力通过消耗能源获得,所需压力越高,耗能越大,灌溉成本就越高。(3) 操作麻烦,受风的影响较大。

4. 答:(1) 固定式喷灌系统由水源、水泵、管道系统及喷头组成。动力、水泵固定,输(配)水干管(分干管)及工作支管均埋入地下。一般适用于经济条件较好的城市园林、花卉和草地的灌溉,以及灌水次数频繁、经济效益高的蔬菜和果园等,也可在地面坡度较陡的山丘和利用自然水头喷灌的地区使用。(2) 移动管道式喷灌系统,它直接从田间渠道、井、塘吸水,其动力、水泵、管道和喷头全部可以移动,可在多个田块之间轮流喷洒作业。这种系统的机械设备利用率高,应用广泛。一般适用于经济较为落后、气候严寒、冻土层较深的地区。(3) 半固定管道式喷灌系统,组成与固定式相同。动力、水泵固定,输、配水干管、分干管埋入地下,通过连接在干管、分干管伸出地面的给水栓向支管供水,支管、竖管和喷头等可以拆卸移动,在不同的作业位置上轮流喷灌,可以人工移动,也可以机械移动。

5. 答:工作压力 P,喷头流量 q 和射程 R;影响喷头流量的主要因素是工作压力和喷嘴直径,同样的喷嘴,工作压力越大,喷头流量也就越大,反之亦然。

6. 答:喷头的射程主要决定于喷嘴压力、喷水流量(或喷嘴直径)、喷射仰角、喷嘴形状和喷管结构等因素。

7. 答:滴灌的优点:(1) 水的有效利用率高;(2) 环境湿度低;(3) 提高作物产品品质;(4) 滴灌对地形和土壤的适应能力较强;(5) 省水省工,增产增收。

缺点:由于滴头的流道较小,滴头易于堵塞;且滴灌灌水量相对较小,容易造成盐分积累等问题。

8. 答:滴灌系统由水源工程、首部枢纽(包括水泵、动力机、过滤器、肥液注入装置、测量控制仪表等）、各级输配水管道和满头等四部分组成，其系统主要组成部分如下：
（1）动力及加压设备包括水泵、电动机或柴油机及其他动力机械。（2）水质净化设备或设施有沉沙（淀）池、初级拦污栅、旋流分沙分流器、筛网过滤器和介质过滤器等。（3）滴水器水由毛管流进滴水器，滴水器将灌溉水流在一定的工作压力下注入土壤。它是滴灌系统的核心。目前，滴灌工程实际中应用的滴水器主要有滴头和滴灌带两大类。（4）化肥及农药注入装置和容器。有压差式施肥器、文丘里注入器、隔膜式或活塞式注入泵，化肥或农药溶液储存罐等。它必须安装于过滤器前面，以防未溶解的化肥颗粒堵塞滴水器。（5）控制、量测设备包括水表和压力表，各种手动、机械操作或电动操作的闸阀，如水力自动控制阀、流量调节器等。（6）安全保护设备如减压阀、进排气阀、逆止阀、泄排水阀等。

9. 答：滴水器是滴灌系统的核心，要满足以下要求：（1）有一个相对较低而稳定的流量，在一定的压力范围内，每个滴水器的出水口流量应在 $2\sim8L/h$ 之间。为了保证滴灌系统具有足够的灌水均匀度，经验上一般是将系统中的流量差限制在 10% 以内。（2）大的过流断面。水流通道断面最小尺寸在 $0.3\sim1.0mm$ 之间变化。

10. 答：使用滴灌带的注意事项：一是滴灌的管道和滴头容易堵塞，对水质要求较高，所以必须安装过滤器；二是滴灌不能调节田间小气候，不适宜结冻期灌溉，在蔬菜灌溉中不能利用滴灌系统追施粪肥。三是滴灌投资较高，要考虑作物的经济效益；四是滴灌带的灼伤。注意在铺设滴灌带时压紧压实地膜，使地膜尽量贴近滴灌带，地膜和滴灌带之间不要产生空间，避免阳光通过水滴形成的聚焦。

11. 答：（1）省水，比地面灌省水 40%～60%。（2）省肥，肥料可做到适时、适量随水滴灌到作物根系部位，提高肥料利用率 30% 以上。（3）省农药。（4）省地。（5）省工和节能。（6）能局部压盐碱。（7）有较强的抗灾能力。（8）增产。（9）品质、质量提高。

12. 答：（1）适宜推广地区：地面蒸发量大的干旱、半干旱而又具备一定灌溉水源的地区。（2）适宜作物：凡需要灌溉的作物都适宜应用膜下滴灌技术。（3）生产规模和管理方式：由于膜下滴灌需要管网或渠系供水，应该条田连片，并且在一个灌溉系统内，要做到统一种植、统一作物、统一滴水、统一施肥、统一管理。（4）设备和政策支持：需供应质量有保证、价格经济的滴灌器材和周到的技术服务。

13. 答：（1）作物种类和种植模式：不同作物需水不同，不同种植模式要求不同。（2）土壤性质：对于黏性土适宜选用流量小的滴头，对于重壤和中壤土，滴头流量不大于 $3L/h$；对于砂土宜选用流量大的滴头，以扩大浸润面积，减少渗漏损失。（3）工作压力及范围：滴头都有其适宜的工作压力和范围，根据系统需要因地制宜地选用工作压力。（4）流量压力关系：一般选用流态指数小的灌水器对提高均匀度有利，但有时流态指数小的灌水器流道尺寸也小，或流道尺寸长，抗堵性能差，应综合考虑。（5）灌水器价格：膜下滴灌中，滴管带比重较大，要选用性价比高的滴管带，杜绝选用价格低、质量差的滴管带。

第五章参考答案

一、填空题

1. 水泵及电机等动力设备，过滤设备，施肥设备，测量控制仪表

2. 2

3. 矩形，梯形，漏斗形

4. 离心式过滤器，砂石过滤器，网式过滤器，叠片过滤器

5. 自压施肥装置，文丘里施肥器，压差式施肥罐，注肥泵

6. 旋转式，固定式，孔管式

7. 低压喷头（或称近射程喷头），中压喷头（或称中射程喷头），高压喷头（或称远射程喷头）

二、名词解释

1. 水泵：把原动机的机械能转换为所抽送液体的能量的机械。

2. 文丘里施肥器：是利用喉部产生的真空吸力，将肥液均匀地吸入灌溉系统进行施肥的。文丘里施肥器主要适用于小型微灌系统（如温室微灌）向管道注入肥料或农药。

3. 智能灌溉施肥设备：根据采集的作物需肥信息自动配比施肥种类和浓度，然后按设定的施肥程序通过灌溉系统适时适量供给作物，这些设备体现了现代精准农业信息化、智能化、自动化的发展方向。

三、简答题

1. 答：（1）水泵出厂时已装配、调试完善的部分不应随意拆卸。（2）水泵安装地基基础的尺寸、位置、标高应符合设计要求。（3）泵与管路连接后，应复校找正。（4）与水泵连接的管道内部与管端应清洗干净，清除杂物，密封面不应损坏。（5）水泵运行前，应检查动力机转向是否符合水泵转向要求，各紧固连接部不应松动。（6）对于深井泵，井管管口伸出基础相应平面不小于 25mm，井管与基础间应垫放软质隔离层，井管内应无油泥和污染物。（7）取水口处应安装初级过滤设施，先除去水中漂浮的大颗粒杂质。（8）按照水泵说明书要求进行安装。

2. 答：（1）泵就位前复查。检查水泵的生产合格证、说明书、检验报告是否齐全；基础的尺寸、位置、标高应符合设计要求；设备不应有缺件、损坏和锈蚀等情况，管口保护物和堵盖应完好；盘车应灵活，无阻滞、卡住现象，无异常声音。（2）泵的找平。应以水平中开面、轴的外伸部分、底座的水平加工面等为基准进行测量。（3）泵的找正与连接。主动轴与从动轴以联轴节连接时，两轴的不同轴度、两半联轴节端面间的间隙应符合设备技术文件的规定。（4）泵试运转。

3. 答：（1）当灌溉水中无机物含量小于 10ppm，或粒径小于 80 时，宜选用砂石过滤器、200 目筛网过滤器或叠片过滤器。（2）当灌溉水中无机物含量在 10~100ppm，或粒径在 80~500，宜先选用旋流水沙分离器或 100 目筛网过滤器做初级处理，然后再选用砂石过滤器。（3）灌溉水中无机物含量大于 100ppm 或粒径大于 500 时，应使用沉淀或旋流水沙分离器作初级处理，然后再选用 200 目筛或砂石过滤器。（4）灌溉水中有机污物含量小于 10ppm 时，可选用砂石过滤器或 200 目筛网过滤器。（5）灌溉水中有机物含量大于 10ppm 时，应选用初级拦污筛做第一级处理，再选用砂石过滤器或 200 目筛网过滤器。

4. 答：（1）各级过滤设施安装顺序应符合设计要求，不得随意更改。（2）过滤器各组件应按水流标记方向及图纸中所处的位置进行安装。（3）合理布置反冲洗管，以利于过滤器的冲洗。（4）安装配备相应的量测仪表、控制与保护设备等。（5）自动反冲洗式过滤

器的传感器等电器原件，按产品规定接线图安装，并通电检查运转状况。

5. 答：过滤系统的安装步骤：首先查验过滤器的生产合格证、说明书，确保安装应用的是合格产品；在安装过滤器时，应就首部的地基平台进行处理，确保过滤系统的水平；在安装过程中应该按照产品的使用说明按顺序连接，并按输水流向标记安装，不得反向连接，不可接错位置。

6. 答：有 4 点要求：(1) 进出水管与首部管路连接应牢固，如使用软管，严禁出现扭曲打褶的状况。(2) 施肥装置应安装在初级与末级过滤器之间。(3) 施肥罐进、出水口不可装反。(4) 采用施肥（药）泵时，按产品说明书要求安装，经检查合格后再通电试运行。

7. 答：(1) 化肥或农药的注入一定要放在水源和过滤器之间，使肥液先经过滤器之后再进入灌溉管道，使未溶解的化肥和其他杂质被除掉，以免堵塞管道及灌水器。(2) 施肥和施农药后，必须用清水把残留在系统内的肥液或农药全部冲洗干净，防止设备被腐蚀。(3) 在化肥或农药输送管出口处与水源之间一定要安装逆止阀，防止肥液或农药流进水源，更严禁直接把化肥和农药加进水源而造成环境污染。

8. 答：(1) 管道切割。用割刀或专用 PVC - U 断管具，将管道按要求长度垂直切开，用板锉将断口毛刺和毛边去掉，然后倒角（锉成坡口）。(2) 确定插入深度。黏接前应将两管试插一次，使插入深度及配合情况符合要求，并在断面划出插入承口深度的标线。(3) 胶黏剂涂抹。在涂抹胶黏剂之前，用干布将承插口外黏接在表面的残屑、灰尘、水、油污擦净。用毛刷将胶黏剂迅速均匀地涂抹在插口外表面和承口内表面。(4) 插入连接。将两根管道和管件的中心找准，迅速将插口插入承口保持至少两分钟，以便胶剂均匀分布固化。

9. 答：(1) 金属管道安装前应将管与管道按施工要求摆放；(2) 金属管道安装时，应将管道中心对正；(3) 金属管道及管件应进行防锈、防腐处理。

10. 答：应由上至下逐步进行，按干管、支管、辅管和毛管顺序冲洗，支管和毛管应按轮灌组冲洗，冲洗过程中应该及时检查管道情况，并做好冲洗记录。冲洗的步骤和要求为：(1) 打开系统枢纽总控制阀和待冲洗管道的阀门，关闭其他阀门，然后启动水泵，对干管进行冲洗，直到干管末端出水清洁为止，并关闭干管末端阀门。(2) 打开一个轮灌组的各支管进口和末端阀门，进行支管冲洗；然后关闭支管末端阀门冲洗毛管，至支管、毛管末端出水清洁为止；最后再检查下一个轮灌组的冲洗。

11. 答：喷头安装前必须进行检查，应当零件齐全，联结牢固，喷灌规格无误，流道通畅，转动灵活，换向可靠，弹簧松紧适度等。喷头应按轮灌作业定位，当喷头运转时，要进行巡回监视。如发现进口连接部和密封部位严重漏水，喷头不转或转速过快、过慢，换向失灵，喷嘴堵塞或脱落，支架歪或倾倒，全射流式喷头的负压切换失效等应及时处理。喷头运转一定时间，应对各运转部位加注适量的润滑油。

第 六 章 参 考 答 案

一、填空题

1. 井房，出水池，井台，井口加盖封闭

2. 日常性维护，维护性抽水，维护性清淤，防止水泵启动涌沙，防止井台沉陷

3. 20~40d，1~2h

4. 掏沙洗井清淤法，联合洗井清淤法

5. 掏沙管清淤，捞沙管清淤，抽沙筒清淤，掏井机清淤

6. 单泵循环大降深抽水法，双泵清淤，串联双泵洗井清淤，喷枪清淤，泥浆泵与空压机联合清淤

7. 7min

8. 5min

9. 2000h，一年

10. ±10%

11. 100~150，500h，1000h

12. 0.02MPa

13. 2/3

14. 直接观察法，听漏法，分区检漏法

15. 2%，0.005m³/h

16. 1000h，2000h

17. 4℃

二、简答题

1. 答：当前有三种形式：一是以村为单位，全村机井统一管理。二是打破村界，成立井片或井灌区统一管理。三是在自流灌区内的机井由灌区管理机构统一建设，统一管理，统一调配水量。

2. 答：水泵固定，动力机固定，管理人员固定。

3. 答：机井停用时间长容易发生水量减少现象，在冲积平原粉细砂地区或砂化度较高地区的井，因水中含碳酸盐类或铁离子较多，往往使滤水管堵塞或孔隙锈蚀堵塞。因此，在非灌溉季节，每隔20~40天应进行一次维护性抽水，每次1~2h。

4. 答：机井清淤方法很多，主要有掏沙洗井清淤法、联合洗井清淤法。掏沙洗井清淤法又分为掏沙管清淤、捞沙管清淤、抽沙筒清淤、掏井机清淤；联合洗井清淤法分为单泵循环大降深抽水法、双泵清淤、串联双泵洗井清淤、喷枪清淤、泥浆泵与空压机联合清淤。

5. 答：(1) 系统运行前先清除沉淀池中脏物。待水清后再进入沉淀池，并在沉淀池进水口设置拦污栅。(2) 开启水泵前检查沉淀池进出口处过滤网是否干净，有无杂物或泥沙堵塞网眼的现象以及过滤网是否有破损现象，如有需及时更换。(3) 检查沉淀池各级拦污筛筛网边框，使之与沉淀池边壁结合紧密；如有缝隙较大现象应采取措施堵住，若有杂物或泥土堵塞筛网网眼，应及时清洗筛网；对破损的筛网应及时更换。(4) 离心式水泵进水管需用50~80目筛网罩住，筛网直径不小于泵头直径2倍。水泵开启前，应认真检查筛网是否干净，对有破损的筛网应及时更换。(5) 检查无纺布是否铺放平展，并用石头压稳，以及无纺布是否干净，如杂物太多，需用清水进行冲洗或更换。

6. 答：(1) 在水泵每次停止工作后，应擦净表面水迹，防止生锈。(2) 用机油润滑

的新水泵运行1000h后，应及时清洗轴承及轴承体内腔，更换润滑油；用黄油润滑的，每年运行前应将轴承及轴承体清洗干净，运行期内定期（一般为4个月左右）给电动机轴承加黄油。机械密封润滑剂应无固体颗粒，严禁机械密封在干磨情况下工作。（3）离心式水泵运行超过2000h后，所有部件应进行拆卸检查，清洗、除锈、去垢，修复或更换各种损坏零件，必要时可更换轴承，机组大修期一般为一年。（4）经常启动设备会造成接触"动/静"触头烧损，应不定期检查并用砂纸打磨，触头接触面严重烧损的，应该及时更换触头。（5）在灌溉季节结束或冬季使用时，停车后应打开泵壳下的放水塞把水放净，防止锈坏或冻坏水泵。

7. 答：（1）电动机启动时，应严格遵守安全操作规程，按顺序开机，不得违章操作。（2）启动后，如电动机发出"嗡嗡"的声音，则应立即停机检查，不允许合着开关去检查电机故障。（3）电动机启动后，应注意观察电流、电压的变化，如电流、电压表指针有剧烈摆动等异常现象，应立即停机，待查明原因纠正后，再重新开机。（4）严格控制电动机的连续启动次数，一般空转不能连续启运3～5次，在运行中停机再启动不得超过2～3次。（5）多台机组的泵站应按次序逐步启动，不能同时启动，以免启动电流过大。

8. 答：当下游压力下降，上游压力上升时，超过原压力差0.02MPa，就应进行冲洗。

9. 答：视水质情况应对介质每年进行1～6次彻底清洗。对于因有机物和藻类产生的堵塞，应按一定比例在水中加入氯或酸，浸泡过滤器24h，然后反冲洗直到放出清水，排空备用。同时检查过滤器内石英砂的多少，是否有砂的结块或有其他问题，结块和黏着的污物应予清除，若由于冲洗使砂减少，则需补充相应粒径的砂子，必要时可取出全部砂石式过滤层，彻底冲洗后再重新逐层放入滤罐内。

10. 答：（1）打开施肥罐，将所需施的施肥倒入施肥罐中，注入的固体颗粒不得超过施肥罐容积的2/3。（2）打开进水球阀，进水至罐容量的1/2后停止进水，并将施肥罐上盖拧紧。（3）滴施肥时，先开施肥罐出水球阀，再打开其进水球阀，稍后缓慢关两球阀间的闸阀，使其前后压力表相差约0.05MPa，通过增加的压力差将罐中肥料带入系统管网之中。（4）滴肥速度根据灌水小区灌水时间、罐体容积大小和肥料量的多少，通过调整两球阀间主管道上的闸阀控制。滴施肥约20～40min左右即可完毕。（5）滴施完一轮罐组后，将两侧球阀关闭，应先关进水阀后关出水阀，再将罐底球阀打开，把水放尽，再进行下一轮灌组施滴。

11. 答：（1）在通水前，首先要检查各级管道上的阀门启闭是否灵活，管道上装设的真空表、压力表、排气阀等设备要经过校验，干管、支管必须在运行前冲洗干净。（2）根据设计轮灌方式，打开相应的分干管、支管、辅管或毛管进水口的阀门，使相应灌水小区的阀门处于开启状态。（3）启动水泵，待系统总控制阀门前的压力表读数达到设计压力后，开启闸阀使水流进入管网，并使闸阀后的压力表达到设计压力；系统运行时，必须严格控制压力表读数，符合设计要求压力，以保证系统安全运行。（4）检查地面管网运行情况，若辅管或毛管出现漏水情况，可先开启邻近一个球阀，再关闭对应球阀进行处理，支管漏水需关闭其控制球阀进行处理。（5）灌水时每次开启一个轮灌组，做到"先开后关"，严禁"先关后开"。（6）灌溉结束后，将地埋的干管、分干管等管道冲洗干净，并排掉管内余水。冲洗流速至少0.5m/s，压力增加到设计需要压力，逐级打开阀门冲洗主、干、支管，直到管道水流清澈。（7）在运行时，要特别注意系统的压力，防止爆管，要勤检查，发现破损、漏水时要及时更换或补救。

12. 答：（1）堵塞预防。除了定期维修清洗过滤器、定期冲洗管道等预防堵塞的措施以外，还应采取如下防御措施：①经常检查灌水器的工作状况并测定其流量。流量普遍下降是堵塞的第一个征兆，要及早采取处理措施。②加强水质监测，定期进行化验分析。注意水中污物的性质，是否有铁化物沉淀或钙盐沉淀的迹象，是否有泥沙固体颗粒或细菌黏液存在，以便采取有针对性的处理和预防措施。（2）堵塞处理方法：①加氯处理法；②酸处理法。

第七章参考答案

一、填空题

1. 雨水集蓄技术，集蓄雨水的高效利用技术

2. 集雨系统，输水系统，蓄水系统，灌溉系统

3. 天然坡面，现有人工建筑物的弱透水表面，修建专用集流面

4. 输水沟（渠），截流沟

5. 水窖，水窖，地表式水池，塘坝，水罐，河网系统

6. 首部提水设备，输水管道，田间的灌水器

7. 降雨特性，集流面材料，集流面坡度，集流面前期含水量

8. 下垫面因素，降雨蒸发，土壤前期湿润情况

9. 传统型土窖，改进型水泥薄壁窖，盖碗窖，窑窖，钢筋混凝土窖；胶泥窖，水泥砂浆抹面窖，混凝土和钢筋混凝土窖，人工膜防渗窖

10. 涝池，普通池，调压蓄水池

二、判断题

1. ×；2. ×；3. √；4. ×；5. √；6. ×

三、多选题

1. A、B、C；2. A、B、C、D；3. A、B、C

四、单选题

1. C；2. A；3. C；4. A；5. B；6. C

五、简答题

1. 答：雨水集蓄利用技术是指通过多种方式，调控降雨径流在地表的再分配与赋存过程，将雨水资源存储在指定的空间，进而采取一定的方式与方法，提高雨水资源利用率与利用效率的一种综合技术。雨水集蓄利用技术的实质是如何实现两个调控，一是如何调控降雨在地表的产流过程，控制地表径流量；二是如何调控地表径流的汇流过程，即控制地表径流的汇流方式与汇流过程，并将地表径流按照指定用途存储在一定的空间。

2. 答：集雨系统是雨水集蓄利用工程的水源部分，其功能是为整个系统提供满足供水要求的雨水量，因而必须具有一定的集流面积和集流效率。输水系统是指输水沟（渠）和截流沟。其作用是将集雨场上的来水汇集起来，引入沉沙池，而后流入蓄水系统。蓄水

系统包括蓄水工程及其附属设施，其作用是存储雨水，并根据灌溉用水需求进行调节。灌溉系统包括首部提水设备、输水管道和田间的灌水器等节水灌溉设备，是实现雨水高效利用的最终措施。

3. 答：由水文学中的降雨、径流及产流机理分析可知，随着每次降雨量和降雨强度的增加，集流效率也增大，因此当小雨量、小雨强的过程多时，其集流效率也较低。若降水量小于某一值时，可能不产流，而且集流面的吸水性、透水性越强，降雨特性对集流效率影响越明显。

4. 答：当降雨开始时，由于降雨强度小于集雨场下垫面的下渗能力时，降落在地面的雨水将全部渗入土壤，随着降雨历时的增加，当降雨强度等于下垫面的下渗能力时，地面开始积水，有一部分填充低洼地带或塘堰，称为填洼。当降雨强度大于下垫面的下渗能力时，超出下渗能力的部分水分便形成地面径流。

5. 答：集水面面积对集雨场产流的影响：

$$S = 1000 \frac{W}{P_P E_P}$$

式中　S——某一种集水面面积，m^2；

　　W——某一种集水面所需年总集水量，m^3；

　　P_P——用水保证率等于 P 时的降水量，mm；

　　E_P——用水保证率等于 P 时的集水效率。

集流面面积主要与年总集水量、降水量和集水效率有关。

6. 答：不同降雨量地区全年可集水量参数指标是雨水集蓄利用技术的重要参数，雨水集蓄利用工程的规划和设计离不开全年可集水量的确定。单位集流面全年可集水量计算见式

$$W = E_y R_P P_{0y} / 1000$$

7. 答：适合当前农村生产的几种窖形结构如下：①水泥砂浆薄壁窖；②混凝土盖碗窖；③素混凝土肋拱盖碗窖；④混凝土拱底顶盖圆柱形水窖；⑤混凝土球形窖；⑥砖拱窖；⑦窑窖；⑧土窖。

8. 答：（1）窖址选择：选择窖址要保证有一定的集水场面积，如山坡、路旁、场院、开阔地等，以便蓄水时有充足的水源。窖址要求土质坚硬，远离沟边，避开大树、陷穴、砂砾层等土质不良的地方。生产窖（用于农田补充灌溉）靠近农田，便于灌溉。

（2）集雨场设计：①集雨场的选择。首先选择雨后易产生径流的道路、荒坡、场院等自然集水场。在人口居住集中，无上述条件的地方，可将坡度较大的旱坡地除去杂草夯实，亦可在地表铺防渗物，建成人工集水场。②集雨场面积的确定。依据当地降水量、降水强度、集水场地面径流数来确定集水场的面积。

（3）水窖容积的确定：合理计划修建水窖容积是水窖工程设计中的关键，主要依据天然来水量的多少确定水窖容积，即水窖容积要与天然来水量相一致。

（4）水窖窖体几何尺寸的确定：水窖容积是由窖体的上口直径、下口直径及窖体深度三者而定。其三者的大小依土质状况、因地制宜的原则来确定；对渗透性小的黏土上下口径一般为 4～4.5m；黄土、黑壤土等最大宽度在 3.5～4.0m；窖深要根据地形、土质、施

工的难易程度灵活掌握，一般窖深以 5.0～6.0m 为宜。

9. 答：①施工放线；②土模制作；③顶盖混凝土浇筑及养护；④窖壁处理；⑤窖底及窖口处理。

第 八 章 参 考 答 案

一、填空题

1. 信息化规划，项目建议书，可行性研究，初步设计方案

2. 信息采集，调度控制，安防，通信网络，应用软件，调度控制中心

3. 传感器，采集控制装置，中控室计算机网络设备，系统应用软件

4. 组长，技术人员，运行人员

5. 设计监理，物资设备供应监理，投资控制，质量控制，进度控制，合同管理，监理信息管理

6. 试运行检验合格，项目按合同规定全部完工，质量符合要求

7. 建设管理，运行管理，事务管理

8. 与水资源调配有关的业务管理，涉及办公行政事务的政务管理

9. 计划用水，科学用水，节约用水

10. 水雨情信息，汛旱灾情信息，水量水质信息，水环境信息，水工程信息

二、名词解释

1. 养护：对经常检查发现的缺陷和问题，随时进行保养和局部修补，以保持工程及设备完整清洁，操作灵活。一般结合汛前/供水前、汛后/供水后进行检查。

2. 岁修：根据汛后全面检查发现的工程损坏和问题，对工程设施进行必要的整修和局部改善。对于影响安全度汛的问题，应在主汛期到来前完成。

3. 抢修：当工程及设备遭受损坏，危及工程安全或影响正常运用时，应立即采取抢护措施。

4. 大修：当工程发生较大损坏或设备老化，修复工程量大，技术较复杂，应有计划进行工程整修或设备更新。

三、简答题

1. 答：（1）在监理工程师签发开箱检验合格证明后，根据监理工程师指令单进行货物的安装调试。（2）安装工作应严格按照招标文件、监理工程师指令单及招标方批准的承包人按设计进行施工。（3）安装工作应在监理工程师和招标方代表在场的情况下，严格按照设备（含软件）的使用手册、相关标准及合同规定进行安装、调试。（4）认真做好安装调试过程记录，并形成安装调试报告。安装原始记录作为附件。（5）涉及设备制造商之间的协调时，应及时向监理工程师提供相邻制造商之间交换的图纸、规范和资料。（6）设备安装位置应与当地管理部门达成一致意见，经当地管理部门签字确认。（7）信号电缆一般采用地下埋设或电缆沟敷设，并用 DN15 镀锌钢管铺设。（8）跨越公路的电缆可采用直径不小于8mm 的钢缆作为空中架设的承载体或采用地下埋设方式；（9）按照相关技术标准完成各监测设备的接地和工情监测站的避雷接地系统。

2. 答：（1）承包人应建立工程项目部，全面负责项目的实施及质量保证。

（2）承包人应根据 ISO9001 的要求，严格按照《过程控制程序》《采购控制程序》《软件开发规定》《最终检验程序》《交付控制程序》《服务控制程序》等质量管理文件实施仪器设备制造、采购、软件开发、系统联调、检验、运输、现场安装、调试、维护及验收等工作。

（3）按照制定的质量方针，坚持以预防为主及严格控制所有过程的要求，在项目实施过程中实行全面、全过程的质量控制，跟踪监督，杜绝产品和施工质量不合格现象发生。

（4）做好技术培训及售后服务工作，保证运行人员掌握系统操作和维护技术，确保建成后的系统能长期稳定运行。

3. 答：（1）检查工程是否已按合同完建。（2）进行工程质量鉴定并对工程缺陷提出处理要求。（3）检查工程是否已具备安全运行条件。（4）对验收遗留问题提出处理要求。

4. 答：（1）雨情信息。雨情信息是降水径流预报和防汛保安的主要信息源。其主要作用：一是根据实时雨情信息预报洪水，以保证水库和渠道及建筑物的安全；二是根据雨情信息分析灌区需水量和来水量，以实现水量的科学配置；三是依靠暴雨时的雨情监测，为区域防汛排洪提供辅助决策依据。

（2）水情信息。灌区的水情信息主要指水位和流量信息。水位包括水库、渠道水位和管界交接断面水位，以及需调节闸门的控制闸（节制闸、分水闸等）的闸前和闸后水位。流量包括水库的入库流量以及灌区内的渠道流量、过闸流量、管界的交接核算流量等。

（3）工情信息。主要监测灌区建筑物是否发生变形、位移、渗漏等影响安全的信息。这些信息是工程正常运行的重要保证。

（4）现场信息。为保证工程的安全运行，除了要获取上述工情信息外，对于一些重要建筑物和设施的运行现场还要进行数据形式或可视形式的监视。需要监视的信息包括闸门、泵站的水泵及电动机组、水电站的水轮发电机组等的运行工况及现场场景。

5. 答：（1）在运行时间内发生人身、设备、建筑物等事故时，值班员应及时向灌区领导报告。（2）当出现的事故未扩大，也不危及安全运行的情况下，应采取一切可能方法，保证设备运行。（3）在事故处理时，必须有值班人员在运行岗位上，保证运行设备的安全。只有接到总值班员命令，或对人身和设备有直接危险时，方可停止设备运行或离开工作岗位。（4）当班人员应把事故情况和处理经过认真记录在运行日志上。

6. 答：（1）岁修、抢修和大修工程，应以恢复原设计标准或局部改善原有工程结构为原则，制定的修理方案，应根据检查和观测成果，结合工程特点、运用条件、技术水平、设备材料和经费承受能力等因素综合确定。（2）抢修工程应做到及时、快速、有效，防止险情发展。（3）应根据有关规定明确各类设备的检修、试验和保养周期，并定期进行设备等级评定。（4）应建立设备维修保养卡制度，建立单项设备技术管理档案，逐年积累各项资料，包括设备技术参数、安装、运用、缺陷、养护、修理、试验等相关资料。（5）应根据工程及设备情况，备有必要的备品、备件。

参 考 文 献

［1］ 于纪玉. 节水灌溉技术［M］. 郑州：黄河水利出版社，2007.

［2］ 崔毅. 农业节水灌溉技术及应用实例［M］. 北京：化学工业出版社，2005.

［3］ 水利部农村水利司，中国灌溉排水发展中心. 节水灌溉工程实用手册［M］. 北京：中国水利水电出版社，2005.

［4］ 郭旭新，樊惠芳，要永在. 灌溉排水工程技术［M］. 郑州：黄河水利出版社，2016.

［5］ 王长荣，薛长青. 节水灌溉技术［M］. 天津：天津大学出版社，2013.

［6］ 张肖. 农村水利员实用技术［M］. 南京：河海大学出版社，2012.

［7］ 水利部农村水利司. 机井技术手册［M］. 北京：中国水利水电出版社，1995.

［8］ 艾英武. 乡镇水利管理员基础教程［M］. 北京：中国水利水电出版社，2012.

［9］ 唐祥胜. 泵站设计与施工［M］. 北京：中国水利水电出版社，2010.

［10］ 张建国，金斌斌. 土壤与农作［M］. 郑州：黄河水利出版社，2010.

［11］ 李宗尧，缴锡云. 节水灌溉技术［M］. 北京：中国水利水电出版社，2004.

［12］ 吴普特，牛文全. 节水灌溉与自动化控制技术［M］. 北京：化学工业出版社，2002.

［13］ 匡尚富，高占义，许迪. 农业高效用水灌排技术应用研究［M］. 北京：中国农业出版社，2001.

［14］ 史海滨，田军仓，刘庆华. 节水灌溉技术［M］. 北京：中国水利水电出版社，2006.

［15］ 冯广志. 中国灌溉与排水［M］. 北京：中国水利水电出版社，2005.

［16］ 秦为耀，等. 节水灌溉技术［M］. 北京：中国水利水电出版社，2001.

［17］ GB 50288—99 灌溉与排水工程设计规范［S］. 北京：中国计划出版社，1999.

［18］ GB/T 50363—2006 节水灌溉工程设计规范［S］. 北京：中国计划出版社，2006.

［19］ SL 18—2004 渠道防渗工程设计规范［S］. 北京：中国水利水电出版社，2004.

［20］ SL/T 153—95 低压管道输水灌溉工程技术规范（井灌区部分）［S］. 北京：中国水利水电出版社，1998.

［21］ 《山西省渠道防渗工程技术手册》编委会. 山西省渠道防渗工程技术手册［M］. 太原：山西省科学技术出版社，2003.